한국산업인력공단 시행 새 출제기준에 따른 최신판!!

최신판

한번에 합격하기

세탁기능사 필기실기문제

필기시험 핵심이론요약 + 실기시험 핵심 포인트

에듀크라운
국가자격시험문제전문출판
www.educrown.co.kr

최고의 적중률!! 최고의 합격률!!
크라운출판사
국가자격시험문제전문출판
http://www.crownbook.com

한국산업인력공단 시행 새 출제기준에 따른 최신판!!

한번에 합격하기

세탁기능사 필기실기문제

필기시험 핵심이론요약 +
실기시험 핵심 포인트

최고의 적중률!! 최고의 합격률!!
크라운출판사
국가자격시험문제전문출판
http://www.crownbook.com

01 필기시험 핵심이론요약

01 클리닝 대상품

001 **직물**(천) : 경사와 위사를 직각으로 교차하여 만들어지는 것

002 ① 경사(날실 = 세로실/세탁에서 수축 일어날 가능성 크다) ② 위사(씨실 = 가로실)

003 **삼원조직**

① 평직 : 2올, 조직 간단, 마찰 ↑, 광택 ↓, 구김 잘 감, 안/겉 구분 없음, 광목, 옥양목, 포플린

② 능직(사문직) : 3올 이상, 마찰에 약하나 광택은 좋음. 데님, 개버딘, 서지

③ 수자직(주자직) : 5올 이상, 겉과 안 구분 확실, 광택 우수, 마찰에 약함, 공단

004 **편성물**(니트) : 실로 코를 만들고 그 코에 실을 걸어 반복해서 새 코를 만드는 방법

① 장점 : 신축성, 유연성, 방추성(주름 잘 안 생김), 함기율 편성이 쉽고, 보온성 우수

② 단점 : 전선(한 코 풀리면 계속 풀리는 현상), 컬업(끝자락 말림 현상), 필링(보풀)이 쉽게 생김, 마찰 강도 약함

005 **펠트** : 양모 섬유를 얇게 펴서 만든 랩을 뜨거운 비누 용액 또는 묽은 알칼리 용액을 첨가하여 비벼 양모의 스케일(비늘)로 축융시킨 것. 탄력성, 보온성 좋음, 가장자리 안 풀림, 마찰과 인장에 약함, 표면 결이 없고 거침

006 **부직포 용도** : 의복의 접착심, 농업용 보온재, 공업용 방음재, 모포, 카펫, 방한복 충전재

① 유연성 ↓, 강도 ↓, 마찰 ↓, 광택 ↓(거침), 방향성 없이 끝이 풀리지 않음, 함기율이 커서 보온성 좋음, 수축과 구김이 덜함, 탄성과 탄성 회복률 강함

② 펠트와 부직포는 실의 과정을 거치지 않고 섬유에서 직접 만듦

007 **레이스** : 바늘 또는 보빈 등의 기구를 사용하여 실을 엮거나 꼬아서 만든 무늬 있는 천. 통기성 좋아 시원함, 다양한 무늬, 커튼, 식탁보, 가방, 액세서리

008 **파일 직물**(첨모직물)

① 위파일(위사가 파일) 직물 : 우단, 골덴(코듀로이)

② 경파일(경사가 파일) 직물 : 벨벳, 타월, 찬물세탁이 안전

009 **심감** : 의복의 제 모양을 유지하도록 하는 것, 직물 심감, 부직포 심감, 경편성물 심감

010 **안감** : 겉감의 모양을 살려주고 땀, 마찰, 얼룩으로부터 겉감 보호
① 착용감 좋음
② 드라이클리닝과 물세탁에 잘 견딤

011 ① 지퍼 = 자크 = 슬라이드 파스너(다리미 온도 130℃ 이하)
② 프라스틱 지퍼 : 가볍고 섬세한 옷감
③ 금속 지퍼 : 스포츠, 레저용품
④ 클리닝, 프레스 시 파스너를 **닫은** 상태에서 처리

012 ① 피혁 : 날가죽과 무두질한 가죽의 총칭, 작은 동물(스킨), 큰 동물(하이드)
② 진피 : 원피 두께의 50% 이상 차지, 피하조직(근육과 껍질 연결)

013 **가죽 처리 공정** : **원**피 → **물**에 침지 → **제**육 → **탈**모 → **석회**침지 → **분**할 → **때**빼기 → **회**분 빼기 암기법 원물제탈회분때회

014 **석회침지** : 가죽의 촉감 향상을 위하여 털과 표피층 제거, 불필요한 단백질 제거
석회의 알칼리성 → 지방, 단백질 제거

015 **때 빼기** : 깨끗하고 **염색이 잘되게** 은면에 남아 있는 모근지방, 상피층 분해물 제거

016 **회분 빼기** : 석회침지 후 알카리(pH)가 높은 것을 산, 산성염으로 중화시키는 것
산에 담그기 → pH 2.0~3.5의 산에 담가 가죽을 부드럽게 함

017 **유성(Tanning)** : 동물피를 가죽으로 만드는 것 – 공정 후 가죽, 레더(Leather)

018 **인조 피혁** : 염화비닐수지, 폴리우레탄수지로 코팅 – 통기성, 투습성 있고 내구성 불량

019 **천연모피** : 강모, 조모, 면모 / 면모의 밀도로 모피 가치 결정, 모피 세탁은 파우더 클리닝

020 **필라멘트실**(長섬유)
① 견사(천연 섬유)
② 레이온사(재생 섬유)
③ 아세테이트사(반합성 섬유)
④ 나일론사, 폴리에스테르사, 아크릴사(합성 섬유)

021 **방적실**(방적사, 短섬유, 스테이플사) : 면사(무명실), 마사(마실), 모사(털실)

022 **실의 번수** : 실의 굵기 나타냄
① (항重식 번수) 면사, 마사, 모사 – S로 표시, 번수 숫자 높을수록 가늘어짐(細)
② (항長식 번수 – 데니어법, 텍스법) 합성 섬유사, 견사, 번수 높을수록 굵어짐
③ (공통식 번수 – Nm(뉴턴 메타)) 필라멘트실, 방적실 모두 사용

023 천연 섬유

① 식물성 섬유(셀룰로스) : 면, 케이폭(種子 – 씨앗) / 아마, 대마, 저마, 황마(껍질 – 인피 섬유) / 마닐라마, 사이잘마(잎 섬유), 과실섬유(야자)

② 동물성 섬유(단백질 섬유) : 양모(= 울), 견(= 명주, 실크, 비단), 헤어 섬유

③ 광물성 섬유 : 석면(불꽃×)

024 화학 섬유(인조 섬유) : 천연 섬유에 비해 정전기 발생이 많고 필링(보풀) 발생이 큼, 열가소성 우수

① 재생 섬유 : **비**스코스레이온, **구**리암모늄레이온, **폴**리노직레이온

암기법 비 구 폴

② 반합성 섬유 : 아세테이트, 디아세테이트, 트리아세테이트(초산셀룰로스)

③ 3대 합성 섬유 : **나**일론(폴리아미드, 나일론6), **폴**리에스테르, **아**크릴

암기법 나 폴 아

※ 내구성 : 나일론 〉 폴리에스테르 〉 아크릴

※ 내일광성 : 아크릴 〉 폴리에스테르 〉 나일론

025 ① 식물성 섬유 : 알칼리에 강함

② 동물성 섬유 : 산에 강함

③ 합성 섬유 : 산과 알칼리에 강함

026 면

① 품질 좋은 순서 : 해도면 〉 이집트면 〉 미면

② 가장 많이 수입되는 면은 미국면(미면, 육지면)

③ 중공 : 성숙할수록 크다.

④ 천연꼬임 : 방적성

⑤ 100℃(수분 잃음) / 140℃(강신도의 저하) / 160℃(탈수 작용으로 분해 시작) / 250℃(갈색으로 변함) / 320℃(연소 시작)

027 마 : 섬유의 주요 불순물 : 펙틴질, 열전도성 좋아 여름 의류, 마디 : 방적성

028 아마 : 천연 섬유 중 다림질 온도 가장 높음, 다각형단면, 표백제에는 면보다 약함
※ 강도는 면보다 강하나 신도는 면보다 약하다.

029 저마(모시) : 마 섬유 중 세포 섬유 길이 가장 길다. 여름철 고급 옷감
강력 큰 순서 : 저마(모시) 〉 대마(삼베) 〉 아마 〉 면

030 양모 : 메리노 종 가장 우수 70% 차지, 자외선에 황변함, 알칼리에 약함

031 겉비늘(스케일)과 크림프(권축 : 곱슬거리는 것)가 방적성, 탄력성 부여

032 모피 특수 세탁 : 파우더 세탁

033 견(필라멘트 섬유 = 장섬유) : 피브로인 성분 75~80%, 세리신 20~25%, 내일광성 ↓, 알칼리에 약함, 연수, 중성 세제

034 레이온(재생 섬유) : α-셀룰로스 주성분, 흡습 시 강도 저하, 비틀어 짬에 주의, 정전기가 잘 일어나지 않아 안감, 블라우스에 이용

035 아세테이트(반합성 섬유) : 내약품성이 약함(알칼리에 손상), 중성세제 사용, 아세톤에 녹음, 40℃ 이하 세탁, 레이온보다 광택 있음, 다리미얼룩 주의, 분산 염료, 드레이프성 우수, 80℃ 이상 → 침해

036 나일론 : 염소계 표백에 변색, 내일광성 불량(황변), 내열성이 좋지 않아 다림질 주의

037 폴리에스테르 : 정전기 발생, 혼방성 ↑, 면과 많이 혼방, 탄성 ↑(W&W성 ↑), 열가소성 ↑(주름치마), 분산 염료(고온침투제 필요) 필요, ~~용융~~ 온도 225~260℃(250℃)

038 아크릴 : 내일광성 가장 우수, 벌키성(양모처럼 가볍고 부품한 체적감), 보온성 우수(내복, 커튼, 운동복), 염기성 염료로 염색

039 합성 섬유 중 비중이 가장 적은 것 : 폴리프로필렌

040 면, 마, 레이온

① 연한 색 : 직접 염료(견뢰도 불량, 선명하지 않음)

② 중색 이상 : 반응성 염료(공유결합), 배트 염료(견뢰도 최우수)

③ 검정색 : 황화 염료

041 산성 염료 : 모, 견, 나일론(동물성 아미노기)

042 염기성 염료(= 캐치온 염료 = 양이온 염료) : 최초 염료, 아크릴염색

043 분산 염료 : 아세테이트(재생 섬유), 폴리에스테르(고온침투제 필요)

044 일광 견뢰도 : 1~8등급(8등급 최상), 마찰, 세탁 견뢰도 5등급이 최상

염색 견뢰도 : 염료가 일광(1~8등급), 세탁(1~5등급), 마찰(1~5등급)에 견디는 능력

045 머서화 가공(실켓 가공) : 면직물은 머서화 가공을 하고 나면 광택, 강도, 흡습성, 염색성이 증가함

046 리플가공(플리세) : 지지미, 오돌토돌한 무늬 형성

047 샌퍼라이징 : 의복 만들기 전 수분, 열, 압력 가해 수축시켜 더 이상 줄지 않도록 하는 가공(수축 방지 가공)

048 방추가공(p.p가공) : 주름 방지하는 가공(형체고정)

049 방오가공 : 오염이 직물 내부로 침투하는 것을 방지, 쉽게 제거할 수 있도록(불소계수지)

050 대전방지가공 : 정전기 방지가공

051 방수가공(발유) : 물 침투 방지 - 아크릴수지, 폴리우레탄수지, 염화비닐수지, 합성고무

052 위생가공(방미) : 곰팡이나 세균 번식 막음(기저귀, 병원가운, 위생수건)

02 세정이론

053 클리닝의 정의 : 용제, 세제를 사용, 의류 또는 기타 섬유 제품과 피혁제품을 원형대로 세탁하는 것

054 ① **워싱 서비스**(청결서비스) : 가치 보전, 기능(회복)이 중요 포인트
② 패션케어 = 보전 = 특수 서비스 : 의류를 보다 좋은 상태로 가치 보전, 기능 유지

055 클리닝의 일반적인 효과 : **위**생 수준 유지, **내**구성 유지, **패**션성 보전
암기법 일 위 내 피

056 클리닝의 기술적 효과 : 오점 제거
① 유용성 오점 : 석유계 용제 또는 합성 용제 사용, 용제에 녹으나 물에 불용, 구두약, 기계유, 인주, 니스, 껌, 락카, 화장품
② 수용성 오점
㉠ 묻은 즉시 물만으로 제거 〈 물과 세제, 알칼리 〈 표백
㉡ 간장, 겨자, 곰팡이, 구토물, 과자, 계란, 땀, 술, 배설물, 설탕, 커피, 주스
③ 고체 오점(불용성 오점) : 매연, 점토, 유기성 먼지, 흙, 시멘트, 석고

057 클리닝의 공정 : 접수 → **마**킹 → **대**분류 → **포**켓 청소 → **세**분류 → **클**리닝 → **얼**룩 빼기 → **마**무리 → **최**종 점검 → **포**장 암기법 접 마 대 포 세 클 얼 마 최 포

058 오염의 부착 형태 암기법 기 정 화 유 분
① **기**계적 부착 = 단순 = 물리적 부착 : 피복 표면에 부착, 솔질로 쉽게 제거
② **정**전기에 의한 부착 : 화학섬유 + 먼지 부착
③ **화**학결합(기름 + 산소 = 기름때) : 표백제로 분해 제거, 영구적 오점
④ **유**지결합(기름의 엷은 막) = **유**기 용제, **계**면활성제, **알**칼리로 제거
암기법 유 계 알
⑤ **분**자 간 인력에 의한 부착

059 오염되기 쉬운 섬유 순서 : 오염(**더**러움)이 잘되는 순서(**레**이온 → **마** → **아**세테이트 → **면** → **비**닐론 → 비**단** → **나**일론 → **양**모) 암기법 더 레 마 아 면 비 단 나 양

060 오염 제거 잘되는 섬유 순서 : **양**모 → **나**일론 → **비**닐론 → **아**세테이트 → **면** → **레**이온 → **마** → **비**단 암기법 제 양 나 비 아 면 레 마 비

061 재오염(= 역오염 = 재부착) : 세탁 과정에서 용제 중에 분산된 더러움이 다시 부착

062 재오염의 원인
① 부착 : 용제가 더러워 그 더러움이 섬유에 부착
② 흡착 : 정전기, 점착, 물의 적심(정점물)
③ 염착 : 염료가 섬유에 흡착

063 퍼클로로에틸렌 : 30~60초, 석유계 용제 3~5분 경과한 때 재오염이 많이 발생

064 용제 상대 습도 : 70~75% 이하

065 용제의 색상 : 청주색(양호) → 맥주색(한계) → 콜라색(불량)

066 재오염률(3% 이내 양호, 5% 이상 불량)

■ 재오염률 = $\frac{\text{원포반사율} - \text{세정 후 반사율}}{\text{원포반사율}} \times 100$

■ 세정률 = $\frac{\text{세정 후 반사율} - \text{오염포반사율}}{\text{원포반사율} - \text{오염포반사율}} \times 100$

067 비누의 장점

① 세탁 효과 우수

② 거품이 잘 생기고 헹굴 때 거품 사라짐

③ 직물의 촉감 양호

④ 피부를 거칠게 하지 않게 하고 합성 세제보다 환경 오염 적음

068 비누의 단점

① 가수분해되어 유리지방산 생성

② 산성 용액에서 사용할 수 없음

③ 알칼리를 첨가해야 세탁 효과 좋음

④ 센물(경수) 사용 시 침전물

⑤ 원료에 제한받음

069 계면활성제

① 수용액의 계면 장력을 낮추고 기름을 유화시키는 약제

② 계면활성제를 가하면 계면장력이 **저하**되어 바늘이 가라앉음

③ 1개의 분자 내에 친수기와 친유기를 가짐

④ 분자가 모여 미셀 형성

⑤ 습윤 효과 향상

⑥ 침투 효과 증가

⑦ 가용화 촉진

⑧ 오염물질 유화 분산

⑨ 기포성 증가, 세척 작용 향상

070 HLB 친유성이 큰 것부터 : 1~3 소포제 〉 3~4 드라이클리닝 세제 〉 4~8 유화제 〉 8~13 유화제 〉 13~15 세탁용 세제 〉 15~18 가용화 **암기법** 소드유세가

071 음이온계 계면활성제 : 세척력 우수, 대부분 세제에 사용되는 계면활성제 예 비누

072 양이온계 계면활성제 : 세척력 저하, 유연제, 대전방지제, 발수제(아민염, 암모

늪염) 예 피죤(섬유유연제) 암기법 양아암

073 비이온계 계면활성제 : **고**급 알코올, **스**팬계, **트**윈계 암기법 비고스트디에탄

074 양성계 계면활성제 : 음 → 세척제, 양 → 살균제

075 계면활성제의 세정(직접) **작용** : **습**윤, **침**투, **유**화, **분**산, **가**용, **기**포, **세**척 암기법 습침유분가기세

076 계면활성제의 간접 작용 : 대전 방지, 살균, 녹 방지, 방수 작용

077 약알칼리성 세제(중질 세제, pH 10~11) : 센물에도 세탁이 잘되게 한 것, 알칼리에 잘 견디고 때가 많은 옷에 적당

078 중성 세제(경질세제, pH 7) : 양모, 견, 아세테이트 등 알칼리에 약한 섬유에 적당

079 저포성 세제(거품이 적은 것) : 드럼세탁기에 사용(거품이 세척 작용을 방해)

080 합성 세제의 특징 : 용해가 빠르고 헹굼이 용이, 센물 사용해도 무방, 바닷물, 산성, 거품이 잘 생기고 침투력 우수, 값이 싸고 원료의 제한 없음, 대부분(LAS계) 합성 세제

081 드라이클리닝 용제

① 석유계 : 가연성, 인화점 낮아 화재 위험(40℃), 방폭장치 필요, 용해력 ↓, 약하고 섬세한 의류 세탁에 적합, 독성 약하고 값이 싸다, 기계 부식에 안전, 세정 시간(20~30분), 세정 온도(20~30℃), 콜드 머신(세탁 + 탈액, 별도의 텀블러 이용 건조), 10℃ 이하 → 용해력 저하

② 퍼클로로에틸렌 : 불연성, 독성 강함, 섬세 의류 손상 우려, 기계 부식, 토양 수질 오염, 용제가 무거워 세정 시간 7분 이내, **상압 증류** 가능, 세정액 온도 35℃, 핫머신(세탁 + 탈수 + 건조, 밀폐장치)

③ 1.1.1트리클로로에탄 : 불연성, 세정력 가장 우수, 세정 시간 5분 이내, 저온건조 가능하므로 내열성 낮은 의류에 적합, 섬세 의류 손상, 독성 강함, 핫머신

④ 불소계 : 불연성, 비점 낮아 섬세 의류 적합, 독성 약함, 오점 제거 불충분, 기계장치 비쌈, 대기 환경 파괴, 핫머신

082 세정액의 청정장치

① 필터-리프 필터(스크린 필터) : 8~10매 필터면 통과, 튜브 필터, 스프링 필터

② **청**정통 : 여과지와 흡착제가 별도, 여과 면적 넓고 흡착제 양이 많아 **오**래 사용 암기법 청오

③ **카**트리지 : 겉에 주름 여과지 속에 흡착제로 일체형, 청정력 높아 현재 가장 **많**이 이용 암기법 카많

④ **증**류식 : **오**염 심한 용제 청정에 적합, 석유계 80~120℃로 (감압) 증류, 퍼크로 140℃ 이하 증기압 3.5kg/cm^2(맹독성 유의) 암기법 증오

083 청정화 방법 : 여과, 흡착, 증류

084 여과제 : 규조토(여과력 우수, 흡착력 없음)

085 흡착제

① 탈색 흡착제 : 활성탄소(탈취), 실리카겔(탈수), 산성백토, 활성백토(침전법)

② 탈**산** 탈**취**제 : **알**루미나겔, **경**질토 암기법 산취=알경

※ 침전법 : 활성백토를 주로 사용하여 오염이 심한 용제 청정장치가 없는 경우 침전

086 용제 공급 펌프 : 45초 이내 양호 → 45~60초 한계→ 60초 이상 불량(10등분)

087 용제 구비 조건

① 인화점이 높거나 불연성 ② 정제가 쉽고 분해되지 않을 것

③ 독성이 없을 것 ④ 환경 오염을 유발하지 않을 것

088 용제 관리 목적 암기법 물상재방세효

① **물**품이 **상**하지 않게

② **재**오염 **방**지

③ **세**정 **효**과

089 용제의 세척력 암기법 비용표

① **비**중이 클수록 ↑

② **용**해력이 클수록 ↑

③ **표**면장력이 작을수록 ↓

090 용제 성능 점검사항 : **산**가, **투**명도, **불**휘발성 잔유물 암기법 산투불

091 재가공 : 세탁업자가 세탁물에 대한 가공을 말함(방수/방오/방충/살균)

※ 방곰팡이가공 처리한 것을 다시 살균위생가공할 필요 없다.

092 단백질 섬유(양모, 견, 모피)**의 충해** : 나방, 시렁이

093 셀룰로스 섬유(면, 마)**의 충해** : **의**어, **바**퀴벌레, **귀**뚜라미 암기법 의바귀

094 방충제 : **장**뇌, **나**프탈렌, **파**라디클로로벤젠 암기법 장나파

095 영구적 가공 효과의 방충가공제 : **아**레스닌, **가**스나, **디**엘드린, **오**일란

암기법 아가디오

096 곰팡이 발생 : 20% 이상의 습도, 15~40℃ 온도에서 쉽게 발육, 고온 다습

097 곰팡이 방지 : 더러움 완전 제거, 방습제 사용, 온도 습도 **낮은** 곳에 보관

098 표백 : 직물의 불순물을 알칼리로 제거 후 직물을 보다 희게 함

099 산화표백제 : 상대를 산화하고 자신은 환원(상대에게 산소를 주고, 수소를 빼앗음) 암기법 산염과

① 염소계 표백제 : **염**소계, 아**염**소산나트륨, 차아**염**소산나트륨(락스)

② 산소계 표백제(40℃ 이상 효과) : 과탄산나트륨, 과붕산나트륨, 과산화수소, 과망산칼륨

100 환원표백제 : **아**황산가스, **아**황산수소나트륨, **하**이트로설파이트 암기법 아하

101 형광증백제 : 론드리와 같이 고온에 강한 세탁 방식으로 흰색 의류의 백도가 소실된 경우, 파스텔 계열 ×, 염소계 표백에 의해 형광 탈락 우려, 미량(0.1%)만으로 효과↑

102 푸새가공(풀먹임) : 팽팽하게 됨, 내구성 증가, 더러움이 잘 빠지게 함

① 면, 마 : 전분풀, 녹말풀, 콘스타치(옥수수풀)

② 합성 섬유 : CMC, PVA, 젤라틴 등의 화학풀 이용

103 사무진단 : 물품의 종류, 수량, 색상, 부속품 유무, 장식단추 수까지 진단

104 기술진단이 필요한 품목

① 고액상품류 : 모피, 피혁, 고급 한복, 희소 섬유 암기법 모피고희

② 파일제품류 : 벨벳, 롱파일, 풀옥 가공(접착 가공)

③ 염색특수품 : 양복류 그림, 날염, 초선명염색

④ 특수가공소재류 : 피혁, 에나멜 접착, 라메류

⑤ 의복 부소재류 : 스팽글, 비즈, 모조진주 = 장식적

단추, 스냅, 호크 = 실용적

105 원통보일러 : 입식, 노통, 연관, 노통연관

106 수관보일러 : 자연순환식, 강제순환식, 관류식

107 보일러 압력과 온도 : 1.0kg/cm²(99.1℃), 2.0kg/cm²(119.6℃), 3kg/cm²(132.9℃), 4.0kg/cm²(142.9℃), 5.0kg/cm²(151.1℃), 6.0kg/cm²(158.1℃)

108 ① 보일러 절대 압력 = 게이지 압력 + 1

$$= 1.033 \times \frac{\text{실제 대기압력}}{\text{표준 대기압력(760mmHg)}} + \text{게이지 압력}$$

② 보일러매연 = 아황산가스, 일산화탄소, 그을음과 분진

③ 연수장치 = 연수기, 경도감지기, 필터

④ 보일러 연소효율 = 연소효율×전열효율

⑤ 보일러 고장 원인 : 수면계에 수위가 없음, 전원이 연결 안 됨, 퓨즈 없음, 증기에 물이 섞여 나오거나 물이 샘, 작동 중 불이 꺼짐

※ 보일러 압력 급격하게 올리는 것 금지, 부글부글 끓는 소리는 고장 아님

※ 부피 일정하게 유지하고 온도 상승 시 → 압력↑

03 기술관리

109 의복의 기능 암기법 위실감관

① **위**생상 : 보온성, 열전도성, 통기성, 흡수성, 대전성

② **실**용성 : 내구성, 내마모성, 내열성(빈부차별 없이)

③ **감**각적 : 색, 광택, 촉감

④ **관**리적 : 형태안정성, 방충성

110 단물(연수)**과 센물**(경수, 금속 성분 = Ca, Mg, Fe) : 가급적 클리닝에서는 단물 사용

111 센물(경수)**의 단점** : 비누 성능 저하, 비누 손실 많음, 세탁 효과 저하, 의복 촉감 불량

112 센물을 단물로 바꾸는 방법

① 끓이기 ② 알칼리 첨가 ③ 이온교환수지법

113 세탁의 기본 원리 : 침투, 흡착(분리), 분산(작은 상태로 쪼개), 유화현탁(안정화)

114 ① 면, 마, 레이온, 합성 섬유 : 알칼리 세제

② 모, 견, 아세테이트, 백색나일론 : (중성)세제

115 ① 세제 농도 0.2~0.3%

② 온도 35~40℃

③ 시간 : 와류식 10분, 교반식 20분, 드럼식 30분

116 손빨래 : 흔들어 빨기(모편성물 적절), 두들겨 빨기(세탁 효과 가장 우수, 노력 적음), 솔로 빨기(청바지), 비벼 빨기(손상 심하고 봉제 부분 변형 우려), 삶아 빨기(속옷)

117 론드리(습식) : 알칼리제, 비누 사용, 고온에서 워셔로 세탁하는 가장 강한 세탁 방식

118 론드리 대상품 : 직접 살에 닿는 와이셔츠, 작업복, 시트 등 견고한 백색직물

119 론드리 장점

① 세탁 온도 높아 효과 우수 ② 알칼리제 사용으로 오점 잘 빠짐

③ 표백, 풀먹임 효과적 ④ 원통형 의류 손상 적음

⑤ 헹굼 수량 적어 절수 효과

120 론드리 단점

① 형광증백가공 필요 ② 배수시설 원가 상승

③ 마무리에 시간 필요

121 론드리 세탁 순서 : **애**벌빨래 → **본**빨래 → **표**백 → **헹**굼 → **산**욕 → **풀**먹임 → **탈**수 → **건**조 → **마**무리 암기법 애본표헹산풀탈건마

122 애벌빨래에 충분한 세제를 사용하지 않으면 재오염됨, 화학 섬유는 애벌빨래 필요 없음

123 본빨래

① 1회보다 2~3회 나누어 비누 농도 낮춰가며 세탁

② 비누 농도 : 0.2~0.3%

③ 욕비 1:4

④ pH 10~11

⑤ 70℃ 이하

124 표백 : 온도 70℃ 상한선, 10분 정도, 차아염소산소다는 유색물에 금지

125 헹굼 : 첫 번째 헹굼은 가급적 세탁 온도와 같게 하여 재오염 방지

126 산욕 : 알칼리 중화, 철분 녹임, 살균소독, 광택을 주고 황변 방지, 산가용성 얼룩 제거(규불화산소다 pH 5~5.5), 40℃ 이하 3~4분

※중성 = pH 7(7보다 적은 수는 산성, 7보다 큰 수는 알칼리)

127 풀먹임(수지가공, 푸새) : 천 광택 ↑, 팽팽 ↑, 내구성 ↑, 오점 잘 붙지 않게 됨, 온도 50~60℃

128 탈수 주의점 : 정해진 양 이상 사용 불가, 덮개보 씌우고 뚜껑 닫아야 함, 가장자리부터 고르게, 유색물 주의해야 함

129 건조 주의점 : 저온 시 양 ↓, 고온 시 물품 방지 ×, 화학 섬유 60℃ ↓, 작업 종료 시 냉풍, 매일 청소, 비닐론 제품 젖은 채 다림질 불가

130 웨트클리닝 : 단시간에 중성 세제, **손**, **솔**, **기계** 이용, 고급 세탁 방식

131 웨트클리닝 대상품

① 합성수지 제품(염화비닐, 톱코팅한 합성피혁)

② 고무 입힌 제품, 수지안료 가공 제품

③ 드라이클리닝으로 오점이 빠지지 아니한 제품

④ 염료 빠져 용제 오염 우려 제품

※ 오점을 닦아낼 때 : 색 빠짐(한 점씩, 타월에 싸서), 수축 유의

※ 탈수, 건조 시 : 형의 망가짐 유의 원심탈수

※ 웨트클리닝에 사용되는 적합한 세제는 중성 세제

132 드라이클리닝(건식) : 석유계 유기 용제 사용, 세정하는 방법

① 형태 변형 ×, 이염 ×, 옷감 손상↓, 원상 회복 용이

② 염료가 유기 용제에 용해 ×, 색상에 관계없이 동시 세탁

※ 순서 : 전처리 → 세척 → 헹굼 → 탈액 → 건조(탈취)

133 드라이 전처리 : 소프 : 물 : 석유계 용제 = 1 : 1 : 8

134 차지시스템 : 용제에 **소프**와 함께 **소량의 물**을 첨가 → 친수성 오염 제거

암기법 차물

135 배치시스템(모음세탁) : **매**회 세정 때마다 세정액 교체 세탁 방식 암기법 배매

136 배치차지시스템 : 투배치시스템(탱크가 2개)

137 논차지시스템 : 소프를 사용하지 않고 **용제만**으로 세탁하는 방식 → 지방산 제거

138 얼룩 빼기 기계

① 스팟팅머신 : 공기의 압력과 스팀 이용하여 오점 제거하는 기계

② 제트스포트 : 총모양으로 분사

③ 초음파세정기 : 고주파 진동(섬세한 직물에 효과적)

139 얼룩 빼기 용구 : 솔(브러시), 주걱, 받침판, 면봉, 인두, 분무기, 붓, 유리봉 등

140 얼룩 빼기 약제 : 유기 용제, 산, 알칼리, 표백제(모르는 얼룩은 유기 용제부터 사용)

141 물리적 얼룩 빼기 방법 : **기**계적 힘, **분**산법, **흡**착법 암기법 물기분흡

142 화학적 얼룩 빼기 방법 : 알칼리법, 산법, 표백제법, 효소법

143 마무리 다림질의 목적

① 실루엣 기능 복원

② 주름살 펴서 매끈하게 하게 위함

③ 필요한 부분에 주름 생성

④ 솔기와 전체 형태 잡아 외관을 아름답게 만듦

⑤ 살균, 소독

144 기계마무리 조건 : 열(온도), 수분(스팀), 압력, 진공(공기 흡입)

145 다림질 온도 암기법 아견레모면마

① 합성 섬유, **아**세테이트 100℃

② **견** 120~130℃

③ **레**이온 130~140℃

④ **모** 130~150℃

⑤ **면** 180~200℃

⑥ **마** 180~210℃

146 다림질 시 주의점

① 광택 필요 → 다리미판 딱딱한 것 사용

② 뒤쪽에 힘을 주어야 잔주름이 생기지 않음

③ 풀 먹인 직물 고온 → 황변

④ 견, 모, 합성, 진한 색 → 덧헝겊을 대고 다림

⑤ 혼방 → 내열성 낮은 섬유 기준

02 실기시험 핵심포인트

01 국가기술자격 실기시험 변경 사항

■ **변경목적**

NCS기반 실기시험 평가방법 개발에 따른 평가방법 적용

■ **대상종목**

세탁기능사

■ **변경내역**

<table>
<tr><th rowspan="2">종목명</th><th colspan="2">변경 내용</th><th rowspan="2">적용 시기</th><th rowspan="2">비고</th></tr>
<tr><th>변경 전</th><th>변경 후</th></tr>
<tr><td>세탁기능사</td><td>1. 작업형(40분 정도)
세탁작업
• 섬유감별 작업(10분)
• 다림질 작업(10분)
• 오점분석 · 제거 작업(20분)</td><td>1. 작업형(55분 정도)
세탁작업
• 지필평가(10분)
• 섬유감별작업(15분)
• 다림질 작업(10분)
• 오점분석 · 제거 작업(20분)</td><td>2019년도 기능사 제4회 실기시험부터</td><td>국가직무능력표준(NCS)에 따른 세탁방법 선택 평가방법 적용</td></tr>
<tr><td colspan="5">[지필평가]
KS K 0021:2018(섬유 제품의 취급에 관한 표시 기호 및 그 확인 방법) 중 답안지에 제시된 총 6개의 섬유제품의 취급에 관한 표시 기호에 대한 정의를 답안지의 [답란]에 작성하면 됩니다.
1) 물세탁 방법 7개 중 1개
2) 산소 또는 염소 표백의 가부 6개 중 1개
3) 다림질 방법 7개 중 1개
4) 드라이클리닝 4개 중 1개
5) 짜는 방법 2개 중 1개
6) 건조 방법 6개 중 1개
※ 답안 작성 시 수험자가 [답란]에 작성한 기호의 정의에서 오 · 탈자 발생 시 단순한 오 · 탈자만 정답으로 인정합니다.

[섬유감별 작업]
5가지(변경 전) → 10가지(변경 후) (견, 나일론, 레이온, 마, 면, 모, 아세테이트, 아크릴, 폴리에스터, 혼방)
※ 다림질 작업과 오점분석 · 제거 작업은 변경 없습니다.</td></tr>
</table>

02 국가기술자격 실기시험문제

지필평가	10분	12점
섬유감별 작업	15분	20점
다림질 작업	10분	28점
오점분석 · 제거 작업	20분	40점

1. **지필평가** : 섬유 제품의 취급에 관한 표시 기호의 정의를 답안지에 쓰시오.

2. **섬유감별** : 지급받은 직물을 묶음 순서대로 해당되는 섬유명을 감별하여 답안지에 쓰시오.

3. **다림질 작업** : 시험위원의 지시대로 작업하시오.

4. **백색 면직물 위에 부여한 오점분석 · 제거 작업을 하시오.**
   - 먼저 오점의 종류를 판별하시오.
   - 오점 위치에 해당하는 오점명과 오점제거 약제를 답안지에 각각 쓰시오.
   - 오점제거 순서에 따라 오점을 제거하시오.

■ 섬유 제품의 취급에 관한 표시 기호 및 그 확인 표시 방법

1. 물세탁 방법

기호	기호의 정의
95℃	• 물의 온도 95℃를 표준으로 세탁할 수 있다. • 삶을 수 있다. • 세탁기로 세탁할 수 있다(손세탁 가능). • 세제 종류에 제한을 받지 않는다.
60℃	• 물의 온도 60℃를 표준으로 하여 세탁기로 세탁할 수 있다(손세탁 가능). • 세제 종류에 제한을 받지 않는다.
40℃	• 물의 온도 40℃를 표준으로 하여 세탁기로 세탁할 수 있다(손세탁 가능). • 세제 종류에 제한을 받지 않는다.

약 40℃	• 물의 온도 40℃를 표준으로 하여 세탁기로 약하게 세탁 또는 약한 손세탁도 할 수 있다. • 세제 종류에 제한을 받지 않는다.
약 30℃ 중성	• 물의 온도 30℃를 표준으로 하여 세탁기로 약하게 세탁 또는 약한 손세탁도 할 수 있다. • 세제 종류는 중성 세제를 사용한다.
손세탁 약 30℃ 중성	• 물의 온도 30℃를 표준으로 하여 약하게 손세탁할 수 있다(세탁기 사용불가). • 세제 종류는 중성 세제를 사용한다.
	물세탁은 안 된다.

2. 산소 또는 염소 표백의 가부

기호	기호의 정의
염소 표백	염소계 표백제로 표백할 수 있다.
염소 표백	염소계 표백제로 표백할 수 없다.
산소 표백	산소계 표백제로 표백할 수 있다.

기호	기호의 정의
산소 표백 (X)	산소계 표백제로 표백할 수 없다.
염소, 산소 표백	염소계, 산소계 표백제로 표백할 수 있다.
염소 산소 표백 (X)	염소계, 산소계 표백제로 표백할 수 없다.

3. 다림질 방법

기호	기호의 정의
180~210℃	다리미의 온도 180~210℃로 다림질을 할 수 있다.
180~210℃ (물결선)	다림질은 헝겊을 덮고 온도 180~210℃로 다림질을 할 수 있다.
140~160℃	다리미의 온도 140~160℃로 다림질을 할 수 있다.
140~160℃ (물결선)	다림질은 헝겊을 덮고 온도 140~160℃로 다림질을 할 수 있다.

80~120℃	다리미의 온도 80~120℃로 다림질을 할 수 있다.
80~120℃	다림질은 헝겊을 덮고 온도 80~120℃로 다림질을 할 수 있다.
	다림질을 할 수 없다.

4. 드라이클리닝

기호	기호의 정의
드라이	• 드라이클리닝할 수 있다. • 용제의 종류는 퍼클로로에틸렌 또는 석유계를 사용한다.
드라이 석유계	• 드라이클리닝할 수 있다. • 용제의 종류는 석유계에 한한다.
드라이	드라이클리닝할 수 없다.
드라이	드라이클리닝은 할 수 있으나 셀프 서비스는 할 수 없고, 전문점에서만 할 수 있다.

5. 짜는 방법

기호	기호의 정의
 약하게	손으로 짜는 경우에는 약하게 짜고, 원심 탈수기인 경우는 단시간에 짠다.
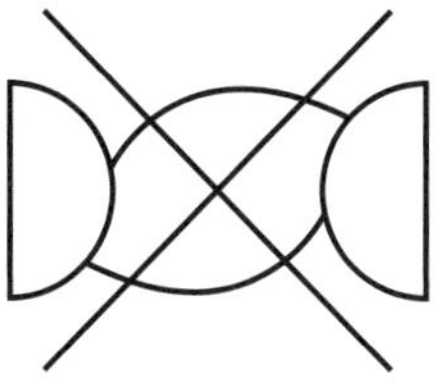	짜면 안 된다.

6. 건조 방법

기호	기호의 정의
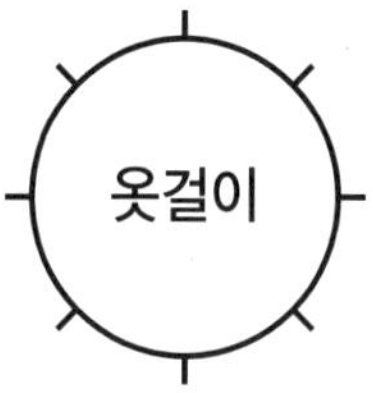 옷걸이	햇빛에서 옷걸이에 걸어 건조시킨다.
 옷걸이	옷걸이에 걸어서 그늘에 건조시킨다.
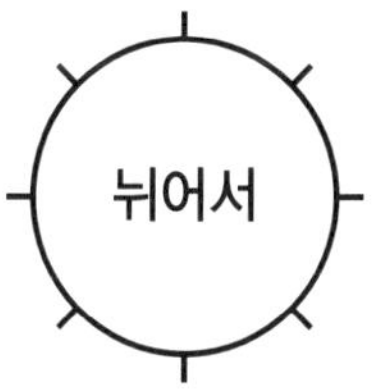 뉘어서	햇빛에서 뉘어서 건조시킨다.
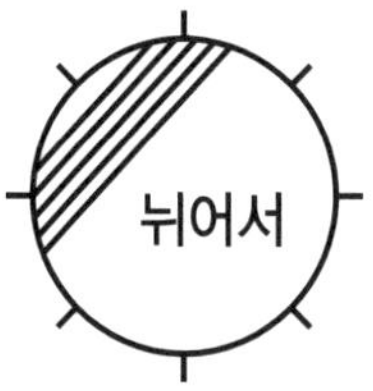 뉘어서	그늘에 뉘어서 건조시킨다.

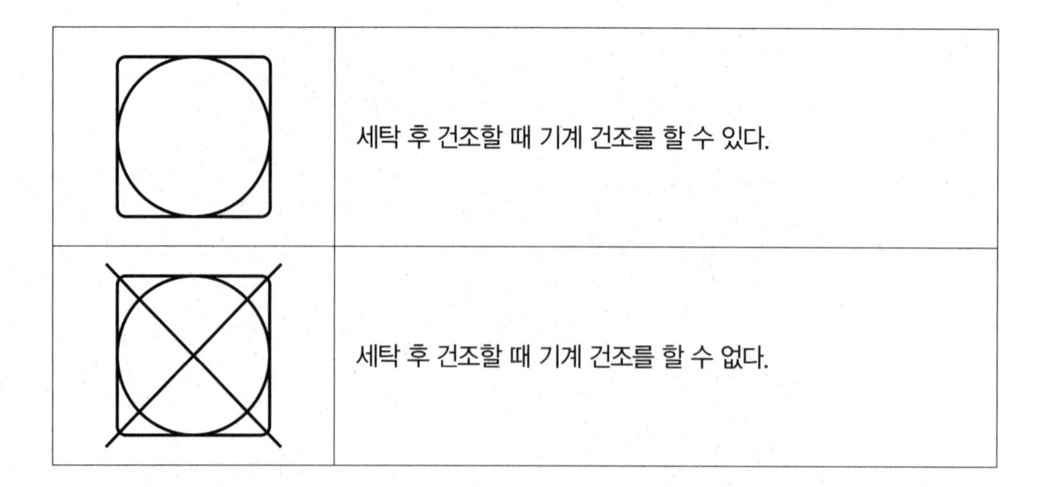

기호	설명
	세탁 후 건조할 때 기계 건조를 할 수 있다.
	세탁 후 건조할 때 기계 건조를 할 수 없다.

■ 답란 작성 시 유의사항

1. 답안지에 제시한 섬유 제품의 취급에 관한 표시 기호(KS K 0021:2018 "섬유제품의 취급에 관한 표시 기호 및 그 확인 표시 방법")에 대한 기호의 정의를 [답란]에 쓰시면 됩니다.

2. 답안지에는 총 6개의 섬유 제품의 취급에 관한 표시 기호가 제시됩니다. 그 6개의 기호는 물세탁 방법 7개 중 1개, 산소 또는 염소표백의 가부 6개 중 1개, 다림질 방법 7개 중 1개, 드라이클리닝 4개 중 1개, 짜는 방법 2개 중 1개, 건조 방법 6개 중 1개의 기호가 제시됩니다.

3. [답란]에는 KS K 0021:2018에서 설명한 기호의 정의를 모두 적어야 정답으로 인정합니다. 만약, 기호에서 4개의 설명이 있으면 4개의 설명이 모두 맞아야 정답으로 인정합니다. (단, 물세탁 방법 또는 다림질 방법 기호 중 온도 기호 "℃"는 생략해도 정답으로 인정합니다.)

4. 수험자가 [답란]에 작성한 기호의 정의에서 오 · 탈자가 발생 시 단순한 오 · 탈자만 정답으로 인정합니다. (기호의 정의 반드시 숙지하여 기호에서 설명한 정의를 모두 적어야 합니다.)

■ 섬유 연소에 의한 섬유의 감별법

섬유명	타는 형태	냄새	재의 형태 및 색깔	기타 특징
면	불그스름한 불꽃을 내며 쉽게 빨리 탄다.	종이 타는 냄새가 난다.	연한 회색의 재를 남기며, 재가 부드럽다.	불꽃에 그을음 연기가 없다.
마	불그스름한 불꽃을 내며 쉽게 빨리 탄다.	종이 타는 냄새가 난다.	진한 회색(비둘기색)의 재를 남기며, 재가 부드럽다.	① 불꽃에 그을음 연기가 없다. ② 섬유가 거칠며 구김이 잘 간다.
견	오그라들면서 지글지글 불꽃을 튀면서 탄다.	모발 타는 냄새가 난다.	검은색의 재가 부풀어 뭉쳐 있으며 만지면 바삭바삭 부서진다.	① 섬유가 일반적으로 부드럽고 촉감이 좋다. ② 재를 만지면 바삭바삭 부서진다.
모	오그라들면서 지글지글 불꽃을 튀면서 탄다.	모발 타는 냄새가 난다.	검은색의 재가 부풀어 바삭바삭 부서진다.	섬유가 일반적으로 견에 비해 두꺼우며 무겁다.
레이온	불그스름한 불꽃을 내며 쉽게 빨리 탄다.	종이 타는 냄새가 난다.	소량의 부드러운 흰색에 가까운 재를 남긴다.	습기를 주면 잘 찢어진다.
아세테이트	녹으면서 탄다.	초산(식초) 냄새가 난다.	검은색의 재가 다소 경하게 굳어 있으며 만지면 부서진다.	당기면 그냥 찢어진다.
폴리에테르	검은 연기를 내며 녹으면서 빨리 탄다.	달콤한 냄새가 미약하게 난다.	타고난 후의 형태가 검정색의 광택이 나며 딱딱하게 굳어 있다.	탈 때에 검은 연기가 난다(아크릴보다 다소 딱딱하게 굳어 있다).
나일론	오그라들어 녹으면서 타며, 탈 때에 녹은 섬유의 색깔은 연한 회색 또는 흰색에 가깝다.	특유의 고약한 약품 냄새가 난다.	타고난 후의 형태가 명갈색의 유리 모양으로 딱딱하게 굳어 있다.	뜨거울 때 당기면 실같이 늘어난다.
아크릴	잘 타지 않고 불을 떼면 즉시 꺼진다.	약간 특수한 냄새(전기선)가 난다.	흑갈색 덩어리가 생기며 만지면 부서진다.	탈 때에 검은 연기가 난다.
면혼방	종이 타듯 하며 검은 그을음이 생긴다.	종이 타는 냄새가 난다.	타고난 후 면은 부서지고 폴리에스테르의 재는 그대로 남는다.	탈 때에 중간 밑 부분에 면의 불씨가 보인다.
모혼방	지글지글 녹으면서 검은 그을음이 생긴다.	모발 타는 냄새가 난다.	타고난 후 모는 부서지고 폴리에스테르의 재는 그대로 남는다.	천천히 타며 저절로 꺼진다.

■ 오점 분석

오점의 종류로 유성, 수성, 고체 중 총 5개가 나온다.

1. 뒤태를 본다(번짐, 확실한 오점 구분).
2. 앞면을 보면서(오감으로 – 시, 촉, 후, 맛…)
3. **1차 수성 오점**을 찾고자 할 때는 먼저 작은 **타올** 또는 화장지에 “물”을 흠뻑 적셔 오점 부위에 대고 힘껏 힘을 준다. 이때 오점이 묻어나면 수성오점(립스틱)
4. **2차 유성 오점**을 찾고자 할 때는 먼저, 메틸알코콜을 오점 부위에 떨어뜨리면서 반응 관찰

   ★ 볼펜 – 청보라색, ★ **컴퓨터수성펜 – 안 번진다.** ★ **수성펜 – 번진다.**

   ★ 유성 매직 – 많이 번진다. ★ 스탬프 – 번진다.

   ★ **구두약, 인주, 립스틱 – 원점**
5. 마지막으로 약제 선택해서 넣고 얼룩 제거하며 최종 확인

■ 오점 감별 요령

오점제거는 “동질성의 원리”(흙탕물 pH농도) 물

※ 산성(탄닌계)오점(과즙, 진딧물, 커피 등의 색소는 산성계에 녹음)

　예 설탕(용질) + 물(용매) = 설탕물(용액)

※ 탄화(석탄, 석유에서 추출)오점 – 석유, 본드, 솔벤트, 벤젠

1. 간장 : 탄닌을 부으면 그대로 남는다(천이나 휴지로 닦으면 없어짐).

2. 커피 : 탄닌을 부으면 오점이 연해진다.

3. 포도 주스 : 색이 진하며 탄닌을 부으면 연해진다.

　※ 수산을 부으면 포도 주스 색이 선명해진다(한쪽만 수산을 떨어뜨리면 진해짐).

4. 와인 : 색이 연하며 수산을 사용 후 연해진다.

5. 스템프 : 물을 적셔서 찍으면 묻어나고, 메틸알코올을 떨구면 번진다.

6. 수성 싸인펜 : 오점의 뒷면이 선명하지 못하다.

- 수성펜 : 물에는 가장 많이 묻어나고 메틸알코올을 떨구면 청색으로 번진다.
- 컴퓨터수성펜 : 물에는 연하게 묻어나기도 하고 묻지 않을 때가 많다. 메틸알코올, 신나, 아세톤을 떨구어도 끝까지 번지지 않는다.

7. 식용유 : 색이 희게 나타난다. 부칠알코올을 떨구면 없어진다.

■유성 오점

1. 구두약 : 메틸알코올을 묻히면 원래 형태로 나타난다(시너엔 퍼짐).

2. 볼펜 : 메틸알코올을 묻히면 청보라색으로 즉시 변한다.

3. 유성 매직 잉크 : 메틸알코올을 떨구면 퍼진다.

※ 검정 오점은 무조건 수성부터 찾아라.

4. 붉은색(인주, 립스틱, 매니큐어)

① 인주 감별법 : 로드유 + 중성 세제를 떨군 후 두들겨 흡수시킨다.
기다린 후 오점 부위가 연해지면서 색상이 누르스름한 색으로 변한다.

② 립스틱 감별법 : 로드유 + 중성 세제를 떨군 후 두들겨 흡수시킨다.
기다리면 오점 부위가 립스틱 색상 그대로거나, 변함이 적거나 없다.

③ 매니큐어 : 아세톤을 떨구어주면 퍼진다.
앞면과 뒷면이 선명하고 느낌이 딱딱하다(진하고 연하게 찍는 차이는 있음).

5. 페인트 : 시너, 아세톤을 떨구어주면 퍼진다. 냄새가 난다.

6. 녹물 : 수산 사용 후 바로 없어진다.

■ 오점 제거

1. 약제명

① 소프(Soap) : 油性 계면활성제

② 중성 세제 : 水性 계면활성제

③ 로드유 : 계면활성제 수성, 유성 사용 가능

2. 대체사용

① 소프, 중성 세제가 없을 때 – 로드유

② 메틸알코올이 없을 때 – 중성 세제

③ 옥시크린이 없을 때 – 수산으로 정리

3. 유성 오점 제거 순서 : 메틸알코올 → 시너 → 아세톤 → 로드유 → 옥시크린

4. 수성 오점 제거 순서 : 메틸알코올 → 옥시크린+중성 세제

※ 수성 싸인펜도 이와 동일하게 제거한다.

※ 주스, 간장은 메틸알코올을 사용 안 해도 된다.

※ 탄닌과 옥시크린 함께 사용 불가!!(점수감점)

5. 고체 오점 제거 순서 : 페인트 – 시너 → 아세톤 → 로드유 → 옥시크린
매니큐어 – 시너 → 아세톤 → 로드유 → 옥시크린

쉽게 제거하는 방법
감별 후에 번진 부분은 휴지로 오점 주변을 감싼 후 아세톤으로 꾹 눌러 2~3회 찍어낸 다음 시너, 아세톤, 로드유로 두들기며 오점 아래 판으로 동시에 오점이 배어나도록 밀면서 두들긴다. 2~3회 반복한다.

■ 오점과 약제 – 제거 방법

매직 잉크	시너, 아세톤, 로드유, 옥시크린(산소계 표백제)	매니큐어	아세톤
구두약	시너, 아세톤, 로드유	식용유	부칠알코올
(락카)페인트	시너, 아세톤, 로드유	커피	탄닌 + 중성 세제
스탬프	메틸알코올, 중성 세제, 옥시크린	포도 주스	탄닌 + 중성 세제, 수산
수성 싸인펜	메틸알코올, 중성 세제, 옥시크린	간장	탄닌, 중성 세제
볼펜	메틸알코올, 시너, 아세톤, 로드유	와인	수산, 중성 세제, 옥시크린
립스틱	메틸알코올, 시너, 아세톤, 로드유	녹물	수산
인주	로드유		

※ 모든 유성 오점 제거 시 로드유는 기본으로 사용함

■ 오점명과 약제명

볼펜(검정)	메틸알코올, 시너	간장	탄닌 + 중성 세제
수성 싸인펜(검정)	중성 세제 – 시너	포도 주스	탄닌 + 중성 세제, 수산
유성 매직 잉크(검정)	시너 / 아세톤	와인	수산
스탬프	메틸 + 중성 세제, 시너	식용유	부칠알코올
인주(적)	로드유	페인트(검정)	시너
립스틱(적)	메틸알코올	구두약	시너, 아세톤
매니큐어(적)	아세톤	녹물	수산
커피	탄닌 + 중성 세제		

한국산업인력공단 시행 새 출제기준에 따른 최신판!!

최신판

한번에 합격하기
세탁기능사
필기실기문제

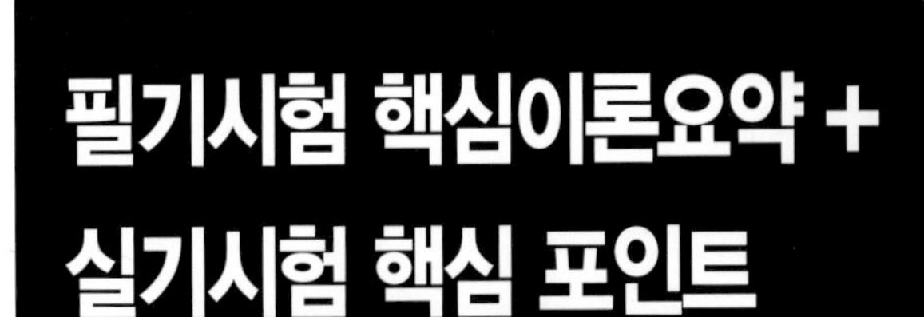

국가자격시험문제전문출판
www.educrown.co.kr

국가자격시험문제전
http://www.crownbook.com

한국산업인력공단 시행 새 출제기준에 따른 최신판!!

한번에 합격하기
세탁기능사
필기실기문제

에듀크라운
국가자격시험문제전문출판
www.educrown.co.kr

최고의 적중률!! 최고의 합격률!!
크라운출판사
국가자격시험문제전문출판
http://www.crownbook.com

저자약력

금 성 원

- 충남 연기군 전의 출생(1959년)
- 천안중앙고등학교 졸업
- KCU 사이버대학교 실용영어학부 졸업
- 연세대 사회교육원 경영자 과정 수료
- 노량진 상아탑학원 운영(1992~2008년)
- 노량진 국제요리학원 운영
- 세탁기능사 자격취득
- 구로여성인력센터 강좌(세탁관리사)
- 부천여성인력센터 강좌(세탁관리사)
- 현) 한국직업평생교육원 운영(직강 중)[대림동]
- 전자문제집 CBT 해설

이 책을 펴내면서 .....

사회가 다양화되고 세분화될수록 전문 기능 직종의 변화 속도가 더욱 빠르게 변하고 있습니다. 그동안 입시 위주의 공부만 가르치다가 세탁기능사 책을 접하게 되었을 때, 너무나 불필요한 내용이 많이 있다는 것을 알게 되었습니다. 그리고 세탁기능사 자격증을 취득하기까지 이론과 실기를 단순화, 요약정리화할 필요를 깨닫게 되었습니다.

이는 제가 직접 강의를 하면서 적용시킨 결과 필기, 실기 95%의 높은 합격률로 입증되었습니다.

이 책은 필수용어를 요약정리하였고, 핵심적인 이론만 알기 쉽게 단순화시켜서 누구나 따라 하기만 하면 쉽게 이론이 정리되고 문제해결력이 100% 완성되도록 꾸며 놓은 것이 특징입니다. 또한, 필수적으로 암기해야만 문제풀이가 가능한 것은 암기법이라 명시하였고, 알아두기 코너를 통해 이해도를 깊이 있게 다뤄 보았습니다.

취업 또는 창업하려는 사람뿐만 아니라 국내외에 전문 세탁 공장이나 호텔, 외국 인기업체 등에서 세탁기능사 자격증을 요구하는 사례가 점차 많아지고 있습니다. 특히 F4재외동포 자격증을 취득하려고 하는 동포분들이 가장 쉽게 취득할 수 있는 자격증으로 세탁기능사에 대한 뜨거운 관심이 더욱 많아지고 있던 즈음에 맞춰 이 책을 발간하게 되어 뿌듯한 마음 가득합니다.

요약정리, 핵심문제 풀이, 과년도 기출문제, 기출문제 풀이 분석을 통해서 따라 하기만 하면 이 시험에 쉽게 합격할 수 있을 뿐만 아니라 자격증 취득 후 어느새 세탁전문가가 되어 있을 것입니다.

인생은 물입니다!
물은 중성입니다. 산성, 알칼리성을 알면 더욱 쉬워지는 세탁은 과학입니다.
여러분의 앞날에 행운과 신의 가호가 있기를 바라면서 인사말을 끝내겠습니다.
크라운출판사 이상원 회장님을 비롯한 임직원 여러분께 깊이 감사드립니다.

감사합니다.

저자 드림

세탁기능사 시험 안내(필기)

출제기준(필기)

직무분야	섬유 · 의복	중직무분야	의복	자격종목	세탁기능사	적용기간	2020. 1. 1. ~2022. 12. 31.

○ 직무내용 : 세탁 대상품의 오염물질을 제거하기 위해 용제와 세제를 사용하여 기계나 기구를 조작하고 세탁물을 청결히 한 후 가공처리와 다림질하여 의복에 기능성을 부여하고 가치를 원상태에 가깝게 회복시켜 주는 직무이다.

필기검정방법	객관식	문제수	60	시험시간	1시간

필기 과목명	출제 문제수	주요항목	세부항목	세세항목
세탁대상, 세탁방법, 세탁관리	60	1. 세탁작업준비	1. 고객상담	1. 세탁물의 접수 및 접객예절 2. 오염원 점검 및 원인파악 3. 클리닝 경영 4. 워싱 서비스 5. 패션케어 서비스 6. 클리닝 공정 7. 클리닝 효과 8. 의복의 접수 9. 의복의 진단 10. 의복의 기능
			2. 약품취급	1. 세탁약품 사용 설명서 이해 2. 세탁약품의 유해성 3. 얼룩의 종류와 특성
			3. 기계 · 전기사용	1. 세탁기계기구의 구조와 장치 2. 세탁기계의 종류 3. 세탁기계의 조작방법 4. 보일러의 개요 5. 보일러의 구조와 장치
			4. 환경오염방지 · 폐기물처리	1. 수질오염의 원인과 발생 2. 세탁폐기물 처리방법 3. 세탁용수
		2. 섬유감별	1. 감별방법선택	1. 세탁물에 부착된 품질표시 이해 2. 섬유종류별 감별방법 이해 3. 실의 종류와 특성
			2. 셀룰로스섬유 감별	1. 셀룰로스 섬유의 종류 2. 셀룰로스 섬유의 물리적, 화학적 성질 3. 셀룰로스 섬유의 용도
			3. 단백질섬유 감별	1. 단백질섬유의 종류 2. 단백질섬유의 물리적, 화학적 성질 3. 단백질섬유의 용도
			4. 인조섬유 감별	1. 재생섬유, 반합성섬유와 합성섬유의 종류. 2. 재생섬유, 반합성섬유와 합성섬유의 물리적 및 화학적 특성 3. 각종 재생섬유, 반합성섬유와 합성섬유의 용도 4. 신소재 섬유의 특성

필기 과목명	출제 문제수	주요항목	세부항목	세세항목
세탁대상, 세탁방법, 세탁관리	60	3. 세탁방법 선택	1. 취급주의 표시 확인	1. 세탁물의 형태 2. 세탁온도와 세액의 pH와의 관계 3. 수지가공 직물과 알칼리와의 관계 이해 4. 물세탁 방법, 산소 또는 염소 표백의 가부 표시 기호 5. 다림질 방법, 드라이클리닝, 짜는 방법, 건조 방법 표시 기호 이해 6. 섬유의 혼용률 7. 세탁기초 8. 세탁기술 9. 세탁방법 10. 품질표시
			2. 의류형태별 분류	1. 의복의 구성성분 파악 2. 직물과 편성물의 특성 3. 직물 조직에 관한 성질 4. 두꺼운 직물과 얇은 직물의 특성 5. 염색견뢰도, 세탁견뢰도 6. 세탁 중 다른 세탁물에 대한 이염 7. 후처리
			3. 섬유종류별 · 가공별 분류	1. 염료 · 안료의 분류 2. 염료 · 안료의 성질 3. 염색법
			4. 의류부자재별 분류	1. 의복의 겉감과 안감의 특성 2. 심감으로 사용되는 펠트의 성질 3. 부직포와 장식류로 사용되는 레이스의 특성 4. 가죽 및 모피의 성질 5. 솜과 우모의 구분과 성질 6. 각종 장식품 7. 부직포의 구성비율과 성질 8. 의복의 부속품
		4. 드라이클리닝	1. 전처리	1. 브러싱 방법 2. 전처리 액의 배합 3. 유기용제 선택 4. 수용성 오점 5. 용제의 장점과 단점 6. 세제의 특성 7. 대상품의 특성
			2. 세탁조건 선택	1. 세제와 유기용제의 성질과 특성 2. 섬유종류에 따른 세탁조건 선택 3. 가죽 및 모피제품의 알칼리에 대한 특성 4. 배치시스템(batch system) 및 차지시스템(charge system) 의 특성 5. 의복의 형태 및 색상별 세탁 조건 선택 6. 드라이클리닝 기계

필기 과목명	출제 문제수	주요항목	세부항목	세세항목
세탁대상, 세탁방법, 세탁관리	60	4. 드라이클리닝	3. 탈액 · 건조	1. 탈액 시 주의 점과 건조의 효과 2. 섬유의 수분율 3. 원심탈수기의 구조와 이해 4. 건조기의 구조 이해와 동작 시 유의점 5. 섬유별 건조온도 6. 건조방법 표시 기호 7. 건조기의 성능
			4. 용제 관리	1. 유기용제관리의 목적과 관리 방법 2. 각종 유기용제의 성질 3. 섬유의 종류에 따른 유기용제의 선택 4. 유기용제의 산가 측정 방법 5. 드라이클리닝 용제의 비점 6. 소프의 주성분과 배합 7. 클리닝용제 8. 용제의 청정화 방법 9. 청정장치의 종류와 기능
		5. 론드리	1. 예비 세탁	1. 예비 세탁의 목적과 처리방법 2. 론드리 대상품의 이해 3. 론드리의 장점과 단점 4. 론드리의 세탁 순서
			2. 본 세탁	1. 세제의 종류와 특성 2. 비누의 장점과 단점 3. 계면활성제의 종류와 성질 4. 오염의 부착상태 5. 재오염의 원인과 방지 대책
			3. 탈수 · 건조	1. 탈수 방법과 탈수기 조작 2. 탈수 시 유의점과 건조의 효과 3. 건조방법과 조작 4. 섬유의 열에 대한 안정성 5. 공정별 온도 조절 6. 론드리 기계
		6. 웨트클리닝	1. 세정방법 선택	1. 웨트클리닝의 목적 2. 인조가죽, 코팅포 및 본딩 제품의 특성 3. 수지가공 제품의 종류와 특성 4. 드라이클리닝이 불가능한 제품의 파악 5. 손세탁, 솔세탁 방법 6. 웨트클리닝과 세제와의 관계
			2. 세탁조건 선택	1. 세탁온도와 시간에 대한 관계 2. 웨트클리닝 처리 3. 세탁물의 물과 세탁세제 및 약제에 대한 특성
			3. 건조방법 설정	1. 의류 변형에 관한 이론 2. 습윤 시 팽윤 조건 3. 건조방법과 건조 시 유의사항 4. 직물이나 편성물의 수축 5. 자연건조에 대한 이해와 적용 대상물의 선택
		7. 특수제품세탁	1. 가죽 · 모피제품 세탁	1. 가죽 및 모피 가공공정 2. 천연가죽과 인조가죽의 차이점 3. 가죽의 무두질 방법

<table>
<tr><th>필기
과목명</th><th>출제
문제수</th><th>주요항목</th><th>세부항목</th><th>세세항목</th></tr>
<tr><td rowspan="9">세탁대상,
세탁방법,
세탁관리</td><td rowspan="9">60</td><td rowspan="2">7. 특수제품세탁</td><td>2. 신발 세탁</td><td>1. 신발 재질과 종류 및 특성
2. 접착제의 성분과 특성
3. 오염의 원인 분석과 약품 선택
4. 가죽과 섬유와의 관계
5. 세제의 성질과 제품특성</td></tr>
<tr><td>3. 기타제품 세탁</td><td>1. 침구류의 겉감과 충전재와의 관계
2. 각종 침구류의 구성과 종류
3. 카펫의 특성
4. 벨벳제품의 제조공정 이해와 특성</td></tr>
<tr><td rowspan="4">8. 재가공</td><td>1. 풀 먹이기</td><td>1. 풀 먹이기의 목적
2. 풀 먹이는 방법
3. 풀감의 종류 및 성질
4. 셀룰로스섬유에 적합한 풀감
5. 단백질섬유에 적합한 풀감
6. 풀의 농도와 탈수와의 관계</td></tr>
<tr><td>2. 표백</td><td>1. 표백제 종류
2. 표백제 성질
3. 표백제와 형광 증백제의 차이</td></tr>
<tr><td>3. 기타 가공</td><td>1. 대전방지 가공
2. 형광 증백가공
3. 방수가공
4. 방수가공과 발수가공과의 관계
5. 투습방수가공, 방미가공, 및 방오가공
6. 기모가공
7. 방충가공</td></tr>
<tr><td>4. 보색</td><td>1. 보색제의 종류 및 성질
2. 조제의 혼합 방법
3. 색상, 명도, 채도 및 3원색
4. 컬러매칭</td></tr>
<tr><td rowspan="2">9. 오점분석 · 제거</td><td>1. 오점 판별</td><td>1. 오점의 분류
2. 오염의 이론
3. 기술진단의 내용
4. 유성오점의 발생원인과 종류
5. 불용성 고형오점의 종류와 성질
6. 수용성 오점의 성질
7. 특수 오점의 판단
8. 오점 제거가 어려운 섬유의 이해
9. 탈색과 변색
10. 산화 및 황변</td></tr>
<tr><td>2. 오점제거 기구 사용</td><td>1. 스팟팅 머신 사용방법
2. 제트 스팟터 사용방법
3. 브러시, 대나무 주걱 사용 방법
4. 오점제거 받침판 이용 방법
5. 면봉, 인두, 분무기 등의 용도</td></tr>
</table>

필기 과목명	출제 문제수	주요항목	세부항목	세세항목
세탁대상, 세탁방법, 세탁관리	60		3. 오점 제거	1. 세탁물의 구성섬유 파악 2. 세탁물의 염색특성과 세탁견뢰도 3. 얼룩빼기 약제의 성질 4. 오염된 섬유와 산과 알칼리에 대한 성질 5. 세탁물의 가공 상태에 관한 정보 이해
		10. 다림질	1. 준비 작업	1. 다림질 기구 사용방법 2. 열에 대한 섬유의 특성 3. 다리미의 특성 4. 다리미 받침판 5. 진공프레스 사용방법 6. KS에 따른 섬유의 다림질 온도
			2. 다림질	1. 다림질 방법 2. 건열다리미와 스팀다리미의 장단점 3. 진공 프레스의 사용법 4. 다림질 방법 표시기호 5. 다림질의 조건 6. 다리미의 용도와 취급 방법 7. 마무리의 조건 8. 마무리기계의 종류 9. 마무리기계의 작동방법
			3. 외관 검사	1. 형광 및 표백얼룩 발생원인 2. 염색물의 변색, 이염에 대한 염색견뢰도 평가방법 3. 세탁물의 광택 및 촉감 4. 불량 요소별 발생요인과 형상에 대한 품질 평가방법 5. 섬유제품별 수축현상의 종류 6. 안감, 심지 등 부자재와의 부조화 7. 단추 및 지퍼 등 부속재료 재질의 종류와 특성 8. 드라이클리닝 용제에 대한 부속품의 용해성 9. 손상, 탈락, 기능저하 판단방법 10. 이염의 발생원인
			4. 포장 보관	1. 일광, 공기 중 매연 및 질소가스의 영향 2. 행거 재질 종류와 성상 파악 3. 세탁물의 이염 4. 폴리에틸렌 필름 또는 부직포 덮개가 세탁물에 미치는 영향 5. 보관 시 세탁물 황변에 영향을 미치는 요인
		11. 세탁운영관리	1. 영업장관리	1. 영업장 경영환경 분석 2. 소비자 조사의 종류와 내용 3. 타사의 서비스, 가격, 판매 등의 마케팅 동향
			2. 작업장 관리	1. 기계 · 기구 일상 점검과 안전 점검 2. 공중위생관리법 3. 작업장 환경
			3. 클레임 관리	1. 클레임의 각종사례 및 대처방법 2. 세탁물 분쟁 조정 기준 3. 세탁 사고물의 분류 4. 세탁 사고물의 처리

세탁기능사 시험 안내(실기)

출제기준(실기)

직무 분야	섬유 · 의복	중직무 분야	의복	자격 종목	세탁기능사	적용 기간	2020. 1. 1. ~2022. 12. 31.

○직무내용 : 세탁 대상품의 오염물질을 제거하기 위해 용제와 세제를 사용하여 기계나 기구를 조작하고 세탁물을 청결히 한 후 가공처리와 다림질하여 의복에 기능성을 부여하고 가치를 원상태에 가깝게 회복시켜 주는 직무이다.

○수행준거 :
1. 세탁물의 가치보존을 위하여 접수 시 고객과 상담 후 취급하는 약제와 기계 및 기구에 대하여 유의해야 할 사항과 환경오염방지 폐기물의 처리에 대하여 알 수 있다.
2. 올바른 세탁방법과 약제선택을 위하여 육안 및 촉감, 연소시험 등으로 세탁물의 구성성분을 판별할 수 있다.
3. 적합한 세탁을 위하여 세탁물을 색상, 형태, 섬유의 구성성분 및 부자재 등으로 분류하여 적절한 세탁방법을 선택할 수 있다.
4. 물을 사용하지 않고 세탁물을 유기용제와 드라이클리닝용 세제를 사용하여 세탁물의 변형을 최소화 하면서 오염물질을 제거할 수 있다.
5. 세탁효과를 높이기 위하여 알칼리세제와 온수를 사용하여 와이셔츠, 작업복, 백색직물 등을 물세탁기계로 세탁할 수 있다.
6. 드라이클리닝으로 처리가 어려운 세탁물을 제품의 형태, 광택, 촉감 등의 훼손을 방지하고 품질을 유지시키기 위하여 물과 적절한 세제를 사용하여 온화한 조건으로 세탁할 수 있다.
7. 의복의 성능을 향상시키기 위하여 세탁물에 발생된 오점을 분석한 후 적합한 약제와 기구 및 기계를 사용하여 제거할 수 있다.
8. 세탁을 마친 세탁물을 아름답게 다림질하여 형태나 치수 변화 등 외관을 확인하고, 부착된 장식품의 상태를 점검하여 보관할 수 있다.

실기검정방법	작업형	시험시간	1시간 정도

실기 과목명	주요항목	세부항목	세세항목
세탁 실무	1. 세탁작업준비	1. 고객 상담하기	1. 연락처, 접수품목 목록을 작성하여 영수증을 주고, 꼬리표를 부착할 수 있다. 2. 접수 · 점검을 철저히 하여 고객과의 분쟁을 최소화할 수 있다.
		2. 약품 취급하기	1. 세탁물의 얼룩 종류에 따라 해당 약품을 선택하여 사용할 수 있다. 2. 약품의 독성을 숙지하여 안전하게 취급하고, 사용할 수 있다.
		3. 기계 · 전기 사용하기	1. 기계 기구를 점검, 이상 작동시 응급조치를 취할 수 있고 청결상태를 유지 관리할 수 있다. 2. 세탁기 가동 전 유기용제의 용량, 유기용제의 상태, 온도, 세제농도, 필터를 점검하여 확인할 수 있다. 3. 전기를 안전하게 사용하여 감전 사고를 예방할 수 있다.
		4. 환경오염 방지 · 폐기물 처리하기	1. 세탁 작업 시 발생하는 오염수 최소화 및 세탁 폐기물을 적절히 처리 할 수 있다. 2. 화학약품에 의한 환경오염을 최소화하도록 오염방지 시설을 설치 운영할 수 있다.
	2. 섬유감별	1. 감별방법 선택하기	1. 고객으로부터 접수한 세탁물 조성섬유를 섬유감별법에 근거하여 간단한 육안 및 촉감으로 감별할 수 있다. 2. 육안 및 촉감으로 감별이 어려울 경우 경사와 위사를 한 두 올씩 뽑아서 연소법으로 감별할 수 있다. 3. 연소법으로 감별이 곤란하면 현미경법이나 용해법으로 감별할 수 있다.

실기 과목명	주요항목	세부항목	세세항목
세탁 실무	2. 섬유감별	2. 셀룰로스 섬유 감별하기	1. 육안 및 촉감, 기타 경험에 의해 면, 마섬유의 특성을 파악할 수 있다. 2. 연소 시 종이 타는 냄새와 흰색의 재가 남으면 셀룰로스 섬유임을 확인할 수 있다. 3. 현미경 관찰로 면, 마섬유를 구별할 수 있다. 4. 의복에 부착된 품질표시 라벨을 정확히 인지하여 적절한 약제 선택이나 세탁방법을 결정하여 사고를 예방할 수 있다.
		3. 단백질섬유 감별하기	1. 연소 시 머리카락 타는 냄새가 나고 재가 쉽게 부서지면 단백질 섬유임을 감별할 수 있다. 2. 섬유 한 올을 풀어서 단섬유로 구성된 것은 모 섬유이고, 장섬유로 구성된 것은 견 섬유임을 감별할 수 있다. 3. 견 제품 중 손으로 만져보아서 까칠까칠한 촉감이 느껴지면 조성섬유가 생견사임을 파악 할 수 있다. 4. 의복에 부착된 라벨을 점검하고, 조성섬유의 구성 비율을 확인할 수 있다.
		4. 인조섬유 감별하기	1. 재생섬유와 반합성섬유의 물리적, 화학적 성질을 파악할 수 있다. 2. 연소시험으로 섬유의 냄새나 용융상태를 확인하여 감별할 수 있다. 3. 각종 화학약품에 대한 반응을 통해 구성섬유의 원료를 감별할 수 있다. 4. 의복에 부착된 품질표시 라벨을 확인하여 각종 인조섬유를 감별할 수 있다.
	3. 세탁방법 선택	1. 취급주의 표시 확인하기	1. 세탁기호를 확인하여 세탁방법을 결정할 수 있다. 2. 의류에 부착된 라벨을 점검하여 섬유의 혼용률을 확인할 수 있다. 3. 표시된 세탁주의 표시 기호를 보고 드라이클리닝, 론드리, 웨트클리닝의 세탁방법에 따라 각각의 사용 세탁용수와 용제를 선택할 수 있다. 4. 기계건조 가능 여부와 건조 방법을 선택할 수 있다.
		2. 의류형태별 분류하기	1. 옷감과 의복의 구성방법에 따라 직물과 편성물, 내의와 외의, 겹옷과 홑옷, 양말, 타월, 커튼 등으로 구분할 수 있다. 2. 의류를 드라이클리닝, 론드리, 웨트클리닝 별로 세탁방법에 따라 세탁할 수 있도록 분류할 수 있다. 3. 세탁 시 이염 방지를 위해 의류를 백색 세탁물과 유색 세탁물로 분류할 수 있다. 4. 올바른 세탁을 위해 정장류, 셔츠류, 가죽과 모피류 등을 분류할 수 있다.
		3. 섬유종류별 · 가공별 분류하기	1. 식물성섬유와 동물성섬유별로 세탁할 수 있도록 분류할 수 있다. 2. 천연 가죽/모피와 인조가죽/모피에 따라 세탁물을 분류할 수 있다. 3. 일반가공 세탁물과 특수가공 세탁물을 분류하여 세탁할 수 있다.
		4. 의류부자재별 분류하기	1. 의류제품의 겉감과 안감, 주 소재와 부 소재의 구성 재료에 따라 동일세탁 가능여부를 판단할 수 있다. 2. 의복에 부착된 장식품의 파손여부를 예측하여 사전 대책을 결정할 수 있다. 3. 세탁물에 부착된 분리 가능한 장식품, 플라스틱, 벨트 등을 분리할 수 있다.
	4. 드라이클리닝	1. 전처리하기	1. 전처리 약제를 묻힌 브러시로 얼룩이 있는 옷을 두드려 오염을 분산시키는 방법을 적용할 수 있다. 2. 옷감의 조건에 맞게 브러싱하여 잔털이 발생되지 않도록 할 수 있다. 3. 오염이 심한 부분에 약제를 뿌리는 스프레이 방법을 적용하여 오염이 제거되기 쉬운 상태로 만들 수 있다. 4. 전 처리한 의류를 넣은 드라이클리닝기계의 세정액을 충분히 보충하여 오염이 잘 분산되는 상태를 유지할 수 있다.

실기 과목명	주요항목	세부항목	세세항목
세탁 실무	4. 드라이클리닝	2. 세탁조건 선택하기	1. 섬유의 종류, 세탁물의 형태, 염색물에 따라 세탁조건을 선택할 수 있다. 2. 세탁물에 부착되어 있는 취급주의 표시의 정보를 숙지 후 세탁조건을 정확하게 진단할 수 있다. 3. 세탁물의 구성섬유에 따라 용해범위가 크거나 작은 용제를 선택하거나 차지법을 적용 할 수 있다. 4. 세탁물의 오염상태에 따라 세제의 선택과 용제를 관리할 수 있다. 5. 실크한복은 세탁 시 약한 다림질로 생사의 세리신 꺾임을 최소화하여 줄이 생기는 것을 방지할 수 있다.
		3. 탈액 · 건조하기	1. 건조기계의 용량에 따라 적정량의 세탁물을 투입하고, 프로그램을 설정, 기계를 작동할 수 있다. 2. 탈액 방법의 강약을 조절할 수 있다.
		4. 용제 관리하기	1. 유기용제의 오염상태를 확인하고 필터를 교환할 수 있다. 2. 유기용제중의 수분함량을 측정할 수 있다. 3. 압력계를 확인하여 유기용제의 순환상태를 확인할 수 있다. 4. 유기용제가 오염되면 필터로 순환시켜 청정화 할 수 있다.
	5. 론드리	1. 예비 세탁하기	1. 세탁물의 오염정도에 따라 예비 세탁을 할 수 있다. 2. 세탁물을 일정시간 세제에 침지하여 오염물질을 분산시켜 세정작용을 용이하게 할 수 있다.
		2. 본 세탁하기	1. 물세탁기의 프로그램을 설정하고, 기계를 작동할 수 있다. 2. 세탁효과를 상승하기 위하여 표백, 헹굼, 산욕처리, 풀 먹이기 공정을 할 수 있다. 3. 세탁물의 청결도 향상을 위하여 재 오염 방지제를 사용할 수 있다.
		3. 탈수 · 건조하기	1. 여분의 수분을 제거하기 위하여 탈수기를 작동할 수 있다. 2. 건조 시 저온과 고온으로 조작할 때 온도에 따라 반드시 유의점을 준수할 수 있다.
	6. 웨트클리닝	1. 세정방법 선택하기	1. 세탁물의 소재, 오염의 상태, 염색 등에 따라 솔 세탁, 손세탁, 기계세탁 등을 선택할 수 있다. 2. 세탁방법이 명확하게 구분되지 않는 소재는 저온에서 중성세제를 사용하여 오염부분을 부분 처리하는 세탁방법을 선택할 수 있다.
		2. 세탁조건 선택하기	1. 세탁방법에 따른 적합한 세제선택, 세탁용수의 온도와 시간을 설정할 수 있다. 2. 세탁 전 색 빠짐, 형태변형, 수축성 여부를 조사하여 세탁 후 비교검사를 할 수 있다.
		3. 건조방법 설정하기	1. 색 빠짐의 우려가 있는 세탁물은 타월에 싸서 가볍게 눌러 짤 수 있다. 2. 늘어날 위험이 있는 얇은 옷이나 편물제품은 평편한 곳에 뉘어서 건조할 수 있다. 3. 형태변형이 우려되는 세탁물은 자연건조 방법을 선택할 수 있다.

실기 과목명	주요항목	세부항목	세세항목
세탁 실무	7. 오점 분석 · 제거	1. 오점 판별하기	1. 얼룩의 생성동기와 경과 시간 또는 응급처치의 유무 등에 관한 사항을 정확하게 진단할 수 있다. 2. 지방을 주성분으로 형성된 유용성 오점을 판별할 수 있다. 3. 물에 용해된 물질에 의해 생긴 수용성 오점을 판별할 수 있다. 4. 유기용제와 물에도 녹지 아니하는 매연, 유기성 먼지, 시멘트 석고 등의 불용성 오점을 판별할 수 있다.
		2. 오점제거 기구 사용하기	1. 오점의 종류와 상태에 따라 적합한 얼룩빼기 기계 및 기구를 선택할 수 있다. 2. 공기의 압력과 스팀을 이용하여 오점을 불어 제거하는 스팟팅 머신을 사용할 수 있다. 3. 얼룩제거 약제를 총에서 분사하여 오점을 제거하는 제트 스팟터를 사용할 수 있다. 4. 가벼운 불용성 고형오점은 솔로 털고, 단단한 얼룩은 주걱으로 긁어서 제거할 수 있다. 5. 분무기나 인두 등 기타 기구를 이용하여 얼룩을 제거할 수 있다.
		3. 오점 제거하기	1. 얼룩과 섬유의 종류, 직물조직, 염색가공에 관한 사전지식을 갖고 의복을 손상시키지 않는 오점 제거방법을 선택할 수 있다. 2. 약품과 기계적인 힘을 가해도 의류의 외관과 색상이 변형되지 않도록 적합한 오점제거방법을 선택할 수 있다. 3. 의복에 부착된 얼룩의 종류에 따라 적합한 약품을 선택할 수 있다. 4. 사용할 약품이 옷감의 형태, 염색가공 상태에 어떤 영향이 미치는가를 사전에 의복의 시접부위를 사용하여 성능을 검토할 수 있다.
	8. 다림질	1. 준비 작업하기	1. 작업 수행을 위한 다리미, 진공프레스 대 등 각종 마무리 기계 등을 점검할 수 있다. 2. 세탁물에 풀이나 습기를 부여하여 다림질 시 의복의 형태를 바로잡아 외관을 아름답게 할 수 있다. 3. KS 규격을 기준으로 섬유별 다림질 온도를 설정할 수 있다.
		2. 다림질하기	1. 대상 세탁물의 소재에 따라 적당한 온도와 습도를 조절할 수 있다. 2. 안감이 있는 세탁물은 안감을 먼저 다림질하여 작업능률을 향상할 수 있다. 3. 기계 다림질로 미진한 부분은 손 다림질로 보완할 수 있다. 4. 기계 다림질 후 적절한 보조기구를 사용하여 세탁물의 형태 유지를 보완할 수 있다. 5. 세탁 시 분리한 장식품을 다림질 후 재부착할 수 있다.

실기 과목명	주요항목	세부항목	세세항목
세탁 실무	8. 다림질	3. 외관 검사하기	1. 세탁 완료한 의복의 오염물질 제거상태를 확인하여 세탁 품질을 평가하고, 잘못된 곳을 수정할 수 있다. 2. 유색 세탁물은 색상의 변색 및 이염 정도를 평가할 수 있다. 3. 세탁 후 형태 및 외관변화 등의 불량상태를 확인할 수 있다. 4. 견 제품의 한복은 세리신 탈락에 의한 줄무늬 결점을 평가할 수 있다. 5. 코팅제품은 클리닝 시 가소제 용출에 의한 의류제품의 경화 현상을 평가할 수 있다. 6. 가죽 및 모피제품의 훼손여부를 평가할 수 있다. 7. 장식품 및 부속재료의 손실과 부착상태를 확인하고, 보완 수선을 할 수 있다.
		4. 포장 보관하기	1. 세탁물을 포장하고, 장기간 보관 시 세탁물에 발생하는 불량요인이 배제되는 포장 및 보관을 할 수 있다. 2. 세탁물 포장에 사용되는 덮개의 종류 및 형태별 특징을 파악하고, 포장 재료의 종류를 선택할 수 있다.

차례

Part 1 세정이론

01 클리닝 16
02 오점 부착 상태 17
03 계면활성제 19
04 용제의 성질 비교 21
05 재가공 23
06 진단 및 보일러 25
출제예상문제 28

Part 2 기술 관리

01 세탁과 환경 38
02 세탁과 의복 39
03 세탁 방법 40
04 얼룩 빼기 43
05 마무리(다림질) 작업 47
06 보관 48
출제예상문제 49

Part 3 클리닝 대상품

01 직물의 조직과 구조 60
02 섬유 64
03 섬유의 특성 65
04 실의 종류 71
05 염색 71
06 가공 73
07 품질표시 및 부자재 75
출제예상문제 76

Part 4 공중위생관리법규

공중위생관리법 86
공중위생관리법 시행령
공중위생관리법 시행규칙
출제예상문제 91

Part 5 기출문제 96

2011~2016년

Part 6 CBT 복원문제 216

2017~2019년

Part 7 CBT 복원문제 정답 및 해설 246

2017~2019년

Part 01

세정이론

01 클리닝

02 오점 부착 상태

03 계면활성제

04 용제의 성질 비교

05 재가공

06 진단 및 보일러

Part 01

세정이론

01 클리닝

1. 클리닝의 정의

용제, 세제 사용 의류, 섬유제품, 피혁제품을 원형대로 세탁

- 용제 ┌ 석유계 용제 ┌ 불소계
  └ 합성 용제 ─── 퍼크로
  └ 1.1.1 트리클로로에탄
- 세제 : 비누, 합성 세제

2. 클리닝 서비스

(1) **워싱(Washig Service)** : **청결** 서비스 → 가치 보전, 기능 **회복**

(2) **패션케어서비스(Fashion Care Service)** = 보전, 특수 서비스
의류를 보다 좋은 상태로 보전 → 가치 보전, 기능 **유지**

3. 클리닝 효과

(1) **일반적 효과**

암기법 일 위 내 패

① 얼룩 제거로 **위**생수준 유지
② 세탁물 **내**구성
③ 의류 **패**션성 보전

(2) **기술적 효과** : 얼룩 제거

① **수용성 오점** : 물 〈 물 + 알칼리, 중성 세제 〈 표백제로 제거
간장, 겨자, 주스, 술, 땀, 커피, 케첩 등
② **유용성 오점** : 석유계 용제(신나, 벤젠 솔벤트), 합성 용제
식용유, 인주, 왁스, 페인트, 구두약, 자동차 배기가스, 볼펜, 립스틱
③ **고체 오점(불용성)** : 매연, 점토, 흙, 시멘트, 석고, 철분

4. 클리닝 공정(순서)

암기법 접 마 대 포 세 클 얼 마 최 포

※ **접**수 – **마**킹 – **대**분류 – **포**켓 청소 – **세**분류 – **클**리닝 – **얼**룩 빼기 – **마**무리 – **최**종점검 – **포**장

(1) 접수점검

① 진단처방지에 주의점 기입

② 얼룩, 변색, 흠, 형태 변화 등과 클리닝 대상 여부 판별

③ 얼룩 종류, 세탁물에 대한 정보 파악

(2) 마킹 : 분실 방지를 위한 중요 공정

(3) 대분류 : 세탁 방법을 분류하고 세탁기계 본체와 부속품 체크

(4) 포켓 칭소 : 중요 물품은 즉시 반환하고, 그 외의 것은 표시한 후 납품 시 반환한다. 주머니 안의 라이터, 볼펜, 먼지, 찌꺼기를 털어낸다.

(5) 세분류

① 론드리(저온, 중온, 고온), 웨트(손, 솔, 기계), 드라이(퍼클로로에틸렌, 석유계 용제)

② 해지기 쉬운 직물은 망에 넣고, 단추는 종이로 쌈

③ 색상별, 오점 정도에 따라 단시간, 표백, 풀먹임, 건조생략 의류 등으로 분류

(6) 클리닝 : 세탁량은 적정량(부하량) 80% 정도만 넣고 세탁

(7) 얼룩 빼기 : 세탁 후 남은 얼룩을 제거

(8) 마무리 : 다림질

(9) 최종점검

(10) 포장

02 오점 부착 상태

1. 오점의 부착 상태

암기법 기 정 화 유 분

① **기**계적 = 물리적 = 단순

└→ 피복의 표면에 부착(솔질로 쉽게 제거)

② **정**전기 : ± 대전성 오염 → 화학섬유에 부착

③ **화**학결합 : 섬유 + 오점 화학결합 = 오염 제거 곤란

섬유 + 영구적 오염 = 표백제로 제거

④ **유**지결합 : 기름 엷은 막 + 섬유 부착(**유기 용제**, **계면활성제**, **알칼리**로 제거)

⑤ **분**자 간 인력에 의한 부착 : 오염분자 + 섬유분자 → 쉽게 제거되지 않음

2. 재오염 : 세정 과정에서 용제 중에 **분산**된 더러움이 의류에 다시 부착

(1) 부착 : 더러워진 용제 → 섬유에 부착

(2) 흡착

암기법 정 점 물

① **정**전기 ② **점**착(접착심지) ③ **물**의 적심

(3) **염착** : 염료가 섬유에 부착

3. 오염의 순서

(1) 더러움이 빨리 타는 순서

암기법 더 레 마 아 면 비 단 나 양

레이온 – **마** – **아**세테이트 – **면** – **비**닐론 – 비**단** – **나**일론 – **양**모

(2) 더러움에 잘 제거되는 순서(세정율이 좋은 순서)

암기법 제 양 나 비 아 면 레 마 비

양모 – **나**일론 – **비**닐론 – **아**세테이트 – **면** – **레**이온 – **마** – **비**단

4. 재오염 방지

알아두기

- **퍼클로로에틸렌** : 30~60초 경과 후 재오염 발생
- **석유계 드라이클리닝** : 3~5분 경과 후 재오염 발생

① 진한 색 / 연한 색 구별, 유색물 / 백색물 구분
② 소프 농도, 용제상대습도(수분량) 70~75%(※ 75% = 가용화 = 포수능)
③ 용제 색상 판정기준(회색)
④ **색상으로 보는 오염 정도**
㉠ 청주(술)색 : 양호
㉡ 맥주색 : 한계
㉢ 콜라색 : 불량
⑤ **재오염률(%)** = 〔(원포반사율 – 세정후반사율)/원포반사율〕× 100
세정률(%) = 〔(세정후반사율 – 오염포반사율)/(원포반사율 – 오염포반사율)〕× 100
※ 양호 : 3% 이내, 불량 : 5% 이상

5. 오염된 피복의 성능 변화

① **중량 증가** : 직물의 두께가 두꺼워진다.
② **광선반사율의 저하** : 외관의 형태적 성능에 영향을 미친다.
③ **함기율의 감소** : 보온성과 방한력이 저하된다.
④ **열전도성 증가** : 보온성이 저하된다.
⑤ **흡습성** : 저습상태에서는 감소하고 고습상태에서는 더욱 증가한다. 비위생적이고 곰팡이나 세균이 쉽게 번식한다.
⑥ **통기성의 저하** : 땀의 발산 저지 및 취기를 동반한다.
⑦ **흰색 옷감** : 백도가 저하한다.

⑧ **흡수성** : 양모는 증가하는 경향이고, 그 외의 다른 섬유는 감소하는 경향이다.
⑨ **경연성** : 양모는 큰 변화가 없으나, 다른 섬유는 유연해진다.
⑩ **방충성** : 나일론의 경우는 감소하고 다른 섬유는 변화가 별로 없다.

6. 오점 제거 방법

(1) 클리닝이 가능한 오점 제거 방법

① 털어서 제거
② 두드려서 제거
③ 물로 제거
④ 세제로 제거

(2) 일정한 오점 처리 기법을 이용한 오점 제거 방법

① 유기 용제로 제거
② 표백제로 제거

03 계면활성제

1. 비누

(1) 장점

① 세탁 효과가 우수하다.
② 거품이 잘 생기고 헹굴 때에는 거품이 사라진다.
③ 세탁한 직물의 촉감이 양호하다.
④ 합성세제보다 환경 오염이 적다.

(2) 단점

① 가수분해되어 유리지방산을 생성한다.
② 산성 용액에서는 사용할 수 없다.
③ 알칼리성을 첨가해야만 세탁 효과가 좋다.
④ 세탁 시 센물(경수)을 사용하면 반응하여 침전물을 생성한다.
⑤ 원료에 제한을 받는다.

2. 계면활성제 : 수용액의 계면장력을 낮추고 기름을 유화시키는 약제

HLB 용도

암기법 소 드 유 세 가

HLB	용도	HLB	용도
1~3	**소**포제	8~13	**유**화제(물 속에 기름 분산)
3~4	**드**라이클리닝 세제	13~15	**세**탁용 세제
4~8	**유**화제(기름 속에 물 분산)	15~18	**가**용화

※ 친수기가 발달되어 있으면 물에 잘 녹고 친유기가 발달되어 있으면 기름에 잘 녹는다.

(1) 친수성에 따른 종류

① 음이온계 : 세척력 우수, 대부분 계면활성제(고급 알코올, 황산 에스테르염, 알킬벤젠술폰산염, 황산화물) 예 비누

② **양**이온계 : 세척력 낮다 → 유연제, 대전 방지, 발수제(**아**민염, **암**모늄염) 예 섬유유연제

암기법 양 아 암

③ 양성계 : 세척제, 유화제(살균제)

④ **비**이온계 : 해리되지 않은 친수기 → **스**팬, **트**윈, **고**급 알코올, **디**에탄

암기법 비 스 트 고 디

(2) 계면활성제의 성질(= 세정작용 = 직접작용)

① 물과 공기 등에 흡착 → 계면장력 **저하**

② **1개**의 분자에 친수기와 친유기를 갖는다.

③ 분자가 모여 미셀(Micell)을 형성한다.

④ 직접작용 : 습윤 → 침투 → 유화, 분산 → 가용화 → 기포 → 세척

알아두기

간접작용 : 대전 방지, 살균, 방수, 녹 방지, 염료 고착, 균염, 마찰 감소, 매끄럽게 함

3. 세제

(1) 약알칼리성 세제(중질세제)

① pH 10~11 세탁 효과 우수(식물성 섬유, 면, 마에 적합)

② 다목적 세제 pH 9.5(모든 섬유)

(2) 중성세제(경질세제) (pH 7)

① 양모, 견, 아세테이트, 나일론. 세탁 효과 저하

② 농축세제

(3) 저포성 세제(드럼식 세탁기)

※ 합성세제(LAS계)

- 용해가 빠르고 헹구기 쉬움
- 산성, 알칼리성 가능
- 값이 싸고 원료 제한받지 않음
- 센물 무방
- 거품이 잘 생기며 침투력이 우수

(4) 알칼리제의 역할

① 변질된 당(糖)이나 단백질을 없앤다.

② 분산력, 유화력(乳化力)에 의해 세정을 촉진시킨다.

③ 산성의 오점을 중화하고, 산성 비누의 생성을 막는다.

④ 경수를 연화시켜 비누찌꺼기 생성을 방지한다.

4. 용제

(1) 종류

① 석유계

② 염소계(퍼클로로에틸렌)

③ 불소계 : 대기환경 파괴

④ 1.1.1 트리클로로에탄

(2) 용제 구비 조건

① 인화점이 높거나 불연성일 것

② 정제가 쉽고 분해되지 않을 것

③ 독성이 없을 것

④ 환경 오염을 유발하지 않을 것

(3) 용제 관리 목적

① 물품(의상)이 상하지 않게 함

② 재오염 방지

③ 세정 효과

(4) 용제의 세척력 결정 요소

암기법 비 용 표

① 용제의 **비**중이 클수록(↑)

② **용**해력이 클수록(↑)

③ **표**면장력이 작을수록(↓)

(5) 용제 성능 점검사항

암기법 산 투 불

① **산**가

② **투**명도

③ **불**휘발성 잔류물

04 용제의 성질 비교

1. 용제의 종류와 성질

(1) 석유계

① 가연성, 용해력이 약하고, 독성과 비중도 약하다.
② 견 등 섬세한 의류에 적합
③ 시간 20~30분, 온도 20~30℃(35℃ 이상 화재 위험)
※ 10℃ 이하 → 용해력 저하
④ 방폭설비 필요
⑤ 장점
㉠ 기계부식에 안전하다.
㉡ 독성이 약하고 기계 값이 싸다.
⑥ 단점
㉠ 세정시간이 길다.
㉡ 인화점(40℃)이 낮아 화재 위험이 있다.
㉢ 냄새가 옷에 남는다.

(2) 퍼클로로에틸렌

① 장점 : 불연성, 짧은 세정시간(7분), 상압 증류(대기압) 가능, 세탁 온도 35℃
② 단점 : 강한 독성, 용해력 비중이 높아 섬세한 의류는 상하기 쉬움
기계 부식, 토양 수질 오염

(3) 불소계 용제(F-113)

① 장점 : 불연성, 저온건조(50℃↓), 섬세한 의류 적합
독성 저하, 매회 증류 용이 → 용제 관리 용이
② 단점 : 용해력 저하 → 오염 제거 불충분
용제, 기계장치의 비싼 값, 대기환경 파괴

(4) 1.1.1. 트리클로로에탄

① 장점 : 불연성 저온건조 가능, 가장 짧은 세정시간(5분 이내)
매회 증류 용이 → 용제 관리 용이
② 단점 : 섬세한 의류 손상, 기계부식(물에 대한 안정성이 낮아서), 강한 독성

2. 세정액의 청정장치와 방법

(1) 청정장치

① 필터
㉠ 리프(8~10매) 펌프 압력 → 필터면을 통과하며 청정화
㉡ 튜브 : 철사망 원통형(튜브형)
㉢ 스프링(코일형) : 천정부터 늘어뜨린 모양

② **청**정통식 : 여과지와 흡착제가 별도, **오**래 사용

암기법 청 오

③ **카**트리지식 : 주름여과지 속에 흡착제, 청정 능력이 높아 가장 **많**이 사용

암기법 카 많

④ **증**류식 : **오**염(더러움)이 심한 용제 청정 시

암기법 증 오

㉠ 석유계 : 80~120℃ 감압 증류(돌비현상 유의)

㉡ 퍼클로로에틸렌 : 140℃ 이하(맹독성 유의)

(2) 청정화 방법

① 여과(여과제) : 필터 + 여과제

② 흡착(흡착제) : 흡착제(탈액, 탈취, 탈수, 탈산) 사용

③ 증류(적정 온도로 증류) → 더러움이 심한 용제(침전)

(3) 청정제의 종류

① 여과제 : 규조토(여과력 우수/ 흡착력 낮음)

② 흡착제 / 탈색력

㉠ 활성탄소 : 탈색, **탈취**

㉡ 실리카겔 : 탈색, **탈수**

㉢ 산성백토 : 탈색

㉣ 활성백토 : 탈색, **탈수**(침전법)

③ 흡착제 / 탈산력

암기법 산 취 = 알 경

㉠ **알**루미나겔 : 탈산, 탈취(탈수 능력 없음)

㉡ **경**질토 : 탈**산**, 탈**취**

④ 용제공급펌프 액심도 3까지 45초 이내 **양호** 〈 60초 이내 **한계** 〈 60초 이상 **불량**

↓

※ 외통반경을 10등분 한 수치

05 재가공

1. 표백

① 천연색소를 알칼리로 분해 → 직물을 보다 희게 만드는 것

② 셀룰로스 직물(면, 마) : 과산화수소, 차아염소산나트륨

③ 단백질(견, 모) : 과산화수소

④ 합성 : 아염소산나트륨

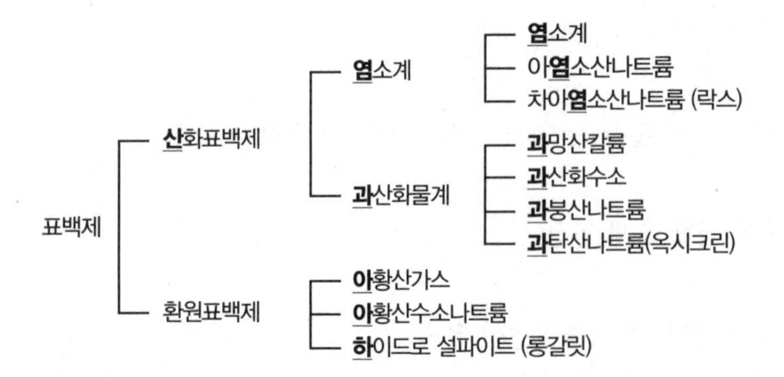

암기법 산 염 과 아 하

(**산**화표백제에는 **염**소계와 **과**산화물계가 있고 환원표백제에는 **아**황산가스, **아**황산수소나트륨, **하**이드로 설파이트가 있다.)

2. 푸세가공(풀먹이기)

① 옷감이 팽팽해지고 강도 증가, 내구성 증가, 형태 유지 증가

② 더러움이 잘 빠진다.

③ 면, 마 : 녹말, 콘스타치, 전분

④ 합성섬유, 기타 : CMC, PVA, 젤라틴

3. 방충가공

(1) 직물별 방제하려는 해충의 종류

① 단백질(양모, 견) : 옷좀나방, 털좀나방, 애수시렁이, 알수시렁이

② 식물성(면, 마) : **의**어, **바**퀴벌레, **귀**뚜라미 **암기법** 의 바 귀

(2) 종류

① 가정용 : **장**뇌, **나**프탈렌(냄새), **파**라디 클로로벤젠(살충력↑)

암기법 장 나 파

② 영구가공용 : **아**레스린, **가**스나, **디**엘드린, **오**일란

암기법 아 가 디 오

(3) 특성

① 곰팡이 20% 이상 습도 15~40℃ 온도에서 발생 증가

② 발생 방지 : 땀, 먼지, 음식자국, 풀기, 비눗기 제거 → 충분히 건조 후 온도, 습도 낮은 곳에 보관

③ 방곰팡이(방미가공)

㉠ 가열법

㉡ 자외선법

ⓒ 탈산소법

ⓓ 가스봉입법

ⓔ 방곰팡이제에 의한 방법

④ 방습제

㉠ 실리카겔(재사용 가능)

㉡ 염화칼슘(재사용 불가능) : 가죽, 모피에 닿으면 수축, 경화 유의

06 진단 및 보일러

1. 진단 – 사전진단

(1) 특성

섬유 종류, 성질, 조직, 가공상태, 염색, 오점 종류 제거 방법 진단

① 고객 앞에서 진단

② 접수 시(특수제품은 가능 여부) 진단

③ 임의 취급 금물

④ 품질표시가 없거나 얼룩생성 동기 경과, 응급 처리 유무

⑤ 외국에서 고급제품, 품질표시 정보, 취급표시 정보

(2) 내용

① 특수품 진단

② 고객주문 타당성 진단

③ 오점 제거 정도의 진단

④ 요금 진단

(3) 사무진단

암기법 종 부 장

① **종류**, **수량**, **색상** 등을 세탁물 인수증에 기입

② **부속품 유무**(벨트, 견장)

③ **장식단추**(단추 수도 확인)

(4) 기술진단

① 형태 변형 : 편성물, 모직물(신축성)

② 부분변퇴색 : 햇빛, 가스, 오점 제거

③ 보푸라기 : 합성섬유

④ 잔털 누운 것 : 파일직물

⑤ 상처 확대 유의

⑥ 좀
⑦ **마모** : 소매, 깃
⑧ **곰팡이** : 피혁, 면, 마, 레이온
⑨ 얼룩, 가공표시, 금지표시 등

(5) 기술진단이 필요한 품목

① **고액상품류** : **모**피, **피**혁, **고**급한복, **희**소섬유

암기법 모 피 고 희

② **파일제품** : 벨벳, 롱파일, 플록가공(전착가공)
③ **염색특수품** : 양복류에 그림, 날염, 털을 심은 제품, 초선명 염색
④ **특수가공** : 합성피혁, 인공피혁, 에나멜 가공포, 접착제품, 라메제품
⑤ **의류의 부소재류**
 ㉠ 단추류(스냅, 호크 → 실용적)
 ㉡ 스팽글, 비즈, 모조진주 → 장식성
⑥ 오점의 진단
⑦ **표시의 진단** : 조성표시, 취급표시

2. 보일러

(1) 종류

① **원통보일러** : 입식, 노통, 연관, 노통연관
② **수관보일러** : 자연순환식, 강제순환식, 관류식
③ **주철보일러** : 주철재형식
④ **특수보일러** : 폐열, 특수 연료, 특수 유체, 간접 가열, 기타(회전 전기 보일러)

(2) 보일러의 열과 증기

0℃의 물 1cc를 1℃ 올리는 데 1kcal의 열이 필요하다.

압력(kg/cm²)	온도(℃)	압력(kg/cm²)	온도(℃)
1.0	99.1	7.0	164.2
2.0	119.6	8.0	169.6
3.0	132.9	9.0	174.5
4.0	142.9	10.0	179.0
5.0	151.3	11.0	183.2
6.0	158.1		

※ 물 100℃일 때 증발잠열 = 539kcal/kg

※ 화씨100°F를 섭씨로 계산할 때 → 37.8℃

알아두기

- 절대압력 = 게이지 압력 + 1
- 보일러 매연 : **아**황산가스, **일**산화탄소, **그**을음과 분진 **암기법** 아 일 그
- 보일러 효율 = 연소효율 × 전열효율
- 보일러 연수장치 : 연수기, 필터, 경도감지기
- 보일러 3개 구성 요소 : 본체, 연소장치, 부속설비

(3) 보일러 고장 원인

① 수면계에 수위가 나타나지 않는다.

② 압력게이지가 움직이지 않는다.

③ 증기에 물이 섞여 나오거나 본체에서 증기나 물이 샌다.

④ 작동 중 불이 꺼진다.

⑤ 전원이 연결되지 않거나, 퓨즈가 끊어져 있다.

※ 물이 부글부글 끓거나, 압력게이지가 움직이는 것은 고장이 아니다.

※ 보일러 압력을 급격하게 올리면 파손 원인이 된다.

※ 부피 일정 유지, 온도 상승 시 → 압력이 상승한다.

Part 01

출제예상문제

01 워싱서비스는 의류를 중심으로 한 세탁물의 가치 보전과 (㉮)이 중요하고 패션케어 서비스는 의류를 보다 좋은 상태로 보존하고 가치와 (㉯)에 중점을 두는 서비스이다. ㉮, ㉯에 알맞은 것은?

① ㉮ 기능 유지, ㉯ 기능 회복
② ㉮ 기능 회복, ㉯ 기능 유지
③ ㉮ 보관, ㉯ 기능 향상
④ ㉮ 기능 향상, ㉯ 보관

해설
• 워싱 서비스 : 가치 보전, 기능 회복
• 패션케어 서비스 : 가치 보전, 기능 유지

02 세탁업 본질과 관계없는 것은?

① 현금장사이므로 소득을 숨길 수 있다.
② 얼룩제거하여 위생수준을 향상시킨다.
③ 세탁물을 수선해 준다.
④ 고급의류는 패션성을 보전한다.

03 세탁물 보전기능 유지와 상관관계가 적은 것은?

① 상품기능 원리　② 상품기능 내용
③ 상품의 구조　④ 상품제조 방법

해설 보전기능 유지를 위해 구조, 원리, 내용에 대한 지식과 기술을 필요로 한다.

04 클리닝 기술적 효과로서 알맞지 않은 것은?

① 천에 알맞은 용제와 세제를 사용해야 한다.
② 천에 부착된 오염물의 발생 원인, 특성을 작업 전에 숙지해야 한다.
③ 작업 방법에 상관없이 신속하게 처리한다.
④ 천을 상하지 않게 해야 한다.

05 수용성 오점의 특징이다. 옳지 않은 것은?

① 묻은 즉시 물만으로도 제거된다.
② 시간경과에 따라 물과 산성 또는 중질세제로 제거한다.
③ 오래된 것은 표백처리로 제거할 수 있다.
④ 간장, 곰팡이, 주스, 땀, 술 등이 있다.

해설 물 〈 물과 알칼리성 〈 표백제 처리

06 오염 제거가 곤란하여 반드시 표백제로 분해제거해야 하는 오염은?

① 물리적 부착
② 정전기 부착
③ 화학결합에 의한 부착
④ 기계적 부착

해설 기름 성분이 산소와 화학결합 → 기름때

정답 01. ② 02. ① 03. ④ 04. ③ 05. ② 06. ③

07 **오염입자가 기름의 엷은 막을 통하여 섬유에 부착되었을 때 제거되는 약제가 아닌 것은?**

① 유기용제
② 차아염소산나트륨
③ 계면활성제
④ 알칼리

해설 유지결합의 제거는 유기용제, 계면활성제, 알칼리로 제거한다.

08 **다음 설명 중 맞지 않는 것은?**

> ㉠ 마찰, 물리적 작용으로 피복의 표면에 부착된 것이다.
> ㉡ 솔질로 쉽게 제거된다.

① 단순 부착　② 정전기 부착
③ 물리적 부착　④ 기계적 부착

해설 기계적 부착 = 물리적 부착 = 단순 부착

09 **재오염에 대한 설명 중 옳지 않은 것은?**

① 용제 중에 분산된 더러움이 의류에 거무스레하게 부착되는 현상이다.
② 재오염에는 부착, 흡착, 염착이 있다.
③ 염착은 접착심지에 의해 오염물질이 부착되는 것이다.
④ 흡착의 원인은 정전기, 점착, 물의 적심이 있다.

해설 염착은 염료가 섬유에 부착되는 것이다.

10 **클리닝에서 보다 고차원의 기능 유지를 다하는 서비스가 아닌 것은?**

① 특수서비스　② 보전서비스
③ 청결서비스　④ 패션케어서비스

해설 청결서비스는 워싱서비스이며, 가치보전과 기능회복의 특성이 있다.

11 **오점의 성분 중 충해의 원인이 되는 것은?**

① 나트륨　② 단백질
③ 섬유소　④ 탄수화물

해설 단백질(CHON)이 충해 원인 (탄소 C, 수소 H, 산소 O, 질소 N)

12 **물에 녹지 않는 오점을 나열한 것은?**

① 유용성 오점, 수용성 오점
② 수용성 오점
③ 고체 오점, 유용성 오점
④ 고체 오점, 수용성 오점

해설 고체 오점 = 불용성

13 **유기성 용제가 수분으로 인하여 유화와 분리가 일어날 때 상관관계가 적은 것은?**

① 의류의 수축　② 의류의 변형
③ 표백　④ 재오염

14 **다음 중 얼룩 제거가 가장 어려운 것은?**

① 황변얼룩　② 수성페인트
③ 매직잉크　④ 립스틱

해설 황변은 시간경과에 따라 생기므로 제거가 가장 어렵다.

15 **재오염 중 깨끗한 용제로 헹구면 제거될 수 있는 것은?**

① 부착　② 염착
③ 흡착　④ 정전기

정답 07. ② 08. ② 09. ③ 10. ③ 11. ② 12. ③ 13. ③ 14. ① 15. ①

16 다음 섬유 중 오염된 세액에 의해 재오염될 가능성이 큰 세탁물은?

① 마 ② 면
③ 나일론 ④ 폴리에스테르

17 오물 제거가 곤란하여 영구적 오점을 남기기 쉬운 오점은?

① 정전기에 의한 부착
② 단순 부착
③ 화학결합에 의한 부착
④ 유지결합에 의한 부착

18 한국산업표준에서 정하는 순품고형 세탁 비누의 수분 및 휘발성 물질의 기준량은?

① 20% 이하 ② 30% 이하
③ 40% 이하 ④ 50% 이하

19 계면활성제의 성질을 잘못 설명한 것은?

① 친수기가 강하면 물에 잘 녹고 친유기가 강하면 기름에 잘 녹는다.
② 2개의 분자 내에 친수기와 친유기를 갖는다.
③ 물과 공기에 흡착하여 계면장력을 저하시킨다.
④ 분자가 모여 미셀을 형성한다.

20 원포반사율이 20%, 세정 후 반사율이 15%일 때 재오염률 결과와 상관관계가 올바른 것은?

① 25% 양호 ② 25% 불량
③ 15% 양호 ④ 15% 불량

해설 (원포 – 세정 후 반사율)/원포
= [(20–15)/20] × 100
= 25%

21 퍼클로로에틸렌의 특징이 아닌 것은?

① 불연성이다.
② 독성이 약하여 섬세한 한복 의류에 적합하다.
③ 환경 오염을 일으킨다.
④ 상압 증류할 수 있다.

해설 독성이 강하여 섬세한 의류는 상하기 쉽다.

22 석유계 용제의 장점은?

① 독성이 강하여 섬세한 의류에 적합하다.
② 상압 증류할 수 있다.
③ 화재 위험이 있어 방폭장치가 필요하다.
④ 기름에 대한 용해도와 휘발성이 적절하며 안정적이다.

23 석유계 용제 세정 시 몇 도(℃) 이하이면 용해력이 저하되는가?

① 7℃
② 10℃
③ 30℃
④ 35℃

해설 특히 겨울에 10℃ 이하가 되지 않도록 하며 온도가 35℃ 이상 되지 않도록 주의하여야 한다.

정답 16. ④ 17. ③ 18. ② 19. ② 20. ② 21. ② 22. ④ 23. ②

24 **1.1.1 트리클로로에탄의 특성이 아닌 것은?**

① 저온건조가 가능해 내열성이 낮은 의류에 적합하다.
② 용해력이 강하고 세정시간이 5분 이내로 짧다.
③ 물에 대한 안정성이 높아 기관의 부식이 없다.
④ 불연성이고 독성이 강한 편이다.

해설 물에 대한 안정성이 낮아 물과 혼합되면 기관 부식이나 의류 손상이 있다.

25 **세정액의 청정장치가 아닌 것은?**

① 흡착식 ② 필터식
③ 증류식 ④ 청정통식

26 **용제 청정화에 대한 설명이 올바른 것은?**

① 월 1회씩만 반드시 청정화시켜 줘야 한다.
② 용제의 색이 맥주색이면 불량, 콜라색이면 한계이다.
③ 사용횟수에 관계없이 청주색을 유지해야 재오염을 방지할 수 있다.
④ 재오염률이 5% 이상을 유지하도록 해야 한다.

27 **청정제와 기능이 바르게 짝지어지지 않은 것은?**

① 규조토 – 여과제
② 실리카겔 – 방습제
③ 활성백토 – 침전법 사용
④ 알루미나겔 – 탈색, 탈수

해설 탈**산**, 탈**취** → **알**루미나겔, **경**질토
암기법 산 취 = 알 경

28 **흡착제이면서 탈색력이 뛰어난 청정제가 아닌 것은?**

① 경질토
② 활성탄소
③ 실리카겔
④ 활성백토

29 **다음 중 가정용 방충제가 아닌 것은?**

① 장뇌
② 디엘드린
③ 나프탈렌
④ 파라디 클로로벤젠

해설 가정용 = **장**뇌, **나**프탈렌, **파**라디 클로로벤젠
암기법 장 나 파

30 **다음 중 가공용 방충제가 아닌 것은?**

① 아레스린
② 가스나
③ 오일란
④ 나프탈렌

해설 가공용 : **아**레스린, **가**스나, **디**엘드린, **오**일란
암기법 아 가 디 오

정답 24. ③ 25. ① 26. ③ 27. ④ 28. ① 29. ② 30. ④

31 **곰팡이나 해충 방지 방법 중 바르지 않은 것은?**

① 곰팡이는 습도 20% 이상, 온도 15~40℃에서 잘 생긴다.
② 땀, 먼지, 음식자국 등을 제거해야 한다.
③ 풀기, 비눗기도 깨끗이 없애야 한다.
④ 보관 시 방습제를 넣어 온도와 습도가 높은 곳에 두어야 한다.

해설 온도와 습도가 낮은 곳에 보관해야 한다.

32 **다음 중 산화표백제가 아닌 것은?**

① 염소계
② 아염소산나트륨
③ 아황산수소나트륨
④ 과산화수소

해설 **산**화표백제에는 **염**소계와 **과**산화물계, 환원표백제에는 **아**황산가스, **아**황산수소나트륨, **하**이드로 설파이트가 있다.
암기법 산 염 과 아 하

33 **다음 중 환원표백제가 아닌 것은?**

① 아황산가스
② 아염소산나트륨
③ 아황산수소나트륨
④ 하이드로 설파이트

해설 환원표백제 : **아**황산가스, **아**황산수소나트륨, **하**이드로 설파이트
암기법 아 하

34 **㉠, ㉡, ㉢에 적당한 것은?**

> 셀룰로스 직물에는 (㉠)와 차아염소산나트륨, 단백질 직물에는 (㉡), 합성 직물에는 (㉢)이 적당하다.

① ㉠ 과산화수소
㉡ 과산화수소
㉢ 아염소산나트륨
② ㉠ 과탄산나트륨
㉡ 과산화수소
㉢ 차아염소산나트륨
③ ㉠ 염소계
㉡ 과붕산나트륨
㉢ 아황산가스
④ ㉠ 과산화수소
㉡ 염소계
㉢ 아황산가스

35 **염소계 표백제 사용이 부적합한 것은?**

① 셀룰로스섬유
② 단백질, 나일론
③ 폴리에스테르
④ 아크릴

36 **다음 중 세제에 첨가되어 있는 표백제는?**

① 과산화수소
② 차아염소산나트륨
③ 염소계
④ 과탄산나트륨

정답 31. ④ 32. ③ 33. ② 34. ① 35. ② 36. ④

37 폴리에스테르와 같은 합성섬유를 세탁 후 유연제로 처리하는 이유는?

① 흡습성 증가
② 통기성 증가
③ 대전 방지
④ 황변 방지

38 클리닝 하기 전 사전진단 사항이 아닌 것은?

① 염색 상태
② 섬유의 종류와 성질
③ 가공 상태
④ 가격 결정

해설 사전진단 : 섬유의 종류와 성질, 염색 상태, 가공 상태

39 클리닝 처리 전에 선행되는 기술진단 사항이 아닌 것은?

① 파일직물의 잔털이 누운 것
② 얼룩 응급 처리 유무
③ 배상기준
④ 편성물의 형태 변형

해설 배상기준은 무관하다.

40 기술진단이 필요한 고액상품에 속하지 않는 것은?

① 초선명 염색면제품
② 희소섬유제품
③ 고급한복
④ 피혁제품

해설 고액상품류는 모피, 피혁, 고급한복, 희소섬유이다.

41 기술진단이 필요한 품목으로 바르게 짝지어진 것은?

① 고액상품류 – 모피, 피혁, 고급한복, 희소섬유
② 파일제품류 – 벨벳, 롱파일, 털심은 제품
③ 염색특수품류 – 날염, 풀옥가공제품
④ 의류부소재류 – 장식단추, 스팽글

해설 고액상품류는 모피, 피혁, 고급한복, 희소섬유이다.

42 다음 중 원통보일러가 아닌 것은?

① 입식 ② 노통
③ 연관 ④ 관류식

43 보일러의 고장 원인이 아닌 것은?

① 증기에 물이 섞여 나온다.
② 압력게이지가 움직인다.
③ 작동 중 불이 꺼진다.
④ 수면계에 수위가 나타나지 않는다.

해설 압력게이지가 나타나고 보일러에 부글부글 끓는 소리가 나는 것은 정상이다.

44 보일러의 연소효율이 0.65이고, 전열효율이 0.90일 때 보일러의 효율은?

① 68.5% ② 58.5%
③ 71.6% ④ 78.5%

해설 보일러효율 = 연소효율 × 전열효율

정답 37. ③ 38. ④ 39. ③ 40. ① 41. ① 42. ④ 43. ② 44. ②

45 보일러의 연수장치가 아닌 것은?

① 필터 ② 연수기
③ 경도감지기 ④ 퓨즈

해설 연수장치 : 필터, 연수기, 경도감지기

46 케첩의 오점 분류는 어디에 해당되는가?

① 유용성 ② 수용성
③ 표백성 ④ 불용성

해설 케첩, 간장은 수용성이다.

47 자동차의 배기가스에 의해서 발생되는 오점은?

① 수용성 오점 ② 고체 오점
③ 특수 오점 ④ 유성 오점

해설 자동차배기가스는 유용성 오점이다.

48 다음 중 고체 오점에 해당되는 것은?

① 염류 ② 지방산
③ 철분 ④ 기계유

해설 고체 오점은 불용성이며 철분, 흙, 시멘트, 석고가 있다.

49 석유계 용제로 드라이클리닝 할 때 몇 분이 경과 시 재오염이 많이 발생되는가?

① 3~5분 ② 9~10분
③ 12~15분 ④ 17~20분

해설 퍼클로로에틸렌은 30~60초, 석유계는 3~5분이 경과 후 재오염이 발생한다.

50 용제의 수분수용 능력(포수능)에 대한 실제 수분량의 비율인 상대습도는 세정력과 재오염에 가장 크게 작용한다. 이 때 수축이나 색 빠짐 등을 방지하기 위해서 유지하는 용제습도 비율은?

① 40~50% ② 70~75%
③ 80~85% ④ 95~100%

해설 용제상대습도(수분량)는 70~75%이다.

51 용제의 색상으로 청정도를 판단할 때 용제가 콜라와 흡사한 색으로 변할 때의 판정으로 알맞은 것은?

① 용제 색상 양호
② 한계 색상
③ 불량
④ 불량하나 사용할 수 있다.

해설 청주색은 양호, 맥주색은 한계, 콜라색은 불량을 의미한다.

52 오염으로 인한 의복의 성능 변화가 아닌 것은?

① 직물의 오염으로 인해 촉감이 뻣뻣해지고 중량이 증가되어 착용감이 좋지 않다.
② 함기율은 감소하고 또한 열전도성이 감소되어 옷의 보온성이 좋아진다.
③ 흰색 옷의 경우, 오염이 심하게 되면 세탁을 해도 백도가 저하되는 경향이 있다.
④ 의복의 미관을 해치게 된다.

해설 함기율의 감소는 보온성과 방한력을 저하시킨다.

정답 45. ④ 46. ② 47. ④ 48. ③ 49. ① 50. ② 51. ③ 52. ②

53 **다음 중 알칼리성 용액에서는 음이온으로, 산성용액에서는 양이온으로 작용하는 계면활성제는?**

① 양이온계 계면활성제
② 음이온계 계면활성제
③ 비이온계 계면활성제
④ 양성이온계 계면활성제

해설 양성이온계 계면활성제는 알칼리성에서는 음이온으로 해리되어 세척제, 산성에서는 양이온으로 해리되어 유연제, 대전방지, 살균제로 사용된다.

54 **다음 중 면직물이나 마직물 같은 셀룰로오스 섬유를 해치는 벌레는?**

① 애수시렁이
② 옷좀나방
③ 바퀴벌레
④ 털좀나방

해설 식물성(면, 마) 섬유를 해치는 벌레는 의어, 바퀴벌레, 귀뚜라미이다.
암기법 의 바 귀

55 **일반적으로 보일러의 종류에 해당되지 않는 것은?**

① 원통보일러
② 수관보일러
③ 특수보일러
④ 상용보일러

해설 보일러의 종류 : 원통보일러, 수관보일러, 주철보일러, 특수보일러

56 **다음 관계식 중 옳은 것은?**

① 절대압력=게이지압력−대기압
② 게이지압력=절대압력−대기압
③ 진공압력=게이지압력+대기압
④ 대기압=게이지압력+진공압력

해설 절대압력=게이지압력+1(대기압)

57 **보일러 사용 시 연소에 의하여 발생하는 매연의 성분은?**

① 아황산가스, 일산화탄소, 그을음과 분진
② 아황산가스, 과산화수소, 그을음과 분진
③ 아황산가스, 일산화탄소, 차아염소산나트륨
④ 아황산가스, 그을음과 분진, 퍼클로로에틸렌

해설 보일러 매연 : 아황산가스, 일산화탄소, 그을음과 분진
암기법 아 일 그

58 **보일러의 압력을 급격하게 올리면 안 되는 이유로 가장 적당한 것은?**

① 보일러 내의 물의 순환을 해친다.
② 압력계를 파손한다.
③ 보일러 효율을 저하시킨다.
④ 보일러에 악영향을 주고 파괴의 원인이 된다.

해설 압력을 급격하게 올리면 보일러 파손의 원인이 된다.

정답 53. ④ 54. ③ 55. ④ 56. ② 57. ① 58. ④

59 **클리닝의 공정 중 론드리는 고온 · 중온 · 저온으로, 웨트클리닝은 기계세탁과 손세탁으로 분류하는 것은?**

① 대분류 ② 세분류
③ 중분류 ④ 세세분류

해설 론드리를 저온, 중온, 고온으로 웨트를 손, 솔, 기계로 나누는 것은 세분류이다.

60 **알칼리성 합성세제의 성질이 아닌 것은?**

① 변질된 당이나 단백질을 제거한다.
② 유화력, 분산력에 의해 세정을 돕는다.
③ 산성의 오점을 중화하고 산성 비누를 생성한다.
④ 경수를 연화시켜 비누찌꺼기의 생성을 방지한다.

해설 알칼리성 합성세제는 비누 생성을 방지한다.

61 **세탁물의 진단 중 주요 내용이 아닌 것은?**

① 특수품의 진단
② 고객 주문의 타당성 진단
③ 요금의 진단
④ 광고의 진단

해설 납기의 진단, 광고의 진단은 주요 진단 내용 아니다.

62 **가장 전문적 진단이 필요한 특수가공 제품은?**

① 인조피혁 제품
② 안료 제품
③ 날염 제품
④ 합성섬유 제품

해설 특수가공류 제품으로는 합성 · 인공피혁, 에나멜 가공포, 접착제품, 라메제품이 있다.

63 **다음 중 의복의 종류에 따른 기술진단에서 특수 가공류에 속하는 것은?**

① 벨벳류 ② 롱파일류
③ 라메류 ④ 전착 가공류

64 **화씨100℉를 섭씨온도로 변환하면 몇 ℃가 되는가?**

① 26.4℃ ② 45.7℃
③ 37.8℃ ④ 17.5℃

해설 화씨100℉를 섭씨온도로 변환하면 37.8℃이다.

65 **불소계 용제를 세정 후 건조할 때 텀블러의 처리온도는 얼마가 적당한가?**

① 70℃ 이하 ② 60℃ 이하
③ 50℃ 이하 ④ 80℃ 이하

정답 59. ② 60. ③ 61. ④ 62. ① 63. ③ 64. ③ 65. ③

Part 02

기술 관리

01 세탁과 환경
02 세탁과 의복
03 세탁 방법
04 얼룩 빼기
05 마무리(다림질) 작업
06 보관

Part 02 기술 관리

01 세탁과 환경

1. 수질 오염

(1) 정의

① 천연의 자연수역에 오염물질이 인위적으로 배출되어 자연적인 정화능력을 초과시켜 오염된 상태

② 인간이 생활하며 배출하는 오수, 지질 및 대기환경으로 수질이 물리적, 생화학적으로 변하여 자정능력을 상실할 때 생기는 현상

(2) 원인

생활하수, 산업폐수, 농 · 축산폐수 등(생활하수가 가장 큰 비중)

2. 세탁폐기물 처리 방법(폐기물관리법)

(1) 폐기물관리법상 주요 정의(제2조)

① **폐기물** : 쓰레기, 연소재, 오니, 폐유, 폐산, 폐알칼리, 동물사체 등

② **생활폐기물** : 각종 생활폐기물(설거지, 세탁, 목욕 등)

③ **지정폐기물(대통령령)** : 사업장폐기물 중 폐유, 폐산, 의료폐기물 등

(2) 폐유기용제(지정폐기물, 폐기물관리법 시행령 제3조 별표)

① 할로겐족(환경부령으로 정하는 물질 또는 이를 함유한 물질)

② 그밖에 폐유기용제(할로겐족 외의 것)

(3) 폐유기용제 처리기준

① 기름과 물 분리 가능한 것 : 기름/물 분리 방법으로 사전 처분한다.

② 할로겐족 액체 상태

㉠ 고온소각

㉡ 증발, 농축 후 → 고온소각

㉢ 중화 – 환원 – 중합 – 축합 후 → 고온소각
응집 – 침전 – 여과 – 탈수 후 → 고온소각

③ 할로겐족 고체 상태 → 고온소각

02 세탁과 의복

1. 의복의 기능

암기법 위 실 감 관

① **위**생상 성능 : 보온성, 열전도성, 함기성, 통기성, 흡수성, 대전성
② **실**용적 성능 : 내구성, 내열성, 내마모성(사용하기 편리, 빈부 차별 없이)
③ **감**각적 성능 : 색, 광택, 촉감
④ **관**리적 성능 : 형태안정성, 방충성

2.

센물(경수)		단물(연수)
① 칼슘, 마그네슘, 철(금속성분) ② 세탁 효과 저하↓ ③ 비누손질↑	→	① 끓이는 법 ② 알칼리 첨가 ③ 이온교환수지법

알아두기

세탁용수 불순물 제거법
① 정치 침전법
② 응집 침전법
③ 이온교환수지법
④ 금속이온 봉쇄재법

물의 장점
① 용해성 우수
② 무독무해
③ 인화성 없음
④ 열전달 매체 우수
※물의 단점 : 표면장력이 크다.

3. 경도

① 용해되어 있는 경화 염류량
② "독일식(PPM)" 사용
③ 산화칼슘이 10만분의 1이 용해되어 있다.
④ 연수 〈 6° 〈 경수
※ EDTA(경수연화제) : 경수를 연화하여 세탁력을 향상시키는 경수연화제

4. 세탁 기본원리

① **침투** : 섬유와 오점 사이 침투
② **흡착** : 오점이 쉽게 분리될 수 있는 상태
③ **분산** : 오점이 부드러워져서 작은 상태로 쪼개진다.
④ **유화현탁(안정화)** : 기름때 → 유화, 고형입자 → 현탁

5. 세탁 조건 : 섬유 종류, 얼룩 상태, 세탁 방법에 따른 세탁 조건

① **세제 종류**
  ㉠ 비누 : 유성, 고형 → 손빨래, 고온세탁
  ㉡ 합성세제 : 세탁기
    • 중성 세제(pH 7) : 양모, 견, 아세테이트
    • 알칼리성 세제(pH 10~11) : 면, 마
② **세제 농도** : 0.2~0.3%
③ **세제 온도** : 35~40℃(면, 마는 70℃ 내외에서 삶아 빨아도 된다)

④ 세제 시간 : 와류식(10분) → 교반식(20분) → 드럼식(30분)
(엉킴 방지)

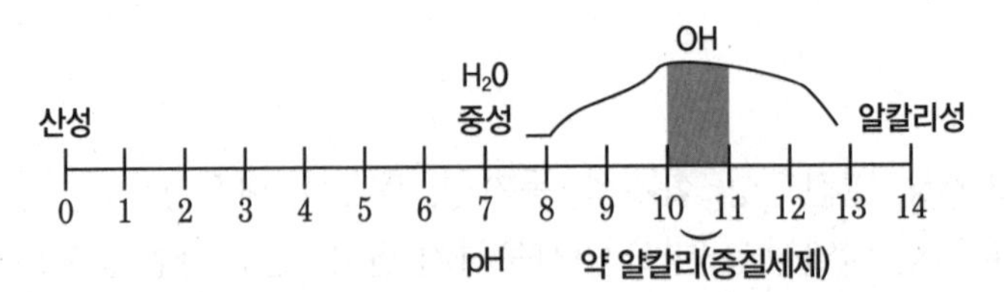

6. 가정세탁(손빨래)

① 흔들어 빨기 : 모 편성물
② 주물러 빨기 : 견, 모, 레이온, 아세테이트
③ 눌러 빨기 : 이불, 담요
④ 두들겨 빨기 : 세탁 효과가 가장 뛰어나다. 면, 마 등 습윤강도가 크고 형태가 변하지 않는 것이 적당하다.
⑤ 비벼 빨기 : 섬유 손상(봉제부분이 변형될 수 있음)
⑥ 솔로 빨기 : 청바지
⑦ 삶아 빨기 : 시트, 속옷 등(심한 오염물에 적당함)

03 세탁 방법

1. 론드리(LAUNDRY, 습식, 상업세탁)

- 알칼리제, 비누 사용, 온수 + 워셔 사용 → 세정작용 우수
- 대상품 : 와이셔츠, 작업복, 백색직물

(1) 장점

① 온도가 높아 세정 효과가 우수하다.
② 알칼리제 : 오점 제거 용이
③ 표백, 풀먹임 효과적
④ 원통형 기계 : 의류가 상하지 않는다.
⑤ 담궈 헹굼 → "절수"

(2) 단점

① 고온세탁 → 형광염료 분리 → 형광증백가공 필요(파스텔톤 사용 금지)(0.1%)
② 배수시설 필요 → 원가 높음
③ 마무리 → 시간, 기술 필요

(3) 공정(순서)

암기법 애 본 표 헹 산 풀 탈 건 마

① **애**벌빨래 주의점

㉠ 전분풀 주의

㉡ 화학섬유 제품은 애벌빨래 필요 없음

㉢ 세제를 충분히 사용하지 않으면 재오염

② **본**빨래

㉠ 2~3회(0.3% → 0.2% → 0.1% 점차 감소)

㉡ 욕비 1:4

㉢ 그을음 오점 : CMC 0.1% 재오염 방지

㉣ 센물 사용 시 : 트리폴리인산 나트륨(알칼리제)

③ **표**백 : 60~70℃에서 10분 정도

※ 차아염소산소다(락스) → 유색물 사용 금지, 표백 중 스팀 사용 금지

④ **헹**굼 : 첫 번째 헹굼 → 세탁 온도와 동일하게(∵ 낮으면 재오염)

⑤ **산**욕 **암기법** 산 알 황 산

㉠ 천에 남은 **알칼리** 중화

㉡ 철분 용해

㉢ 살균, 소독

㉣ 광택, 황변 방지, 산가용성 얼룩 제거

㉤ 40℃ 이하 3~4분

㉥ 산욕제(규불화산소다) pH 5.0~5.5

- 면, 마(셀룰로스) 섬유는 산에 약하므로 적당량을 사용한다.
- 온도를 올리면 산의 작용이 증가하므로 온도를 너무 올리지는 않는다.

⑥ **풀**먹임 : 50~60℃에서 5~10분간

㉠ 광택 증가, 팽팽함 증가

㉡ 내구성 증가

㉢ 오점이 섬유에 잘 붙지 않도록 하고 부착된 오점을 잘 떨어지게 함

⑦ **탈**수 시 주의점

암기법 정 씌 가 유

㉠ **정**해진 양 이상 넣으면 안 된다.

㉡ 덮개보를 **씌**우고 뚜껑을 닫는다.

㉢ **가**장자리부터 조금씩 탈수한다.

㉣ **유**색물은 유의한다.

⑧ **건**조 시 주의점 : 60~80℃에서 20~30분간 → 텀블러(열풍건조기)

㉠ 저온 → 양을 적게

㉡ 고온 → 물품 방치하면 안 됨 → 즉시 펴놓을 것(눌어 붙음)

㉢ 화학섬유 → 60℃ 이하에서 건조(∵ 수축, 황변)

㉣ 작업 종료 시 → 냉풍 5~10분간 회전

㉤ 비닐론제품 → 젖은 채 다림질 금지

⑨ **마**무리

2. 웨트(Wet)클리닝 : 풍부한 경험, 기술 필요, "고급세탁"

(1) 대상품

암기법 비 피 고 안

① 합성수지(염화**비**닐, 합성**피**혁)
② **고**무, 수지**안**료가공제품
③ 드라이클리닝에서 얼룩 제거가 안 된 제품
④ 염료 → 오염될 수 있는 제품

(2) 방법

① 손 : 작은 빨래, 색상이 빠지기 쉬운 것
② 솔 : 큰 빨래, 형태 변화가 우려되는 것
③ 기계 : 회전 느린 소형기계

(3) 주의점

① 색 빠짐, 수축, 형태 변형 주의 → 내웨트클리닝성 시험
② 형의 망가짐 유의 → 원심탈수
③ 가급적 자연건조
④ 중성세제

(4) 사고 : 탈색, 이염, 형태변화

3. 드라이클리닝(건식) : 양모, 견, 아세테이트(슈트, 한복, 양복)

(1) 석유계 용제 : 우리나라에서 가장 많이 사용

(2) 퍼클로로에틸렌 : 독성 높음 → "밀폐장치 필요"

① **공정** : 전처리 → 세탁 → 헹굼 → 탈액 → 건조(탈취)
㉠ 전처리 – 소프 : 물 : 석유계 용제 = 1 : 1 : 8(브러싱법, 스프레이법)

② 세정공정
㉠ **차지시스템** : 용제 + 소프 + **소량의 물** 첨가 → 수용성(친수성) 오염 제거
㉡ **배치시스템 : 매회 세정액 교체** → 세정력 우수(모음세탁)
㉢ **배치차지시스템** : 배치 + 차지(투배치 시스템)
㉣ **논차지시스템** : 소프첨가 없이 **"용제"만**으로 "유세" → "지방산" 제거

(3) 드라이클리닝의 장점

① 이염이 적다. ② 형태 변화가 적다. ③ 기름얼룩 제거가 쉽다.

(4) 사고

① 변퇴색(황변, 아세테이트 가스)
② 탈색 → 손상
③ 얼룩

④ ┌ 탈액을 강하게 하면 : ㉠ 건조 및 용제 회수 효과 증가
㉡ 주름이 강하게 남거나 형태 변화, 손상 주의
└ 탈액을 약하게 하면 : 소프나 오점이 의류에 남는다.

(5) 드라이클리닝 기계

① 준 밀폐형(콜드머신) = 세정 + 탈액, 건조 별도
(석유계 드라이클리닝)

② 밀폐형(핫머신) = 세정 + 탈액 + 건조 ← 밀폐장치, 다양한 안전장치
(불소계, 퍼클로로에틸렌, 1.1.1 트리클로로에탄)

알아두기

세탁물 상해예방
① 퍼클로로에틸렌 과열분해를 방지한다.
② 용제 중의 수분을 적당히 유지한다.
③ 탈수기 덮개보를 덮고 뚜껑을 닫는다.
④ 건조기 온도를 너무 높이지 않는다.
⑤ 손상되기 쉬운 제품은 망에 넣어 처리한다.

4. 세탁물과 섬유별 세탁 방법

① 혼방직물 : 세탁에 약함 섬유 기준
② 염색물 : 저온, 중성세제
③ 면, 마 : 열, 알칼리에 강해서 무난
※ P.P가공 : 40℃ 이하, 염소계 표백제에 황변 주의
④ 모, 견 : 드라이클리닝 안전, 중성세제, 연수 사용, 일광에 약함, 자연건조
⑤ 레이온 : 습기에 강도가 급격하게 저하됨, 비틀어 짜지 말고 원심탈수
⑥ 아세테이트 : 드라이클리닝, 중성세제, 40℃ 이하, 80℃ 이상 침해
⑦ 합성섬유 : 온도 40℃ 이하, 건조 60℃ 이하(폴리에스테르 : 열, 산, 알칼리, 표백제 안정)
⑧ 나일론, 아크릴 : 알칼리 주의, 일광 주의

5. 세탁기호(6종) ※ 부록 참고

① 세탁 방법, ② 표백 방법, ③ 다림질, ④ 드라이클리닝, ⑤ 탈수, ⑥ 건조 방법
(※ 탈수, 건조 생략 가능)

04 얼룩 빼기

1. 얼룩 빼기 기계

① 스팟팅머신 : 압력, 스팀으로 오점을 제거

② 제트스포트 : 총 모양, 제트액류 불사
③ 초음파세정기 : 강력한 고주파 진동 이용

2. 얼룩 빼기 용구(기구)

솔(브러시), 주걱(대나무), 받침판, 면봉, 인두, 분무기, 붓

3. 얼룩 빼기 약제

(1) 유기용제(휘발유, 석유, 벤젠)

① 기름 얼룩 제거
② 아세톤 에스테르 : 초산 셀룰로스(아세테이트) 사용 금지

(2) 산

① 10%아세트산 : 알칼리 얼룩 제거
② 빙초산 : 아세테이트 섬유 금지
③ 옥살산(수산) : 쇳물(녹물), 잉크, 땀, 과즙
　　　　　　　　　└→ 암모니아수로 중화
④ 락트산(젖산) : 탄닌 얼룩 제거

(3) 알칼리

① 암모니아 : 산성 얼룩 제거(중화약제)
② 피리딘 : 10%수용약, 마킹잉크 얼룩 제거
③ 수산화나트륨(가성소다) : 밀감, 통조림캔 세척 시 사용

(4) 표백제

① 차아염소산나트륨 : 색소표백(모, 견 사용 안 됨)
② 과산화수소 : 모든 섬유 가능(50℃ 이상)
　※ 모, 견 : 황변 주의, 묽게
③ 단백질분해효소(프로티아제) : 계란, 육즙, 땀, 혈액, 크림, 우유
　※ 날염 금지

(5) 효소법 : 단백질 분해효소

4. 얼룩 빼기 방법

(1) 물리적 얼룩 빼기

① 기계적 힘 : 솔, 주걱, 칼 이용
② 분산법 : ┌ 설탕, 전분 → 물, 세제
　　　　　└ 기름, 페인트 → 유기용제
③ 흡착법 : '풀'로 오염흡착(염료, 먹물)
④ 얼룩 판별 방법 : 외관, 현미경, 확대경, 자외선램프, 냄새, 촉감, 직업 등

(2) 화학적 얼룩 빼기

① **알칼리법** : 산성 얼룩(과즙, 땀) 제거

② **산법** : 알칼리 얼룩(쇠녹, 잉크) 제거(수산)

③ **표백제법** : 유색 얼룩 제거

④ **효소법** : (단백질, 전분) ← 단백질 분해효소

5. 얼룩 빼기 주의점

① 생긴 즉시 제거해야 함

② 얼룩 종류에 적합한 방법 검토

③ 염색물 탈색 여부 사전 시험(표백제 사용 시)

④ 기계적 힘을 심하게 주지 말 것

⑤ 주위 번짐 유의

⑥ **중화(뒤처리)** : 섬유 손상 방지

6. 얼룩 빼기의 실제

방법	약품 및 사용도구	얼룩의 종류	처리과정
용해법	물	간장, 된장, 술, 코피, 홍차	찬물이나 미지근한 물 → 비눗물 → 색이 남으면 표백
		우유, 달걀, 혈액	찬물이나 미지근한 물 → 비눗물 → 용제
	용제, 벤젠	포마드, 페인트, 인주, 구두약, 매직잉크, 기름 종류, 아이스크림, 버터, 마요네즈 등	용제나 벤젠 알코올(색소가 있을 경우) → 비눗물 → 더운물
가열법	다리미, 인두	파라핀, 콜타르	긁어 냄 → 종이를 대고 다리기 → 용제 → 더운물
중화법	알칼리(암모니아수, 탄산나트륨)	과즙, 포도주, 땀, 오줌, 식초	더운물 → 암모니아수 → 알코올 → 남은 색소는 표백
	산(초산)	비누, 수산화나트륨	더운물 → 아세트산 → 더운물
	수산(2%)	쇳물(녹물), 잉크	수산 → 암모니아수 → 더운물
색소제거법	알코올	술, 과즙, 입술연지, 분, 요드팅크	더운물 → 알코올 → 비눗물 → 남은 색소는 표백
	표백제 (직물에 따라 다름)	잉크, 오래된 각종 색소의 얼룩	수산 → 표백제 → 더운물 → 표백제 → 더운물

7. 얼룩의 종류별 얼룩 빼는 방법

얼룩의 종류	얼룩 빼는 방법
혈액	혈액은 묻은 즉시 찬물로 세탁을 해야 한다. 가열하면 응고되어 제거하기 어려워지기 때문이다. 혈액은 효소 세제 용액이나 암모니아수로 제거할 수 있다. 제거 후 철분 때문에 황색이 남으면 옥살산으로 씻어 낸다.
우유	먼저 지방분을 유기 용제로 제거하고, 단백질은 암모니아수로 두드리거나 혈액을 지우는 방법으로 없앤다.
커피, 코코아, 차	가열하거나 알칼리를 사용하면 얼룩의 제거를 더욱 어렵게 만들기 때문에 중성 세제 용액으로 두드린다. 남은 지방분은 유기 용제로, 단백질은 암모니아수로 제거한다.
김치, 고추장	고춧가루에 의한 얼룩은 물에 적셔 햇볕에 널어놓으면 대부분 제거된다.
과즙, 주스	오염 직후에는 물만으로 제거된다. 불충분하면 중성세제로 씻어 낸다. 색소가 남으면 표백한다. 비누는 오염을 고정시킬 우려가 있으므로 사용을 피한다.
껌	얼음을 넣은 비닐 주머니로 문질러 굳힌 다음 긁어내고, 남은 것은 벤젠이나 아세톤으로 두드려 뺀다.
기름	식용유, 버터, 광물유 등은 세제 용액, 또는 유기 용제로 두드려 뺄 수 있다. 색소가 남으면 표백제를 사용한다.
만년필	세제 용액으로 충분히 씻은 후 색소가 남으면 표백제를 사용한다. 누런색이 남으면 철분을 없애는 방법으로 얼룩을 뺀다.
볼펜	알코올 또는 세제 용액으로 두드리고, 색소가 남으면 표백제를 사용한다.
사인펜	유성 사인펜은 벤젠을 묻혀서 닦아 주고, 수성 사인펜 얼룩은 알코올을 묻혀서 닦아 주면 말끔히 제거할 수 있다. 색소가 남으면 표백한다.
먹	우선 세제를 용액에 묻힌 뒤에 밥풀을 손가락으로 문질러 먹이 밥풀로 옮겨가도록 한 다음 세제 용액으로 되풀이하여 씻어 낸다. 먹은 탄소의 미세 분말로 되어 있어 완전히 제거하기가 어렵다.
인주	로드유로 제거한다.
철 얼룩	철 녹, 만년필 잉크, 혈액 등 철분에 의한 얼룩은 더운(약 50℃) 옥살산 용액에 20~30분 정도 담가 둔다. 처리 뒤에는 약제를 충분히 씻어 내야 한다.
페인트	얼룩 직후 수성 페인트는 세제 용액으로, 유성 페인트는 유기 용제로 두드리면 대부분 제거된다. 처리 뒤에는 약제를 충분히 씻어 내야 한다.
접착제	아세톤으로 두드려 뺀다.
향수	알코올로 씻어 낸다.
립스틱	유지와 왁스분을 유기 용제로 씻어 낸 뒤에 세제 용액으로 두드리며, 색소가 남으면 표백한다.
스템프 잉크	로드유를 사용한다.
매니큐어	아세톤을 사용한다.

05 마무리(다림질) 작업

1. 목적

① 실루엣 기능 복원
② 주름살 제거, 주름 잡기
③ 전체 형태 고정 : 외관을 아름답게 함
④ 살균, 소독 효과

2. 조건

① 3대조건 : 열(온도), 압력, 수분(스팀)
② 진공(공기흡입) : 건조, 형태안정에 효과적임
③ 바큠프레스(파일제품, 피치스킨가공제품 주의)

3. 마무리기계 종류

(1) 드라이클리닝 암기법 프 폼 스

① 프레스형
㉠ 만능 : 모
㉡ 오프셋트 : 견, 얇은 직물
② 폼모형
㉠ 인체 : 상의
㉡ 팬츠토퍼 : 하의
③ 스팀형
㉠ 스팀보드
㉡ 스팀박스 : 코트, 상의
㉢ 스팀터널 : 코트, 상의(편성물)

(2) 텀블러(건조기)

① 피혁, 토끼털, 아크릴, 파일제품
② 젖어 있을 때 사용 불가능

(3) 면프레스기(론드리 마무리 기계)

① 캐비넷형 : 상자형(와이셔츠, 코트류)
② 시어즈형 : 가위형(위, 아래, 다림판)

(4) 시트롤러(시트, 책상보 같은 평평한 직물, 마무리하는 기계)

① 스프레더 : 물품을 시트롤러에 잘 들어가도록 **한 장씩 펴주는 기계**
② 피더 : 물품을 좌우 양방향과 앞쪽으로 당기면서 시트롤러에 **밀어넣는 기계**

③ **스테커** : 접어 갠 시트를 쌓고, 일정 장수가 되면 컨베이어로 **물품 포장하는 곳으로 보내는 기계**
④ **폴더** : 다림질한 물품을 **접어 개는 기계**

4. 다림질 시 주의점

① 광택을 필요로 하는 옷은 다리미 판이 딱딱한 것을 사용한다.
② 뒤쪽에 힘을 주어야 잔주름이 생기지 않는다.
③ 풀 먹인 직물을 고온처리하면 황변된다.
④ **견, 모, 합성 직물, 진한 색상 의복** : 덧헝겊을 대고 다린다.
⑤ **혼방직물** : 내열성이 낮은 섬유를 기준으로 온도를 맞춰 다린다.

5. 섬유별 다림질 온도

암기법 아 견 레 모 면 마

① **합성섬유, 아세테이트** : 100℃
② **견** : 120~130℃
③ **레이온** : 130~140℃
④ **모** : 130~150℃
⑤ **면** : 180~200℃
⑥ **마** : 180~210℃

06 보관

(1) 실내온도 : 22~25℃
(2) 실내습도 : 45±5RH%
(3) 통풍이 잘되어야 한다(자연바람).
(4) 조명

① 작업환경에 적절한 조명
② 천장조명은 작업대 측면에 위치
③ 작업대는 부분조명을 설치하고 그림자가 생기지 않도록 간접조명한다.

(5) 청결상태

① 물을 사용하는 바닥은 배수가 잘 되어야 한다.
② 쥐, 해충, 곰팡이가 발생하지 않도록 청결을 유지한다(소독약품 보관).

Part 02 출제예상문제

01 의복의 기능 중 바르지 않은 것은?

① 위생상, 실용적, 감각적, 관리적 성능이 있다.
② 위생상 성능은 보온성, 열전도성, 통기성, 흡수성 등을 말한다.
③ 실용적 성능은 값이 저렴하고 사계절 착용이 가능한 것이다.
④ 감각적 성능은 색상, 광택, 촉감 등을 말한다.

해설 실용적 성능은 내구성, 내마모성, 내열성이다.

02 의복의 기능 중 관리적 성능이 아닌 것은?

① 장기간 보관 시 형태를 흐트러뜨리지 않아야 한다.
② 좀이나 곰팡이가 발생하지 않도록 해야 한다.
③ 오랫동안 입어야 하기 때문에 내구성, 내마모성이 대표적이다.
④ 형태안정성, 방충성이 대표적이다.

해설 내구성, 내마모성, 내열성은 실용적 성능이다.

03 세제의 종류 선택 시 고려사항이 아닌 것은?

① 직물의 종류 ② 물의 온도
③ 얼룩의 상태 ④ 세정 방법

해설 섬유 종류, 오염 상태, 세탁 방법 등을 고려해야 한다.

04 의류소재의 감별 방법이 아닌 것은?

① 외관 관찰법
② 연소에 의한 방법
③ 현미경에 의한 방법
④ 두들기는 방법

해설 감별법 : 외관, 연소, 용해, 현미경, 비중, 정색, 적외선 흡수 스펙트럼 측정법 등

05 물의 장점은?

① 용해성이 우수하다.
② 표면장력이 크다.
③ 금속 성분이 풍부한 물일수록 좋다.
④ 인화성이 있다.

해설 ② 물은 표면장력이 너무 커서 물질 사이에 침투하지 못하는 단점이 있다.
③ 물은 금속 성분이 없는 연수가 좋다.
④ 물은 인화성이 없다.

06 세탁용수 불순물을 없애는 방법이 아닌 것은?

① 가열공급법 ② 이온교환수지법
③ 응집침전법 ④ 정치침전법

해설 불순물 제거 방법 : 정치침전법, 응집침전법, 이온교환수지법, 금속이온봉쇄재법

정답 01. ③ 02. ③ 03. ② 04. ④ 05. ① 06. ①

07 **손빨래 방법이 아닌 것은?**

① 흔들어 빨기
② 되돌려 빨기
③ 두들겨 빨기
④ 삶아 빨기

08 **백색 면 와이셔츠 의류에 형광염료가 떨어졌다면 론드리의 어느 공정에 해당하는 사고인가?**

① 애벌빨래　② 푸새
③ 헹굼　④ 본빨래

09 **옷을 건조하는 방법 중 옳지 않은 것은?**

① 공기나 햇볕에서 말린다.
② 나일론은 응달에서 말린다.
③ 텀블러로 말린다.
④ 세탁기에서 말린다.

10 **다음 약제 중 퇴색 방지에 가장 효과적인 것은?**

① 수산　② 약알칼리
③ 강알칼리　④ 빙초산

해설 퇴색을 방지하는 데 빙초산을 사용한다.

11 **웨트클리닝 대상품이 아닌 것은?**

① 염화비닐
② 합성피혁
③ 지퍼가 많은 면바지
④ 수지안료가공제품

12 **웨트클리닝 중 손빨래를 해야 하는 경우는?**

① 고온처리 대상품
② 비교적 큰 물품
③ 형의 망가짐이 있는 경우
④ 색이 빠지기 쉬운 제품

해설 • 손빨래 : 색이 빠지기 쉬운 것, 작은 물품
• 솔빨래 : 형이 망가지기 쉬운 것, 큰 물품

13 **드라이클리닝 할 때 탈액을 약하게 할 경우 나타나는 현상은?**

① 주름이 강하게 남는다.
② 용제 중에 오점과 세제 등이 옷에 남는다.
③ 건조 및 용제 회수가 용이하다.
④ 의류 손상이 일어날 가능성이 있다.

해설 탈액을 강하게 하면 ①, ③, ④의 현상이 나타난다.

14 **드라이클리닝 기계 중 세정, 탈액, 건조까지 연속적으로 처리되는 것은?**

① 석유계 드라이클리닝
② 솔벤트형
③ 밀폐형
④ 개방형

해설 • 밀폐형 : 세정, 탈액, 건조까지(핫머신)
• 준밀폐형 : 세정, 탈액, 별도의 건조기(콜드머신)

15 **다음 중 론드리용 기계에 해당되지 않는 것은?**

① 절단기　② 탈수기
③ 건조기　④ 프레스기

정답 07. ② 08. ④ 09. ④ 10. ④ 11. ③ 12. ④ 13. ② 14. ③ 15. ④

16 가정용 세탁기 중 세탁 효과는 크나 세탁물이 쉽게 꼬이고 손상이 비교적 심한 세탁방식은?

① 교반식　② 드럼식
③ 와류식　④ 낙차식

해설 와류식은 시간은 10분 이내로 빠르나 쉽게 꼬임현상이 생기는 것이 단점이다.

17 세탁물 처리 방법 중 설명이 틀린 것은?

① 셀룰로스 직물은 열과 알칼리에 강해서 어떤 세탁 방법도 무난하다.
② 염색물은 가급적 고온에서 중성세제 사용 시 안전하다.
③ P · P가공직물은 염소계 표백제 사용을 피하고 40℃ 이하로 한다.
④ 단백질 섬유는 드라이클리닝이 안전하다.

18 합성섬유의 세탁 방법 중 옳은 것은?

① 세제는 합성세제가 무난하고 나일론은 알칼리에 강하므로 알칼리성 세제도 무난하다.
② 나일론은 일광에 약하므로 직사광선을 피해야 한다.
③ 열가소성이 우수하기 때문에 온도는 60℃, 건조는 40℃ 이하가 안전하다.
④ 나일론과 아크릴은 산에 의해 황변할 수 있으므로 피해야 한다.

19 아래 표시가 있는 제품의 경우 가장 주의해야 할 섬유는?

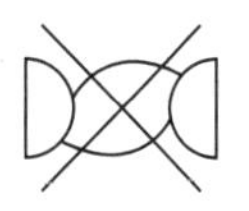

① 면　② 마
③ 폴리에스테르　④ 레이온

해설 레이온 섬유는 흡수 시 급격하게 강도가 저하되므로 비틀어 짜면 안 된다.

20 모직양복을 드라이클리닝할 때 적합한 설명은?

① 햇볕에 바짝 건조해야 한다.
② 알칼리 세정액이 과잉공급되면 수축되므로 주의한다.
③ 약알칼리성 세제로 애벌빨래 후 드라이클리닝한다.
④ 광택과 촉감 향상을 위해 두들겨 빤다.

21 단백질 섬유의 세탁 방법 중 틀린 것은?

① 연수를 사용한다.
② 양모 코트는 드라이클리닝이 금지되어 있다.
③ 실크 블라우스는 드라이클리닝이 안전하다.
④ 견, 모 물세탁 시는 중성세제를 사용한다.

정답 16. ③ 17. ② 18. ② 19. ④ 20. ② 21. ②

22 **아래 세탁기호에 대한 설명 중 바르지 않은 것은?**

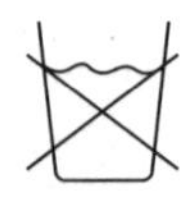

① 세탁 불가, 표백제 사용 불가 표시이다.
② 다림질 불가, 드라이클리닝 불가표시이다.
③ 피혁제품, 특수가공된 제품 의복에 간혹 표시되어 있다.
④ 세탁업주는 전문가이므로 표시에 상관없이 세탁해도 무방하다.

23 **섬세한 직물 얼룩 제거 시 물리적인 힘을 적게 주면서 가장 효과적인 도구는?**

① 브러시
② 제트스포트
③ 초음파세정기
④ 스팟팅머신

24 **얼룩 빼기 용구가 아닌 것은?**

① 초음파세정기　② 브러시
③ 분무기　④ 인두

해설 얼룩 빼기 기계는 제트스포트, 스팟팅머신, 초음파세정기가 있다.

25 **화학적 얼룩 빼기 방법이 아닌 것은?**

① 분산법
② 산, 알칼리법
③ 표백제법
④ 효소법

해설 분산법은 물리적 얼룩 빼기 방법이다.

26 **물리적 얼룩 빼기에 대한 설명 중 틀린 것은?**

① 기계적, 분산법, 흡착법이 있다.
② 분산법 중 설탕, 전분은 유기 용제로, 기름이나 페인트는 물이나 세제로 제거한다.
③ 흙, 석회, 시멘트 등을 주걱이나 칼 등으로 제거하는 것은 기계적 방법이다.
④ 흡착법은 염료, 먹물 얼룩에 풀을 바르고 오염을 흡착시켜 제거하는 방법이다.

27 **오염 직후에는 물만으로도 제거되고 불충분하면 중성세제로 씻어내면 잘 제거되는 얼룩은?**

① 피　② 볼펜
③ 립스틱　④ 과일주스

28 **얼룩판별의 수단으로 옳지 않은 것은?**

① 외관 : 육안에 의해 색, 형상, 위치 등으로 판별한다.
② pH시험지 : 산성, 알칼리성 여부를 조사한다.
③ 현미경 : 미립자는 생물현미경(300~600배), 보통입자는 실체현미경(5~60배)으로 관찰한다.
④ 자외선램프 : 만져보며 감각으로 판별한다.

29 **유성 얼룩 제거 약제로 부적당한 것은?**

① 벤젠　② 초산
③ 알코올　④ 파라핀

정답　22. ④　23. ④　24. ①　25. ①　26. ②　27. ④　28. ④　29. ④

30 **다음 섬유별 얼룩 빼기에 관한 설명 중 틀린 것은?**

① 나일론, 아크릴은 진한 알칼리에 고온처리하면 황변할 수 있으므로 주의해야 한다.
② 견, 양모는 유기용제에 안전하나, 염소계 표백제는 절대 사용 금지해야 한다.
③ 면, 마는 진한 무기산 등을 사용할 수 없으나 염소계 표백제는 불안정하다.
④ 폴리에스테르는 진한 무기산이나 염소계 표백제에도 안정하다.

31 **화학적 얼룩 빼기 방법 중 바르지 않은 것은?**

① 물, 세제액, 유기용제를 사용하여 분산된 얼룩을 용해하고 흡수제거하는 방법이다.
② 땀, 과즙 등 산성 얼룩을 알칼리로 용해시켜 제거하는 방법이다.
③ 쇳녹 등 알칼리성 얼룩을 산으로 용해시켜 제거하는 방법이다.
④ 단백질, 전분 등의 얼룩을 단백질 분해효소로 제거하는 방법이다.

32 **다음 중 황변얼룩에 대한 설명으로 바르지 않은 것은?**

① 황변은 섬유가 약품의 작용이나 일광, 습기, 온도의 작용을 받는다.
② 형광염료, 합성수지, 전분, 풀 등 내부적인 요인으로 발생한다.
③ 일광, 과즙, 음식물, 땀 등 외부적인 영향이 가장 많다.
④ 견, 모직의 황변은 모두 외부적인 요인으로 발생한다.

33 **다음 중 얼룩 빼기 실제 방법과 상관관계가 작은 것은?**

① 용해법 : (우유, 혈액) → 찬물이나 미지근한 물 → 비눗물 → 용제
② 가열법 : (페인트, 구두약) → 긁어냄 → 종이 대고 다리기 → 용제 → 더운 물
③ 중화법 : (과즙, 오줌) → 더운 물 → 암모니아수 → 알코올 → 색소표백
④ 색소제거법 : (잉크, 오래된 색소) → 수산 → 표백제 → 더운 물 → 표백제 → 더운 물

34 **다림질한 벨벳바지가 파일이 눕고 번들거린다. 다음 중 원인과 관계가 적은 것은?**

① 바큠장치 흡입이 강해서이다.
② 덧헝겊을 덮고 다리지 않았기 때문이다.
③ 바큠을 끄고 천을 덮고 다렸기 때문이다.
④ 다리미의 강한 압력 때문이다.

해설 바큠(흡입장치)을 끄고 천을 덮고 다려야 번들거리지 않는다.

35 **마 재킷을 다림질할 때 적합한 다리미는?**

① 증기다리미
② 증 · 전기다리미
③ 인두
④ 전기다리미

해설 마는 다림질 온도가 가장 높아서 전기다리미가 적합하다.

정답 30. ③ 31. ① 32. ④ 33. ② 34. ③ 35. ④

36 마무리기계 사용 시 주의사항으로 틀린 것은?

① 플리츠 가공된 것은 스팀터널이나 스팀박스에 넣으면 주름이 소실될 수 있다.
② 비닐론은 충분히 건조시킨 후 마무리한다.
③ 피혁, 토끼털, 아크릴소재 파일제품은 젖은 상태에서는 사용금지이다.
④ 취급표시와는 상관없이 신속하게 마무리한다.

해설 취급표시를 중히 여겨야 한다.

37 드라이 마무리 건조 상태에서 조절해야 할 조건이 아닌 것은?

① 온도 ② 자외선
③ 진공 ④ 압력

해설 온도, 압력, 수분, 진공을 조절해야 한다.

38 화공약품 사용 시 주의사항이다. 틀린 것은?

① 보관장소는 햇볕이 잘 들고 습도가 있어야 한다.
② 유독성 약품을 사용할 때는 환기가 잘되는 곳에 바람을 등지고 작업해야 한다.
③ 인화성 약품 사용 시는 화기를 조심한다.
④ 피부에 상처가 있을 때에는 위생용 장갑을 끼고 사용한다.

해설 화공약품은 통풍이 잘되고 서늘한 곳에 보관하여야 한다.

39 다음 중 작업장에 적합한 온도와 습도는?

① 온도 : 10~15℃, 습도 : 10~15RH%
② 온도 : 15~18℃, 습도 : 15~20RH%
③ 온도 : 22~25℃, 습도 : 40~50RH%
④ 온도 : 27~32℃, 습도 : 25~35RH%

해설 온도 22~25℃, 습도 45±5RH%가 적당하다.

40 작업장 환경으로 가장 적합한 곳은?

① 햇볕이 많이 들어와 온도가 높을수록 좋다.
② 밀폐가 잘되어 습도가 높을수록 좋다.
③ 기계적 소음이 많은 공장지대가 적합하다.
④ 통풍이 잘되고 조명이 적당한 곳이 적합하다.

41 다음 세탁작용의 과정 순서가 올바른 것은?

① 유화현탁 → 침투 → 흡착 → 분산
② 침투 → 흡착 → 분산 → 유화현탁
③ 흡착 → 분산 → 침투 → 유화현탁
④ 침투 → 분산 → 흡착 → 유화현탁

42 오점이 액 중에서 안정화하는 작용은?

① 침투
② 흡착
③ 유화현탁
④ 분산

해설 유화현탁 = 안정화

정답 36. ④ 37. ② 38. ① 39. ③ 40. ④ 41. ② 42. ③

43 세제액이 천과 오점 사이에 들어가는 작용을 무엇이라 하는가?

① 침투 ② 흡착
③ 분산 ④ 유화현탁

44 다음 보기에서 괄호 안에 들어갈 말로 옳은 것은?

> 폐기물관리법상 지정폐기물은 사업장폐기물 중 폐유, 폐산 등 주변 환경을 오염시킬 수 있거나 의료폐기물 등 인체에 위해를 줄 수 있는 해로운 물질로서 (　　)으로 정하는 폐기물을 말한다.

① 환경부령
② 총리령
③ 대통령령
④ 폐기물관리법 시행령

해설 지정폐기물은 대통령령으로 폐유, 폐산, 의료폐기물 등이 있다.

45 폐유기용제의 처리기준으로 잘못된 것은?

① 기름과 물 분리가 가능한 것은 기름과 물을 분리하여 사전처분하여야 한다.
② 할로겐족으로 액체상태의 것은 고온 소각하여야 한다.
③ 폐유기용제로서 액체상태의 것은 증발, 농축방법으로 처분한 후 그 잔재물은 소각하여야 한다.
④ 폐유기용제로서 고체상태의 것은 매립하여야 한다.

해설 고체상태의 것은 고온 소각하여야 한다.

46 다음에서 경수를 연화하여 세탁력을 향상시키는 경수연화제는?

① EDTA ② LSDA
③ 표백제 ④ 형광증백제

해설 경수연화제=EDTA

47 물속에 용해되어 있는 경화염류의 함유량을 표시하는 단위는?

① 농도 ② 경도
③ 산가 ④ 알칼리도

해설 경도는 용해되어 있는 경화염류량을 말한다.

48 다음 중 삶아 빨기에 적당한 의류는?

① 흰 폴리에스테르 와이셔츠
② 흰 나일론 양말
③ 흰 아세테이트 블라우스
④ 흰 면 속옷

49 론드리에서 헹굼의 방법으로 틀린 것은?

① 같은 양의 물을 3~4회로 나누어 헹구며, 비누와 세제가 섬유에 남지 않도록 몇 차례 씻어 낸다.
② 첫 번째 헹굼에서는 세탁온도와 같게 한다.
③ 헹굼과 헹굼 사이에 탈수를 해주면 물의 사용량이 절약된다.
④ 수위는 25cm, 시간은 3~5분으로 하며 첫 번째 헹굼은 세탁온도보다 낮은 것이 효과적이다.

해설 첫 번째 헹굼에는 세탁온도와 동일하게 해야 재오염이 발생하지 않는다.

정답 43. ① 44. ③ 45. ④ 46. ① 47. ② 48. ④ 49. ④

50 **세탁 후 비누를 깨끗이 헹구는 방법으로 옳은 것은?**

① 세탁 온도와 같은 물로 헹군다.
② 세탁은 뜨거운 물로, 헹굼은 찬물로 한다.
③ 삶은 세탁물을 식히기 위해 찬물로 헹군다.
④ 찬물로 세탁하고, 찬물로 헹군다.

51 **다음 중 탈수할 때의 주의점으로 틀린 것은?**

① 세탁물을 탈수기의 중심부에서부터 고르게 채워 넣는다.
② 정해진 양 이상의 세탁물을 넣지 않는다.
③ 덮개 보를 씌운 후 뚜껑을 닫는다.
④ 유색 세탁물은 다른 옷에 물드는 것을 주의한다.

해설 암기법 정 씌 가 유

52 **론드리에서 건조 시 주의점으로 틀린 것은?**

① 화학섬유의 경우는 수축, 황변이 쉬우므로 60도 이하에서 건조시킨다.
② 가열을 정지시킨 후라도 텀블러 안에 물품을 방치해서는 안 된다.
③ 저온의 경우 회전통에 넣는 양을 많게 한다.
④ 비닐론 제품은 젖은 상태로 다림질하는 것을 피한다.

해설 저온의 경우에는 양을 적게 해야 한다.

53 **웨트클리닝을 할 때 잘못하여 발생하는 사고가 아닌 것은?**

① 탈색 ② 이염
③ 형태의 변화 ④ 용융

해설 웨트클리닝 사고로는 탈색, 이염, 형태 변화가 있다.

54 **드라이클리닝 시 발생하는 사고가 아닌 것은?**

① 형태변화 ② 변퇴색
③ 탈색 ④ 이염

해설 드라이클리닝 사고로는 형태변화, 변퇴색, 탈색 등이 있다.

55 **드라이클리닝 사고가 아닌 것은?**

① 색상변화 ② 형태변화
③ 이염변화 ④ 수분변화

해설 드라이클리닝사고로는 색상변화, 형태변화, 이염변화 등이 있다.

56 **세정기계의 종류 중 세정, 탈수, 건조의 연관 작업의 처리가 가능한 기밀 구조로 되어 있고 일부 기계에서는 스프레이 가공까지 할 수 있는 것은?**

① 퍼클로로에틸렌용 기계
② 솔벤트 기계
③ 건조기 및 쿨러
④ 석유계 기계 및 인체 프레스

해설 퍼클로로에틸렌 기계로는 세정, 탈수, 건조 연관작업이 가능하다.

정답 50. ① 51. ① 52. ③ 53. ④ 54. ④ 55. ③ 56. ①

57 드라이클리닝 공정 중 보기의 설명은 어느 System을 나타내는가?

> 솔벤트 탱크가 두 개 있는데 하나는 세척제(소프)를 탄 것이고 또 하나는 순수한 솔벤트만 들어있는 세탁기를 말한다. 제 1탱크 용제에 첨가된 솔벤트로 클리닝하고, 제 2탱크 용제로 헹구어주는 방식이다.

① 차지시스템
② 배치시스템
③ 배치차지시스템
④ 논차지시스템

해설 투배치 시스템은 탱크가 두 개임을 말한다.

58 와류식 세탁기에서 세탁효율이 최대가 되는 세제의 농도는?

① 0.05%
② 0.1%
③ 0.2%
④ 0.3%

해설 와류식 세탁기에서 세탁효율을 최대로 높이는 농도는 0.2%이다.

59 클리닝 대상을 분류한 것 중 틀린 것은?

① 모포 - 모포류
② 사무복 - 작업복류
③ 오버 - 코트류
④ 방석커버 - 시트류

해설 방석커버는 커버류이다.

60 얼룩빼기 방법 및 약품사용에 대한 설명 중 옳은 것은?

① 아세테이트 섬유는 질겨서 어느 약품을 사용해도 손상이 없다.
② 산성 약제로는 과산화수소, 수산, 올레인산 등이 있다.
③ 알칼리성 얼룩은 알칼리성 약품으로만 뺀다.
④ 쇠녹의 얼룩은 수산으로 제거하고, 암모니아로 헹구어 중화하는 것이 바람직하다.

해설 철녹(알칼리 얼룩)은 수산(산성)으로 제거 후 암모니아로 중화한다.

61 단백질, 전분 등의 얼룩을 단백질 분해효소로서 제거하는 화학적 얼룩빼기 방법은?

① 표백제법
② 알칼리법
③ 산법
④ 효소법

해설 효소법은 단백질 분해효소로 단백질, 전분 얼룩을 제거하는 것을 말한다.

62 다음 중 스탬프 잉크의 오점을 가장 빠르게 제거할 수 있는 약품은?

① 로드유
② 벤젠
③ 유성소프
④ 시너

해설 스탬프잉크는 로드유로 제거한다.

정답 57. ③ 58. ③ 59. ④ 60. ④ 61. ④ 62. ①

63 **시트, 책상보 같은 편평한 직물을 마무리 하는 기계는?**

① 시트롤러　② 인체프레스
③ 텀블러　④ 면프레스기

해설 시트롤러는 시트, 책상보 같은 편평한 직물을 마무리 하는 기계이다.

64 **폴더(Folder) 기계의 설명으로 옳은 것은?**

① 물품을 시트 롤러에 잘 들어가도록 한 장씩 펴주는 기계다.
② 물품을 좌우 양방향과 앞쪽으로 당기면서 시트 롤러에 밀어 넣는 기계다.
③ 마무리에서 다림질한 물품을 접어 개는 기계다.
④ 시트를 접어 갠 후 쌓고, 일정량이 되면 컨베이어에 의해 물품이 포장되는 곳으로 보내는 기계다.

해설 폴더는 다림질한 물품을 접어 개는 기계이다.

65 **옷감에 구김이 잘 가지 않는 성능은?**

① 내추성　② 통기성
③ 보온성　④ 흡수성

해설 방추성의 다른 말은 내추성으로 옷감에 구김이 잘 가지 않는 성질을 말한다.

66 **세탁 후 다림질로 의복의 주름을 잡는 것은 섬유의 어떤 성질을 이용한 것인가?**

① 가소성　② 내열성
③ 흡습성　④ 신축성

해설 열가소성은 열을 가해 형태변화를 일으키는 성질을 말한다.

67 **다림질 후에 바지주름이 한 쪽으로 비뚤어지는 원인으로 가장 알맞은 것은?**

① 주머니 다림질이 생략되어서
② 바지의 다림질 온도가 맞지 않아서
③ 바짓가랑이의 양쪽 봉제선이 불일치해서
④ 물세탁을 하여 바지 길이가 줄어서

해설 봉제선이 불일치한 상태로 다리는 것은 바짓가랑이가 비뚤어지는 원

68 **다음 그림은 론더링에 사용하는 와셔이다. A부분의 명칭은?**

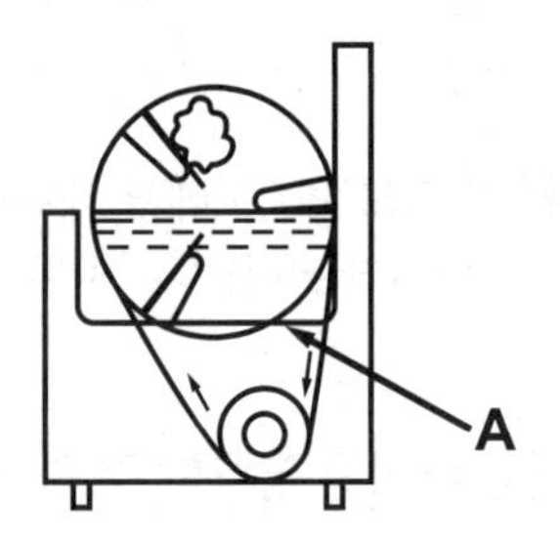

① 세탁물　② 회전드럼
③ 펄세이퍼　④ 열풍기

정답 63. ①　64. ③　65. ①　66. ①　67. ③　68. ②

Part 03
클리닝 대상품

01 직물의 조직과 구조
02 섬유
03 섬유의 특성
04 실의 종류
05 염색
06 가공
07 품질표시 및 부자재
08 품질표시사항

Part **03**

클리닝 대상품

01 직물의 조직과 구조

1. 직물(천) : "경사와 위사를 직각으로 교차하여 만들어지는 천"

경사(세로실 = 날실) + 위사(가로실 = 씨실)

└→ 세탁에서 수축 일어남

알아두기

경사(세로실 = 날실)

위사(가로실 = 씨실)

2. 삼원조직

① 평직

㉠ 2올. 조직점이 많아 강하다. 구김이 잘 간다.

㉡ 겉과 안의 구분이 없다. 광택이 적다.

㉢ **광**목, **옥**양목, **포**플린, 융

암기법 광 옥 포

② 능직(사문직)

㉠ 3올. 유연하다. 평직보다 마찰에 약하다.

㉡ 광택은 좋다. 겉옷감으로 사용된다.

㉢ **데**님, **개**버딘, **서**지

암기법 데 개 서

③ 수자직(주자직)

㉠ 5올. 겉과 안의 구분이 확실하다.

㉡ 광택이 우수하다. 마찰에 약하다.

㉢ **공단**, 베네샨, 새턴, 도스킨

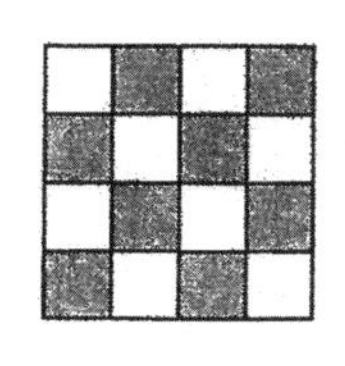

[평직]

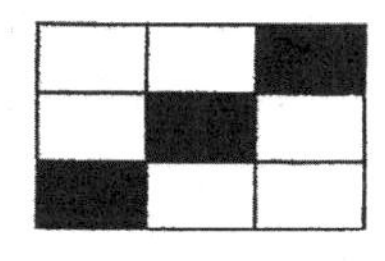

[능직(사문직)]

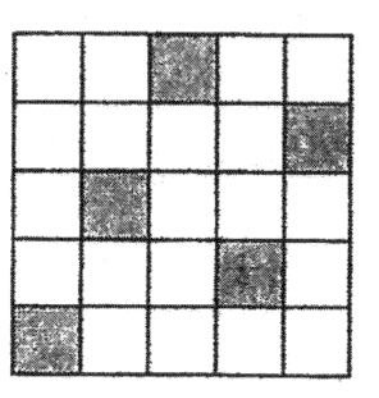

[주자직(수자직)]

3. 편성물(니트)

① 실로 코를 만들고, 코에 실을 걸어 반복해서 만드는 피륙

② **장점**

㉠ 신축성, 유연성, 방추성(구김 없음) → 세탁 후 다릴 필요없다.

㉡ 함기율이 많아 보온성 높음

③ **단점**

㉠ 전선(한 코가 풀리면 사다리 모양으로 계속 풀리는 현상)

㉡ 컬업(가장자리가 휘말리는 성질)

※ 양면 편성물, 경 편성물은 전선 없음, 컬업 없음 → 재단, 봉제용 옷감에 사용

㉢ 필링(보풀)

㉣ 마찰강도 약함, 모 제품은 "축융" → 줄어든다

알아두기

게이지 값이 클수록 밀도가 크며 조밀하다.

4. 펠트

① 양모섬유 + 비누, 알칼리 용액 → 양모의 스케일(비늘) 축융성 → "두툼한 층"

② **특징** : 탄력, 보온성 상승, 가장자리가 풀리지 않음, 마찰, 인장 저하, 거친 표면

5. 부직포

① 섬유 얇은 층(Web : 웹)을 이용

② 접착제, 열 융착법 → 고착

③ **특징**

㉠ 유연성, 강도, 마찰에 약하다.

㉡ 보온성, 탄성, 탄성 회복율이 높다.

㉢ 수축 구김이 덜하다.

㉣ **방향성 없이** 끝이 풀리지 않는다.

④ **용도** : 의복 접착심, 농업용 보온재, 공업용 방음재, 모포, 카펫, 방한복 충전재

알아두기

펠트와 **부직포**는 실의 과정을 거치지 않고 **섬유**에서 직접 만든다.

6. 레이스

① 바늘, 보빈 기구 사용. 실을 엮거나 꼬아서 만든 무늬가 있는 천
② 통기성과 정교성 높음, 다양한 무늬(커텐, 식탁보, 가방, 액세서리), 위생적인 옷감

7. 파일(첨모직물) 암기법 우골벨타

① 위파일 : 우단, 골덴(코듀로이)
② 경파일 : 벨벳, 타월
※ 찬물 세탁이 안전

8. 심감과 안감

① 심감 : 의복이 제 모양을 유지하도록 하는 것(직물 심감, 부직포 심감, 경편성물 심감)
② 안감 : 겉감 모양을 살려주고 땀, 마찰, 얼룩으로부터 겉감을 보호함. 착용감이 좋아야 하고, 드라이클리닝과 물세탁에 견딜 수 있어야 함(비스코스레이온, 폴리에스테르, 아세테이트, 나일론, 큐프라, 견)

9. 단추(내충격성이 커야 하고, 세탁에 광택이 저하되거나 변색이 안 되어야 함)

① 폴리에스테르 단추 : 열과 드라이클리닝에 강함
② 나일론 : 겉옷, 스포츠웨어, 레저웨어
③ 금속단추 : 놋쇠, 니켈 알루미늄 → 브래지어, 청바지, 편성조끼
④ 나무단추 : 열과 수분에 약함
⑤ 자개단추 : 홍합껍질 (※ 드라이클리닝 시 깨지는 단점)

10. 지퍼(슬라이드파스너)

① 플라스틱지퍼 : 가볍고 섬세한 옷감에 사용
② 금속지퍼 : 스포츠, 레저웨어에 사용
③ 취급 시 주의사항
㉠ 다림질 온도 130℃ 이하
㉡ 클리닝 및 프레스 시 지퍼를 닫은 상태에서 다림질
㉢ 지퍼 손잡이를 정상으로 해놓은 상태에서 다림질
㉣ 슬라이더에 직접 대고 다림질 금지

11. 피혁

(1) 생피 = 날가죽, 가공된 가죽 = **무두질** 가죽

(2) 작은 동물 = 스킨, 큰 동물 = 하이드

(3) **표피(은면)** : 외부 표면(각질화)

(4) **진피** : 원피 두께 50%, 피혁이 되는 중요 부분

(5) **피하조직** : 근육과 껍질(가죽)을 연결

(6) **가죽처리공정**

암기법 원물제 탈회분 때회산

(**원**피 → **물**에 침지 → **제**육 → **탈**모 → 석**회**침지 → **분**할 → **때** 빼기 → **회**분 빼기 → **산**에 담그기)

① **제육** : 기름, 고기 제거

② **탈모** : 털 제거

③ **석회침지** : 지방, 단백질 제거 → 촉감 향상(석회가 알칼리성)

④ **분할** : 은면과 상혁을 나누는 것

⑤ **때 빼기** : 은면에 남아 있는 모근, 지방, 상피층, 분해물 제거 → 염색이 잘됨

⑥ **회분 빼기** : 산, 산성염으로 **중화**시키는 것

⑦ **산에 담그기** : 산(pH 2.0~3.5)에 담가 가죽을 부드럽게 함

⑧ **유성** : 가죽으로 만드는 것(레더)

(7) **가죽의 특징**

① 내열성, 저항력, 유연성, 탄성력 우수

② 적당한 유제로 처리한 가죽은 부패하지 않는다.

③ 생피에 비해 흡수도 변화한다.

④ 물이 잘 빠져 나온다.

⑤ 염색성 → 산성 염료 사용

(8) **인조피혁**

① 직물 위에 염화비닐수지, 폴리우레탄수지 도포(코팅)

② 통기성, 투습성이 있고, 내구성은 불량

(9) **합성피혁**

① 합성 중합체 제품, 통기성 · 투습성 있음

② 구두, 가방, 점퍼

(10) **천연모피**

① **강모** : 뻣뻣한 털

② **조모** : 몸 전체에 있는 긴 털 → 광택이 있음

③ **면모** : 조모 밑에 짧고 부드러운 털

※ 면모의 밀도 → 모피가치 결정 ※ 모피 : 파우더 세탁

(11) **무두질** : 생피에서 지질이나 결채조직을 떼어내고 남은 가죽부분을 명반, 기름, 크롬

(12) 토끼털

① 섬유 간의 엉킴성이 적어 단독으로 방적사를 만들 수 없는 섬유

② 토끼털 중에 피복 재료로 사용되는 것은 주로 앙고라 토끼털이며, 권축과 스케일이 없어서 양모와 혼방하여 방적한다.

알아두기

직물의 조직

1. 단일직물 : 천의 단면이 한 겹이고 균질로 되어 있는 평면물

① 직물 : 평직물, 능직, 수자직, 기타　② 편물 : 횡편, 종편

③ 레이스 : 자수레이스, 편레이스　④ 펠트, 부직포

⑤ 이중직

2. 복합직물

① 천과파일, 천과수지, 천과솜 등 접착시킨 제품

② 파일, 피혁, 모피, 코팅가공, 접착제품 등(퀼트, 본딩직물, 인조피혁)

02 섬유

1. 섬유 : 실이나 천을 만드는 기본 재료

2. 섬유의 분류

(1) 천연섬유 : 식물성(셀룰로스), 동물성(단백질), 광물성(석면)

(2) 인조섬유 중 재생섬유 : 원료 = 린트, 목재펄프

① 레이온(재생셀룰로스) = α셀룰로스

② 아세테이트(초산셀룰로스) = 반합성

재생단백질 – 알긴산(해초), 카제인

(3) 인조섬유 중 합성섬유

① 축합중합체 : 나일론, 폴리에스테르, 폴리우레탄(스판덱스)

암기법 나 폴 우

② 부가중합체 : 아크릴, 올레핀, 폴리염화비닐

천연섬유	식물성 섬유(셀룰로오스)		종자섬유		면, 케이폭 등
			줄기섬유(인피섬유)		아마, 저마, 대마, 황마 등
			잎섬유(엽맥섬유)		마닐라마, 사이잘마 등
			과일섬유		야자섬유, 코코넛섬유 등
	동물성 섬유	단백질 섬유	스테이플 형태	모섬유	양모
				헤어섬유	산양모, 캐시미어, 낙타모, 알파카, 토끼, 라마 등
			필라멘트 형태	견섬유	가잠견, 야잠견
	광물성 섬유		석면		

인조 섬유	유기질 섬유	재생섬유	셀룰로오스계	비스코스레이온, 폴리노직레이온, 구리암모늄 레이온 등
			단백질계	카제인 섬유, 알긴산
		반합성 섬유	셀룰로오스계	아세테이트, 트리아세테이트 등
		합성 섬유	축합중합형	폴리아미드계 : 아라미드, 나일론 6, 나일론 6.6
				폴리에스터계 : 폴리에스터
				폴리우레탄계 : 스판덱스
			부가중합형	폴리아크릴 : 아크릴, 케시미론, 엑슬란
				폴리염화비닐계 : 폴리염화비닐, PVC
				폴리플루오로에틸렌계 : 폴리플루오로에틸렌
				폴리비닐알콜계 : 비닐론, PVA
				폴리에틸렌계 : 폴리에틸렌
				폴리프로필렌계 : 폴리프로필렌
		무기 섬유	유리, 금속, 암면, 탄소, 세라믹	

03 섬유의 특성

1. 면섬유

(1) 품종

① **해도면** : 미국의 동남부 100~120번수 최상품(44.5mm)
② **이집트면** : 이집트 나일강변 35~40mm
③ **미국(육지면)** : 미국 중부, 멕시코 19~36mm
④ **(인도, 중국, 한국) 아시아면** : 9~22mm 이하, 20번수 이하

(2) 구조

① 분자식 $C_6H_{10}O_5$
② 단면 평편, 중앙에 중공(성숙한 면일수록 크다)
③ 측면 리본 모양, 천연꼬임 → 방적성, 탄력성을 준다.
④ **꼬임** : 1cm당 20~120회, 품질이 우수할수록 많다.
⑤ **강도와 신도** : 건조 상태 7~8%, 습윤 시 10% 증가
⑥ **탄성** : 구김이 잘 생기고 형태안정성이 좋지 못하다.
⑦ **흡습성** : 공정수분율 8.5%, 습한 상태 20% 흡수(내의 적합)
⑧ **염색성**

ⓛ 배트염료, 반응성 염료 → 중간색 이상 진한 색
ⓒ 황화염료 → 검정색 염색

(3) 용도

① 세계 1위의 섬유
② 속옷, 일반 옷감, 침구용 직물, 탈지면, 거즈, 붕대, 작업복

(4) 화학적 성질

100℃에서 수분을 잃음 → 140℃ 강신도 저하 → 160℃ 분해 시작 → 250℃ 갈색 → 320℃ 연소

2. 마섬유

(1) 분류

① **인피(껍질)** : 아마, 대마, 저마, 황마
② **잎(엽맥)** : 사이잘마, 마닐라마
③ **과실** : 야자 코코넛
④ **기타** : 왕골, 볏짚

(2) 아마섬유

① **구조**
㉠ 측면이 투명하고 긴 원통형이며 마디(Node)가 있다.
ⓛ 단면은 5~6각인 다각형

② **성질**
㉠ 강도는 면보다 강하다. 신도는 면보다 작다.
ⓛ 흡습성은 12%로 면보다 크다.
ⓒ 염색성 : 면과 동일
ⓔ 내열성 : 천연섬유 중에서 다림질 온도(260℃)가 가장 높다.
ⓔ 마섬유 불순물 = 펙틴질

③ **용도** : 열전도성이 우수하다. 촉감이 차서 여름용 의류에 적합하다. 구김이 잘 생기고 일단 생긴 구김이 잘 펴지지 않는 것이 단점이다.

(3) 저마(모시)

① 여름철 고급옷감(한복) → 한산모시
② 붕대, 거즈, 손수건, 모기장

(4) 대마(삼베)

① "안동포" 뽕나무과 일년생 식물
② 천막, 로프, 어망

(5) 황마

① 피나무와 카펫, 부대
② **마닐라마** : 파초과의 아바카의 잎

(6) 케이폭

① 봄 바카과의 종자섬유

② 부력이 뛰어나 구명조끼 충전재로 사용

3. 모(양털)섬유(Wool)

(1) 종류

① **메리노종** : 오스트레일리아 최우수 품종

② **색스니** : 독일산 메리노종(가장 가는 양털)

③ **재래종, 잡종**

㉠ 레스터, 링컨 → 양육 목적

㉡ 굵고 거칠며, 탄성이 부족하다.

④ **카펫종** : 품질 최하로 카펫 제조에 이용

※ 플리스 : 면양 털을 깎으면 한 장의 모피와 같은 형태

(2) 구조

① 원형 또는 타원형 겉비늘, 안섬유(90%) 털심

② 겉비늘(Scale = 스케일) ┐
③ 크림프(Crimp = 권축) ┘ 방적성과 탄력성을 준다.

(3) 성질

① **물리적 성질**

㉠ 습윤강도는 0.8~1.6g/d로 떨어진다.

㉡ 습윤신도는 50%까지 늘어나서 천연섬유 중 최고이다.

㉢ 탄성회복률이 최고이다.

② **화학적 성질**

㉠ 125~130℃ 분해 → 170℃ 심한 냄새 → 240~300℃ 탄화 → 350℃ 발화

㉡ 고온에서 오래 끓이면 광택이 저하되고, 일광에 노출되면 황변된다.

(4) 용도 : 고급양복 재킷, 코트, 담요, 목도리, 스웨터, 융단, 펠트, 부직포

(5) 관리

① **일반양모**

㉠ 드라이크리닝 한다(∵ 축융성).

㉡ 손세탁 금지, 염소계 표백제 금지

㉢ 150℃ 이하, 덧헝겊을 대고 스팀다림질해야 한다.

㉣ 그늘에서 건조

② **방축가공양모**

㉠ 손세탁, 세탁기 울코스 세탁 가능

㉡ 중성세제 사용

(6) 품질보증마크

WOOLMARK(신모 100%)	
WOOLMARK BLEND(신모 50% 이상)	
WOOLBLEND(신모 30% 이상)	

4. 견섬유

(1) 종류

① 가잠견 : 집누에 고치섬유(뽕나무)
② 야잠견 : 들누에 고치섬유(참나무, 상수리, 가시나무)
③ 작잠견 : 중국산동성, 산뚱실크

(2) 구조 : 2가닥 피브로인(75~80%)과 1가닥 세리신(20~25%), 단면은 삼각형

(3) 성질

① 물리적 성질
㉠ 천연섬유 중 유일한 필라멘트 (장)섬유(1,000m)
㉡ 불량도체 섬유 : 보온성 우수

② 화학적 성질
㉠ 130~150℃ 수분을 잃고 세리신이 딱딱해짐 → 160℃~170℃ 화학적 분해 → 280℃ 분해
㉡ 일광에서 황변됨, 일광취화로 강신도 저하
㉢ 드라이클리닝이 안전
㉣ 물 세탁 시 → 연수, 중성세제, 35℃ 이하

5. 재생섬유 : 레이온(린트, 목재펄프 ⇔ 수산화나트륨 용액 → 습식방사 → 재생셀룰로스)

① 검경 구조 : 톱날 모양
② 강도는 면보다 나쁘나 흡습성은 우수하다.
③ 습윤 시 강도 크게 저하(40~60%) → 물 얼룩 제거 시 주의
④ 용도 : 안감, 속치마, 블라우스(∵ 정전기가 잘 일어나지 않음)

6. 반합성섬유 : 원료(린트, 펄프)에 아세트산을 첨가해서 조제하면 → 건식방사 → 아세테이트(초산셀룰로스)

① 검경 구조 : 클로버 잎 모양

② 강도 : 1.4g/d로 레이온보다 약하다.

③ 내열성 : 다림질 온도 100℃ 이하, 130℃보다 높으면 녹는다.

④ 레이온보다 광택 있고 부드럽다.

⑤ 석유계 용제에는 안정하나 아세톤, 클로로포름에서는 용해된다.

⑥ 세탁용수 40℃ 이하, 80℃ 이상에서는 침해

⑦ 드레이프성 증가(늘어지고 몸에 붙는 성질) : 드레스, 넥타이, 잠옷에 사용

⑧ 땀, 가스, 변색 유의

⑨ 다리미 얼룩이 남는다.

7. 합성섬유

(1) 나일론(폴리아미드)

① 미국 "듀퐁사" 최초의 합성섬유, 생산량 2위

② 석탄 + 물 + 공기로 만들어진다(용융방사).

③ 종류 : 나일론 6(국내), 나일론 66

④ 성질 : 흡습성이 작아서 내의 부적합

⑤ 강도 우수 : 나일론 〉 폴리에스테르 〉 아크릴(3대 합성 섬유)

⑥ 내일광성 우수 : 아크릴 〉 폴리에스테르 〉 나일론

⑦ 알칼리에는 손상이 없다.

⑧ 산에도 안정하나 유기산인 페놀, 포름산에는 용해된다.

⑨ 염소계 표백제 사용 금지(변색 유의)

⑩ 내열성 저하, 다짐질 유의

(2) 폴리에스테르(Polyester)

① 생산량 1위(세계 총생산량 60%)

② 성질

㉠ 산, 알칼리 표백제에 안정, 내약품성 우수

㉡ 정전기 발생 증가(∵ 수분율 0.4%)

㉢ 탄성 가장 우수(Wash and Wear, W&W성), 용융점 225~260℃(250℃)

㉣ 혼방성 우수(면과 많이 혼방함), 열가소성 우수 → 주름스커트에 적당함

㉤ 염색성 불량 → 분산염료(고온 침투제 필요) 사용해야 함

(3) 아크릴

① 내일광성 가장 우수(커튼지), 염기성 염료로 염색

② 벌키성(양모처럼 부품한 체적감) 우수, 보온성 우수(내복지, 운동복, 모포)

8. 주요 섬유의 단면

주요 섬유의 단면을 현미경으로 관찰하면 섬유의 종류에 따라 각각 특징 있는 단면형을 가지고 있음을 알 수 있다.

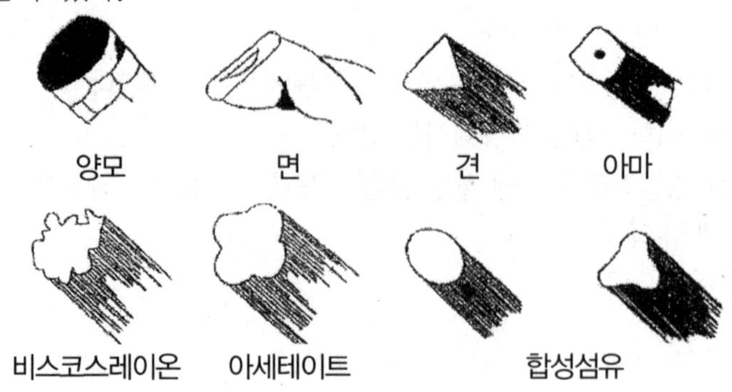

9. 주요 섬유의 비중과 수분율

(1) 주요 섬유의 비중

섬 유	비 중	섬 유	비 중
면	1.54	폴리에스테르	1.38
아마	1.50	아크릴	1.17
양모	1.32	모드 아크릴	1.30
견	1.30	비닐론	1.26
스코스레이온	1.52	폴리프로필렌	0.91
아세테이트(이초산)	1.32	유리	2.56
나일론	1.14	사란	1.71

(2) 주요 섬유의 표준 수분율과 공정 수분율(KSK 0301 단위 %)

섬 유	표준 수분율	공정 수분율	섬 유	표준 수분율	공정 수분율
면	8.00	8.50	양모	16.00	18.25
아마	9.00	12.00	견(정련견)	9.00	12.00
비스코스레이온	12.00	11.00	아크릴	1.025	1.50
아세테이트(이초산)	6.50	6.50	비닐론	5.00	5.00
나일론	4.00	4.50	올레핀	0.01	0.00
폴리에스테르	0.10	0.40	유리	0.00	0.00

04 실의 종류

실의 번수는 실의 굵기를 나타낸다.

1. 방적사(스테이플, 단섬유) —면, 마, 모 / S(항중식)→ 번수 숫자가 높을수록 실은 가늘어진다(細).

항중식 : 100번수란 453g일 때 768×100m
(무게 453g 일정 → 길이 나타냄)

2. 필라멘트사(장섬유) —견, 합성섬유 / 항장식→ 번수 숫자가 높을수록 실은 굵어진다.

항장식 : 50D(데니어) = 50g일 때 9,000m
50Tex(텍스) = 50g일 때 1,000m
(길이 일정 → 무게 나타냄)

3. 공통식 번수

① 필라멘트실, 방적실 모두 사용한다.
② 50Nm(뉴턴미터) : 무게가 1,000g일 때 1,000×50m이다.

05 염색

1. 염색의 정의 : 실이나 직물 의류제품에 물을 들이는 것

① **침염** : 전체를 동일한 색으로 물들이는 것이다.
② **날염** : 부분적 염색이다. 여러 가지 색상으로 무늬, 모양을 나타낸다.

2. 염색의 종류

(1) 직접염색법

① 섬유 + 염료 결합력이 클 때(수소결합), 색상이 선명하지 않고 견뢰도 역시 좋지 않다.
② **직접** : 면, 마, 레이온(셀룰로스계 섬유)
③ **산성** : 견, 모, 나일론
④ **염기성** : 아크릴, 최초의 염료, 동물성 섬유와 아크릴

(2) 매염염색법

① 섬유 + 염료 결합력이 작을 때 매염제 첨가
② **산성매염 염료** : 모

③ **함금속 산성 염료** : 모(견뢰도 상승)

(3) 환원염색법

① 환원제(알칼리) 이용

② 황화염료(면, 검정색) → 셀룰로스계 섬유

③ **배트염료(건염)** : 일광, 세탁, 마찰, 견뢰도 최우수 → 셀룰로스계 섬유

(4) 현색염색법

① 한쪽 부분 먼저 섬유에 처리 고착 후 나머지 부분을 결합시켜 염료 합성

② 분산염료 → 아세테이트, 폴리에스테르

(5) 분산염색법

① 물에 녹지 않는 염료를 분산액으로 만들어 염색액을 만든 다음 섬유를 넣어 가열하여 섬유에 침투, 확산시켜 염색하는 방법

② 합성섬유, 아세테이트, 폴리에스테르(고온침투제)

(6) 반응염색법 : 공유결합 → 면, 마, 레이온

(7) 고착염색법 : 불용성, 날염에 주로 사용

(8) 크로스염색법 : 혼방, 교직물 염색 시 **염색성의 차이를** 이용하여 염색하는 방법

알아두기

섬유별 염료적합성

① 셀룰로스계 섬유(면, 마, 레이온)
  ㉠ 연한색 : 직접
  ㉡ 중색 이상 : 반응성, 배트염료
  ㉢ 검정색 : 황화염료

② 동물성 섬유(단백질계)
  ㉠ 모, 견 → 산성 염료, 함금속 산성 염료
  ㉡ 나일론(아미노기)

③ 합성섬유
  ㉠ 아세테이트 → 분산염료
  ㉡ 폴리에스테르 → 분산염료(고온 침투제 필요)
  ㉢ 아크릴 : 염기성 = 양이온 = 캐티온(최초 염료)

크롬법

처리 시간이 짧고, 부드럽고, 색은 청색이어서 원하는 색으로 염색할 수 있어 의복재료로 사용하는 피혁 제조 방법

(9) 염색견뢰도 : 염료가 일광, 세탁, 마찰 등에 견디는 능력

① **일광** : 햇볕에 견디는 능력(1~8등급)

② **세탁** : 세탁에 견디는 능력(1~5등급)

③ **마찰** : 마찰에 견디는 능력(1~5등급)

※ 등급숫자가 낮을수록 쉽게 변색됨

일광 견뢰도 등급 평가

일광 견뢰도 등급	평어	일광 견뢰도 등급	평어
1	최하(Very Poor)	5	미(Good)
2	하(Poor)	6	우(Very Good)
3	가(Fair)	7	수(Excellent)
4	양(Fair Good)	8	최상(Outstanding)

세탁 견뢰도 등급의 평어

세탁 견뢰도 등급	견뢰도 평어	세탁 시험편의 퇴색 또는 시험용 백면포의 오염
1	가	심하다.
2	양	다소 심하다.
3	미	분명하다.
4	우	약간 눈에 띈다.
5	수	눈에 띄지 않는다.

※ 세탁 견뢰도 시약 : ① **메**타규산나트륨 ② **무**수탄산 나트륨 ③ **초**산

암기법 메 무 초

06 가공

1. 면직물가공

① 머서화(실켓가공) : $\xrightarrow[\text{면}]{\text{수산화나트륨}}$ 광택, 강도, 흡습성, 염색성 증가

② 리플(플리세, Plisse) : $\xrightarrow[\text{면}]{\text{수산화나트륨}}$(수축성) 이용 → 오돌토돌하게 생긴 지지미천

③ 샌퍼라이징(수축 방지) : $\xrightarrow[\text{면직물}]{\text{수분, 열, 압력}}$ (수축 ± 1%)

④ 방추가공(p.p가공, 퍼머넌트 프레스) → 형체 고정(주름 방지)

2. 모직물가공

① 런던슈렁크(방축가공) : $\xrightarrow[\text{모}]{\text{안개, 이슬}}$ 직물 수축안정

② 축융 방지(염소법) : $\xrightarrow[\text{모}]{\text{염소 (스케일 용해)}}$ 축융 방지

③ 축융가공 : $\xrightarrow[\text{모}]{\text{스케일(축융성)}}$ 모포, 멜턴

④ 방충가공 : $\xrightarrow[\text{모}]{\text{약품처리}}$ 좀, 침식 방지

3. 합성섬유가공

① 방오가공 : $\xrightarrow[\text{직물}]{\text{불소계수지}}$ 때(오염)의 직물 내부 침투 방지

② 대전방지가공 : $\xrightarrow[\text{섬유}]{\text{친수성수지, 도전성섬유}}$ 영구적 대전 방지

③ 알칼리 감량가공 : $\xrightarrow[\text{폴리에스테르}]{\text{수산화나트륨}}$ 천연견(물실크)

④ 방염가공 : $\xrightarrow[\text{직물}]{\text{수지}}$ 난연성 증가

⑤ 위생가공 : 곰팡이와 세균 방지 가공(아기기저귀, 위생수건, 병원가운)

⑥ 방수(발유)가공 : $\xrightarrow[\text{천}]{\text{고무, 비닐, 폴리우레탄, 아크릴}}$ 물이 스며들지 못하게 된다.

※ 발수도 시험 : 비에 젖지 않는 의복을 만들고자 할 때 원단에 시험한다.

4. 일반가공

① 털 태우기(신징 ; Singing) : $\xrightarrow[\text{직물}]{\text{불꽃}}$ 무늬 선명

② 캘린더링(Calendering) : $\xrightarrow[\text{직물}]{\text{롤러}}$ 매끄럽고 무늬 형성(엠보싱)

③ 기모 : $\xrightarrow[\text{(면, 모)직물}]{\text{털 긁어 일으킴}}$ 직물, 따뜻한 촉감

④ 피치스킨(샌딩가공) ⟶ 사포로 문지름 ⟶ 복숭아 껍질 촉감

가공 전　가공 후

방추가공의 효과

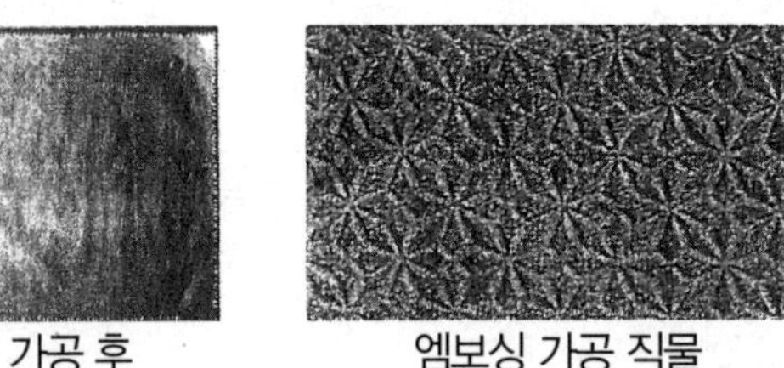

엠보싱 가공 직물

리플

07 품질표시 및 부자재

1. 품질표시 기준

① 의류, 한복, 수의류, 그 밖의 섬유제품(손수건, 양말, 타월, 머플러, 스카프, 넥타이, 가방, 이불 등)

② **표시 방법** : 소비자가 쉽게 식별할 수 있는 위치에 품질표시 부착

③ 조성섬유와 혼용률(혼용률 큰 순서로)

④ **취급상 주의사항** : ㉠ 세탁 방법, ㉡ 표백 방법, ㉢ 다림질, ㉣ 드라이클리닝, ㉤ 탈수 방법, ㉥ 건조 방법(탈수, 건조는 생략할 수 있음)

※ 수의류, 타올, 손수건, 모기장, 덮개류, 가방 등은 **취급상 주의사항**을 생략할 수 있다.

참 고

• 방모 –5% • 소모 –3% • 혼방 ±5% • 기타 –1%

08 품질표시사항

1. 원단(직물, 편물, 부직포, 레이스, 커텐)

① 섬유조성, 혼용률 ② 폭 ③ 길이 또는 중량
④ 방염가공 ⑤ 취급상 주의사항 ⑥ 제조연월, 제조자명

2. 실

① 섬유조성, 혼용률 ② 번수, 데니어 ③ 길이, 중량

3. 솜

① 섬유조성, 혼용률 ② 폭 ③ 길이 또는 중량

4. 섬유제품

① 섬유조성, 혼용률 ② 치수
③ 가공 여부, 발수도 – 코트류 70% 이상 / 점퍼, 재킷 50% 이상
④ 충전재 ⑤ 취급상 주의사항
⑥ 제조자명, 제조연월, 제조국명

Part 03

출제예상문제

01 복합천 구조에 속하지 않는 것은?

① 파일직물 ② 천연피혁
③ 펠트 ④ 천연모피

해설 복합천 : 천 + 솜, 은면 + 스웨이드 복합으로 2개 이상 직물을 접착시킨 직물

02 단일천 구조에 속하지 않는 것은?

① 레이스 ② 직물
③ 편물 ④ 인조모피

해설 단일천 구조는 한 겹의 균일한 직물로 되어 있는 천이고, 모피는 복합천이다.

03 천연섬유에 해당하는 것은?

① 나일론 ② 헤어섬유
③ 아크릴 ④ 비스코스레이온

해설 합성섬유 : 나일론, 아크릴, 레이온(재생섬유)

04 산과 알칼리에 잘 견디고 전기절연성이 뛰어나서 의료용 절연재료에 가장 적합한 섬유는?

① 양모 ② 면
③ 아크릴 ④ 폴리에스테르

해설 산과 알칼리, 표백제에 강하고 W&W성(Wash and Wear)과 절연성이 우수한 것은 폴리에스테르섬유(PET)이다.

05 빈칸에 알맞은 것은?

> (   ) 섬유는 열가소성이 우수하여 열고정 가공제품인 주름치마에 많이 이용된다.

① 폴리아크릴 ② 비스코스레이온
③ 폴리에스테르 ④ 폴리아미드

06 다음 중 재생섬유가 아닌 것은?

① 큐프라 ② 비스코스레이온
③ 아크릴 ④ 폴리노직레이온

해설 아크릴은 합성섬유이다.

07 다음은 어떤 섬유에 대한 설명인가?

> • 비중, 흡습성이 작다.
> • 산, 알칼리에 강하다.
> • 필링성이 크다.

① 천연셀룰로스섬유
② 천연단백질섬유
③ 재생섬유
④ 합성섬유

해설 보풀(필링)이 잘 일어나는 섬유는 합성섬유이다.

정답 01. ③ 02. ④ 03. ② 04. ④ 05. ③ 06. ③ 07. ④

08 견과 비슷한 광택과 촉감이 있어 안감에 많이 쓰이나 마찰과 당김에 약하고 다리미 얼룩이 잘 남으며 땀이나 가스에 의해 변색되기 쉬운 섬유는?

① 아세테이트 ② 레이온
③ 큐프라 ④ 폴리에스테르

해설 다리미 얼룩이 잘 남으며, 땀, 가스에 변색이 되는 것은 아세테이트 섬유이다.

09 다음은 무슨 섬유를 설명하는가?

- 레이온보다 광택이 있고 부드럽다.
- 석유계 용제에는 안정하나 아세톤에 용해된다.
- 염색은 분산염료를 사용한다.

① 견
② 아세테이트
③ 구리암모늄레이온
④ 나일론

해설 아세테이트 제조 시 아세트산을 첨가한다.

10 빈칸에 알맞은 것은?

양모처럼 벌키성이 있어 보온성이 우수하고 합성섬유 중 내일광성이 가장 우수한 섬유는 (   ) 섬유이다.

① 폴리아미드 ② 폴리우레탄
③ 폴리아크릴 ④ 폴리비닐론

해설 아크릴 섬유는 내일광성이 우수하여 커튼으로 사용되며, 보온성이 우수하여 내복지로 사용한다.

11 빈칸에 알맞은 것은?

(   ) 섬유는 양도체이므로 여름에 시원한 감이 있으나 탄성회복률이 불량하여 구김이 잘 생긴다.

① 면 ② 마
③ 모 ④ 견

해설 양도체 = 열전도성↑ ≠ 불량도체 = 모, 견

12 양모섬유를 비눗물에서 비비면 엉키기 쉽고 수축된다. 이것은 양모의 어떠한 구조 때문인가?

① 세리신 ② 천연꼬임
③ 스케일 ④ 케라틴

해설 양모의 비늘(스케일)이 축융성이 있다.

13 섬유제품 표시의 진단 방법으로 가장 올바른 것은?

① 표시가 부착되어 있지 않은 섬유는 실험 없이 물세탁이 가능하다.
② 상품이나 승인번호 표시가 부착되어 있더라도 일단 기초실험 후 처리한다.
③ 유명회사 제품은 바로 공정에 들어가도 된다.
④ 섬유제품 표시는 그대로 믿어도 된다.

14 불꽃에서 잘 타지 않는 섬유는?

① 폴리아크릴 ② 석면
③ 폴리에스테르 ④ 면

해설 석면은 불에 잘 타지 않는다.

정답 08. ① 09. ② 10. ③ 11. ② 12. ③ 13. ② 14. ②

15 **85℃ 이상의 뜨거운 물이나 비누액 중에서 침해가 일어나는 섬유는?**

① 마 ② 비스코스레이온
③ 폴리에스테르 ④ 아세테이트

해설 아세테이트는 80℃ 이상에서는 침해되므로, 40℃ 이하에서 세탁하여야 한다.

16 **섬유조성표시란?**

① 치수표시
② 가공표시
③ 소재명과 혼용률표시
④ 성능표시

해설 T/C 65/35 → 폴리에스테르 65%, 면 35% 혼방이다.

17 **합성심지의 특징이 아닌 것은?**

① 거의 줄지 않을 정도로 내수축성이 우수하다.
② W&W성이 우수하다.
③ 플리트(주름 잡는 성질)가 우수하다.
④ 보강 심지와의 접착성이 우수하다.

해설 접착성이 좋지 않은 점이 단점이다.

18 **취급상 주의사항을 생략할 수 없는 것은?**

① 수의류 ② 니트웨어
③ 손수건 ④ 타월

해설
- 편성물(니트)은 반드시 주의사항이 필요하다.
- 취급상 주의사항 생략 가능 : 손수건, 수의류, 타월, 모기장, 덮개류, 가방

19 **섬유 혼용률에 관한 설명 중 틀린 것은?**

① 섬유의 조성이 단일 섬유인 경우 100%로 표시한다.
② 혼용률이 큰 것부터 순차로 명칭을 분자 열기한다.
③ 섬유의 조성이 100%인 경우 방모는 −5%, 소모는 −3%, 모 외의 섬유는 −1%가 허용범위다.
④ 폴리에스테르가 60%, 면이 40%일 경우 C/T 40/60으로 표시한다.

해설 폴리에스테르 T, 면 C, 양모 W, 나일론 N, 아크릴 A 많은 순서로 순차적으로 나열한다.

20 **섬유 중 특정 온도에서 녹아 액체가 되는 섬유로만 나열한 것은?**

① 면, 마
② 모, 견
③ 캐시미어, 토끼털
④ 나일론, 폴리에스테르

해설 나일론, 폴리에스테르, 아세테이트는 특정 온도에서 녹아내린다.

21 **견섬유의 증량이나 매염제로 이용되는 약품은?**

① 염산
② 탄닌산
③ 질산
④ 과탄산나트륨

해설 탄닌산은 물에 대한 용해성이 크고 약산성을 나타내며 견뢰도가 양호해진다.

정답 15. ④ 16. ③ 17. ④ 18. ② 19. ④ 20. ④ 21. ②

22 동물성 섬유를 가장 상해시키는 시약은?

① 환원표백제　② 산류
③ 과산화수소　④ 알칼리

해설 동물성 섬유인 모, 견은 산성 출신이라서 알칼리(식물성)에 약하다.

23 가죽처리 공정 중 알칼리가 높은 것을 산, 산성염으로 중화시키는 공정을 무엇이라 하는가?

① 산에 담그기　② 회분 빼기
③ 석회침지　④ 때 빼기

해설 석회침지가 끝난 제품은 알칼리가 높기 때문에 산, 산성염으로 중화시키는 것을 회분 빼기라고 한다.

24 다음 중 양모 섬유를 용해시키는 용액은?

① 과산화수소
② 암모니아
③ 수산화나트륨
④ 아세트산

해설 단백질 섬유는 알칼리에 약하므로 강알칼리인 수산화나트륨 5% 용액에 끓이면 용해된다.

25 피혁의 결점이 아닌 것은?

① 열에 약해서 55℃ 이상에서는 굳어지고 수축된다.
② 곰팡이가 생기기 쉽다.
③ 염색 견뢰도가 나빠서 일광에 퇴색되기 쉽다.
④ 유연성, 탄력성이 작다.

해설 피혁은 유연성, 탄력성이 우수하다.

26 폴리아미드계 섬유가 아닌 것은?

① 나일론 66
② 노멕스
③ 퀴아나
④ 스판덱스

해설 스판덱스 : 폴리우레탄 계열.

27 염료, 조제, 호료를 배합한 날염료로 직물의 표면기 무늬를 날인한 후 증기로 쪄서 염료를 섬유의 내부까지 침투, 염착시키는 염색법은?

① 직접날염법
② 매염염색법
③ 분산염색법
④ 현색염색법

28 모든 섬유의 상품에 필수적으로 들어가야 할 표시사항은?

① 섬유혼용률
② 취급상 주의사항
③ 가공유무
④ 치수

해설 필수적인 표시사항은 섬유혼용률이다.

29 면섬유와 아마섬유의 특징이 아닌 것은?

① 내열성이 우수하다.
② 산에 약하고 알칼리에 강하다.
③ 강신도가 우수하다.
④ 탄성이 우수하다.

해설 면섬유와 아마섬유는 탄성이 우수하지 않아서 구김이 잘 간다.

정답 22. ④　23. ②　24. ③　25. ④　26. ④　27. ①　28. ①　29. ④

30 **부직포 심지의 특성이 아닌 것은?**

① 직물심지보다 가볍다.
② 직물심지보다 수축과 구김이 덜 생긴다.
③ 접착심지의 경우 다림질 시 표면에 수지가 새어 나오지 않는다.
④ 탄성과 탄성회복률이 약한 편이다.

해설 부직포 심지는 탄성회복률이 강한 편이다.

31 **섬유가 구비해야 되는 성질은?**

① 탄성이 작아야 한다.
② 가소성이 우수해야 한다.
③ 내구력이 작아야 한다.
④ 비중이 커야 한다.

해설 섬유는 탄성, 내구성이 우수해야 하고 비중이 작아야 한다.

32 **무기섬유에 속하지 않는 것은?**

① 석면　② 유리
③ 금속　④ 탄소

해설 천연광물성 섬유는 석면이다.

33 **섬유 중 오그라들며 검은 그을음을 내고 녹으면서 타는 것은?**

① 재생셀룰로스
② 동물성 섬유
③ 합성섬유
④ 식물성 섬유

해설 오그라들며 검은 그을음을 내고 녹으면서 타는 것은 합성섬유의 특징이다.

34 **식물성 섬유 중 강력이 가장 큰 섬유는?**

① 모시　② 대마
③ 면　④ 아마

해설 식물성 섬유의 강력은 모시 〉 대마 〉 아마 〉 면 순이다.

35 **피혁의 설명 중 바르지 않은 것은?**

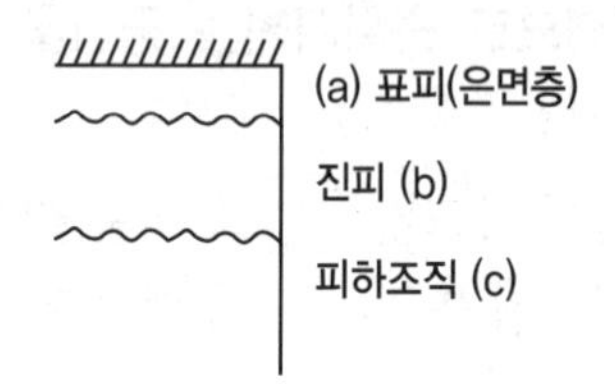

① (a)는 피부 표면을 보호해 주고 각질화되어 있다.
② (b)는 피두께에서 50% 이상을 차지한다.
③ (c)는 몸 전체의 근육과 껍질을 연결하는 부분이다.
④ (a), (b), (c) 모두 가죽으로 이용한다.

해설 피혁으로 사용되는 것은 은면층과 진피층이다.

36 **단색으로 염색 후 탈색제를 포함한 풀로 무늬를 나타내게 하는 방법은?**

① 방염　② 침염
③ 발염　④ 분산법

해설 탈색제를 포함한 풀로 무늬를 나타내게 하는 것은 발염법이다.

37 **견뢰도 판정 시 표준색표는?**

① 검정　② 회색
③ 노란색　④ 파란색

정답 30. ④　31. ②　32. ①　33. ③　34. ①　35. ④　36. ③　37. ②

해설 세탁견뢰도 표준색표도 오염판정 시 표준색표와 동일한 회색이다.

38 **이웃한 날실들이 교차되어 씨실과 엮인 직물로 속이 비치고 통기성이 뛰어나지만 조직이 엉성하므로 조심해서 다루어야 하는 것은?**

① 평직　② 사문직
③ 익조직　④ 주자직

해설 두 가닥의 날실의 교차되어 조직이 엉성한 것은 익조직이다.

39 **평조직 직물의 특징을 설명한 것은?**

① 직물의 겉면과 뒷면에 사문선이 나타난다.
② 다른 조직 직물에 비하여 마찰에는 약하지만 광택은 우수하다.
③ 날실과 씨실의 굴곡이 가장 많으며, 직축률이 가장 크다.
④ 기본조직의 구성 올 수는 최소 3올이다.

해설 평직은 날실과 씨실의 굴곡이 가장 많은 직물이다.

40 **다음 중 한 가닥의 실이 고리를 형성해가면서 좌우로 왕복하거나 원형으로 회전하면서 천을 형성하는 것은?**

① 직물　② 편성물
③ 레이스　④ 부직포

해설 편성물이란 바늘로 고리를 얽어 만든 피륙을 말한다.

41 **부직포 심지의 특성이 아닌 것은?**

① 제작 속도가 빠르고 비용이 적게 든다.
② 절단면이 잘 풀리지 않는다.
③ 함기량이 많고 가벼우며, 보온성 투습성이 크다.
④ 강도가 비교적 작으나 마찰에 강하다.

해설 부직포 심지는 강도가 작고 마찰에도 약하다.

42 **다음 중 복합천이 아닌 단일천은?**

① 퀼트천　② 본딩직물
③ 이중직　④ 인조피혁

해설 이중직은 단일천의 종류이다.

43 **천의 구조상 수축 신장이 일어나기 쉬우며 조직이 일그러지거나 보풀이 잘 일어나기 가장 쉬운 직물은?**

① 사문직물　② 편성물
③ 평직물　④ 주자직물

해설 편성물은 보풀이 잘 생긴다는 단점이 있다.

44 **다음의 셀룰로오스 섬유 중 잎섬유에 해당하는 것은?**

① 무명　② 사이잘마
③ 알파카　④ 아마

해설 식물성 섬유 중 잎섬유에 해당하는 것으로는 마닐라마, 사이잘마 등이 있다.

암기법 잎 사 마

정답 38. ③ 39. ③ 40. ② 41. ④ 42. ③ 43. ② 44. ②

45 **동물성 섬유에 속하지 않는 것은?**

① 케이폭　② 앙고라
③ 모헤어　④ 캐시미어

해설 케이폭은 식물성 종자섬유다.

46 **양모섬유의 크림프 및 스케일, 면섬유의 천연꼬임, 아마 섬유의 마디에 의해서 향상되는 성질은?**

① 방적성　② 탄성
③ 보온성　④ 드레이프성

해설 양모의 스케일, 면섬유 천연꼬임, 아마의 마디는 방적성을 향상시킨다.

47 **면양으로부터 털을 깎으면 마치 한 장의 모피와 같은 형태가 되는 것은?**

① 선모　② 플리스
③ 래널린　④ 스킨울

해설 한 장의 모피와 같은 형태가 되는 것은 플리스이다.

48 **양모저지 니트를 나일론 트리코트 니트에 본딩해 의류용 원단으로 이용할 때 트리코트의 역할로 틀린 것은?**

① 의류의 세탁성을 향상시킨다.
② 부드러움을 느끼게 한다.
③ 옷의 수축을 방지한다.
④ 천의 늘어짐을 방지한다.

해설 트리코트는 부드러우며 신축성, 통기성이 좋고 구김이 잘 생기지 않는다.

49 **비스코스레이온의 용도로서 가장 적당한 것은?**

① 숙녀복　② 책상보
③ 운동복　④ 안감

해설 레이온은 흡습성이 우수해서 안감으로 적당하다.

50 **다음 중 반합성 섬유에 속하는 것은?**

① 아세테이트　② 폴리에스테르
③ 스판덱스　④ 비닐론

해설 아세테이트는 반합성 섬유에 속한다.

51 **합성섬유의 방사법으로 가장 많이 사용되는 것은?**

① 건식방사　② 습식방사
③ 용융방사　④ 에멀젼방사

해설 레이온은 습식, 아세테이트는 건식, 합성섬유는 용융방사

52 **나일론섬유의 특성으로 틀린 것은?**

① 나일론-6과 나일론-66 중 국내에서는 주로 나일론 6이 생산된다.
② 염소계 표백제에는 비교적 안정적이므로 표백제로 사용한다.
③ 용도는 강신도가 커서 양말, 스타킹, 기타 의류에 사용한다.
④ 내일광성이 불량하여 직사광선을 쬐면 급속히 강도가 저하된다.

해설 나일론은 염소계표백제(락스)에 약해 황변 주의해야 한다.

정답 45. ① 46. ① 47. ② 48. ① 49. ④ 50. ① 51. ③ 52. ②

53 **다음 중 폴리에스테르 섬유의 용융 온도에 해당되는 것은?**

① 215℃ ② 250℃
③ 280℃ ④ 300℃

해설 폴리에스테르의 용융온도는 225~260℃이다.

54 **견뢰도가 나쁘나 염색법이 간단하여 주로 면섬유의 연한 색에 많이 사용되는 염료는?**

① 아조익 염료 ② 배트 염료
③ 직접 염료 ④ 황화 염료

해설 연한색은 직접, 중색은 반응과 배트, 검정색은 황화 염료를 사용한다.

55 **직접 염료의 설명으로 틀린 것은?**

① 산성 하에서 단백질 섬유와 나일론에도 염착된다.
② 색의 종류는 풍부하고 염색법이 간단하다.
③ 색상이 선명하다.
④ 일광마찰 및 세탁 견뢰도가 나쁘다.

해설 직접염료는 색상이 선명하지 않고 견뢰도도 좋지 않다.

56 **염료에 대한 설명으로 틀린 것은?**

① 견뢰도를 좋게 하기 위해서는 직접 염료를 사용해야 견뢰도가 강하다.
② 직접 염료는 염색법이 간단하나 색상이 선명하지 않다.
③ 산성 염료는 색상이 선명하나 견뢰도가 나쁘다.
④ 적은 양으로도 진한 염색이 가능하나 견뢰도가 나쁜 것이 염기성 염료이다.

57 **세탁 견뢰도 등급의 평어에서 세탁시험편의 변 · 퇴색 또는 시험용 백면포의 오염을 표시하는 것 중 '가'가 의미하는 것은?**

① 눈에 띄지 않는다.
② 분명하다.
③ 약간 눈에 띈다.
④ 심하다.

해설 '가'는 '심하다'를 의미한다.

58 **견뢰도와 상관이 적은 것은?**

① 땀 ② 바람
③ 세탁 ④ 일광

해설 땀, 세탁, 일광이 견뢰도에 상관이 있다.

59 **다음 중 머서화 면의 특성 설명으로 틀린 것은?**

① 강력이 증가한다.
② 흡습성이 증가한다.
③ 비단 광택이 생긴다.
④ 엉킴성이 증가한다.

해설 머서화 가공을 하면 광택, 강도, 흡습성, 염색성이 증가한다.

정답 53. ② 54. ③ 55. ③ 56. ① 57. ④ 58. ② 59. ④

60 **직물에 처리하는 샌포라이징 가공이란 어떤 목적으로 행하는 가공인가?**

① 습기나 물, 세탁 등에 의해 직물이 수축되는 것을 방지하기 위하여
② 사용 중 옷감이 구겨지는 것을 방지하기 위하여
③ 보관 중 섬유제품이 해충에 의해 손상되는 것을 방지하기 위하여
④ 곰팡이의 발생을 방지하기 위하여

해설 직물에 수분, 열, 압력을 가해 수축을 방지하는 가공은 샌포라이징 가공이다.

61 **완성된 의류에 가공을 하여 형태를 고정시키는 방법은?**

① 퍼머넌트 프레스 가공
② 샌포라이즈 가공
③ 압축 가공
④ 방오 가공

해설 형태를 고정시키는 가공은 퍼머넌트 가공이다.

62 **살균위생 가공이 반드시 필요한 제품이 아닌 것은?**

① 물수건　② 병원 가운
③ 어린이 점퍼　④ 아기 기저귀

해설 위생수건, 병원가운, 아기 기저귀는 살균위생가공이 반드시 필요하다.

63 **비에 젖지 않는 의복을 만들고자 할 때 원단은 어떤 시험을 필수로 해야 하는가?**

① 염색 견뢰도 시험
② 수축률 시험
③ 발수도 시험
④ 방염성 시험

해설 발수도 시험은 방수가 제대로 되었는가를 시험하는 것이다.

64 **직물을 사포로 문질러 털을 일으켜 수지 처리하고, 잔털을 일정한 길이로 잘라 부드러운 촉감과 탄력을 가지게 하는 가공은?**

① 리플 가공
② 머서화 가공
③ 피치스킨 가공
④ 방추 가공

해설 사포로 문질러 직물을 유연하게 하는 가공은 피치스킨 가공이다.

65 **1D(데니어)란 무게가 1g이고 길이가 몇m일 때를 말하는가?**

① 840m　② 1,000m
③ 9,000m　④ 10,000m

정답 60. ①　61. ①　62. ③　63. ③　64. ③　65. ③

Part 04
공중위생관리법규

공중위생관리법

공중위생관리법 시행령

공중위생관리법 시행규칙

Part 04 공중위생관리법규

01 공중위생관리법

공중위생관리법 시행령
공중위생관리법 시행규칙

1. 목적 : 위생 수준을 향상시켜 국민건강 증진에 기여

2. 정의

① 공중위생영업이란 다수인 대상으로 위생관리 서비스를 제공하는 영업으로서 숙박업, 목욕장업, 이/미용업, 세탁업, 건물위생관리업을 말한다.
② **세탁업** : 의류 기타 섬유제품이나 피혁제품 등을 세탁하는 영업

3. 신고 및 폐업신고

(1) 신고 : 보건복지부령이 정하는 시설, 설비를 갖추고 **시**장, **군**수, **구**청장에게 **신고**하여야한다.

(2) 중요사항

① 명칭, 상호
② 소재지(영업소)
③ 1/3 이상 증감
④ 대표자 성명 또는 생년월일

→ ①~④ 변경 시 → **시**장, **군**수, **구**청장에게 **신고**한다.

(3) 폐업 : 폐업한 날로부터 20일 내에 **시**장, **군**수, **구**청장에게 **신고**하여야 한다.

(4) 승계 : 1월 내에 **시**장, **군**수, **구**청장에게 **신고**하여야 한다.

※**신고**, **폐업**, **승계**에 대한 **방법**, **절차**는 보건복지부령으로 정한다.

4. 공중위생영업자의 위생관리 의무

세탁업자는 세제를 사용함에 있어 유해한 물질이 발생되지 않도록 세제 종류, 기계, 설비를 안전하게 관리하여야 한다(보건복지부령).

(1) 세제의 종류

① 퍼클로로에틸렌, 트리클로로에탄, 불소계 용제 → 밀폐형, 용제회수기 부착

② 석유계 용제(30kg 이상) → 회수건조기

(2) 위생관리기준

① 드라이클리닝용 세탁기는 유기용제의 누출이 없도록 항상 점검하고, 사용 중 누출되지 않도록 한다.

② 세탁물 처리에 사용된 세제, 유기용제, 얼룩제거 약제가 남아 있지 않도록 해야 한다.

③ 세탁물에 좀, 곰팡이 등이 생성되지 않도록 위생적으로 관리한다.

(3) 설비기준

① 세탁용 약품 보관할 수 있는 **보관함** 설치, 단, 창고가 있는 경우 제외

※ 게시사항 : 신고증, 요금표, 주의사항

5. 보고 및 출입 검사

시 · 도지사 또는 시장, 군수, 구청장은 공중위생영업자에 대하여 보고, 출입, 검사, 영업장부나 서류를 열람하도록 할 수 있다.

6. 위생지도 및 개선명령

시 · 도지사 또는 시장, 군수, 구청장은 개선을 명할 수 있다.

① 시설, 설비기준을 위반한 공중위생 **영업자**

② 위생관리의무를 위반한 공중위생 **영업자**

7. 공중위생 영업소 폐쇄

시장, 군수, 구청장의 폐쇄명령을 받고도 계속하여 영업을 하는 때의 조치사항은 다음과 같다.

① 영업소 간판 및 영업표지물의 제거

② 위법한 영업소임을 알리는 게시물 등 부착

③ 필수불가결한 기구, 시설물을 사용할 수 없도록 봉인

④ 단, 봉인을 계속할 필요가 없다고 **인정**되는 때, 폐쇄할 것을 **약속**하는 때, 정당한 사유로 해제 **요청 시** 봉인, 게시물 해제를 할 수 있다.

알 아 두 기

폐쇄조치 후 6개월이 경과하지 않고는 같은 장소에서 같은 영업을 재개할 수 없다.

8. 공중위생감시원

(1) 특별시, 광역시, 도 및 시, 군, 구에 공중위생감시원을 둔다.

(2) 공중위생감시원의 자격, 임명, 업무범위는 **대통령령**으로 정한다.

(3) 명예 공중위생감시원의 자격, 임명, 업무범위(지도, 계몽)는 **대통령령**으로 정한다.

(4) 자격 및 임명(시 · 도지사 또는 시장, 군수, 구청장이 임명권을 갖음)

① 위생사 또는 환경기사 2급 이상 자격증 있는 자

② 대학에서 화학, 화공학, 환경공학, 위생학 전공 졸업자 또는 이와 같은 수준 이상의 자격이 있는 자

③ 외국에서 위생사 또는 환경기사의 면허를 받은 자

④ 1년 이상 공중위생 행정에 종사한 경력이 있는 자

(5) 공중위생감시원의 업무

① 시설 · 설비 **확인**

② 시설 · 설비 위생 상태, **확인 · 검사**, 위생관리의무 및 영업자 준수사항 이행 여부 확인

③ 위생지도 및 개선명령 이행 여부 **확인**

④ 영업의 정지, 시설 사용 중지, 폐쇄명령 이행 여부 **확인**

⑤ 위생교육 이행 여부 **확인**

9. 과징금(대통령령 1억 원 이하) : 시, 군, 구에 귀속

① **일반기준** : 영업정지 1월은 30일로 계산

② **매출기준** : 처분일이 속한 년도의 전년도 1년간 총 매출금액 기준. 최소기준은 9,400원, 과징금의 금액의 1/2 범위 안에서 과징금을 늘리거나 줄일 수 있다.

※ 서면으로 통지

10. 벌금

(1) 1년 이하의 징역, 천만 원 이하

① 영업신고를 하지 아니한 자

② 영업 정지 기간 중 또는 폐쇄명령 이후에 영업한 자

(2) 6월 이하의 징역, 500만 원 이하

① 중요사항 변경신고 안 한 자

② 승계신고 안 한 자

③ 준수사항 지키지 않은 자

11. 과태료

(1) 300만 원 이하

① 보고 안 하고, 공무원 출입, 검사, 조치를 거부 · 방해한 자(공방)

② 개선명령 위반한 자

(2) 200만 원 이하

① 위생관리 의무를 지키지 아니한 자

② 위생교육을 받지 아니한 자

12. 과태료 부과금액

(1) 일반기준

2분의 1 범위 내에서 줄일 수 있다.

(2) 개별기준

① 위생관리의무 지키지 아니한 자 : 30만 원

② 보고, 출입, 검사, 기타 조치 거부, 방해(공방) : 100만 원

③ 개선명령 위반한 자 : 100만 원

④ 위생교육 받지 아니한 자 : 20만 원

13. 행정처분기준

(1) 일반기준 : 위반 정도가 경미, 기소유예, 선고유예 시

① **영업정지** : 처분기준일수 2분의 1 범위 안에서 경감

② **영업장 폐쇄** : 3월 이상의 영업정지처분으로 경감

(2) 개별기준

위반행위	근거 법조문	행정처분기준			
		1차위반	2차위반	3차위반	4차 이상 위반
1. 영업신고를 하지 않거나 시설과 설비기준을 위반한 경우	법 제11조 제1항 제1호				
가. 영업신고를 하지 않은 경우		영업장 폐쇄명령			
나. 시설 및 설비기준을 위반한 경우		개선명령	영업정지 15일	영업정지 1월	영업장 폐쇄명령
2. 변경신고를 하지 않은 경우	법 제11조 제1항 제2호				
가. 신고를 하지 않고 영업소의 명칭 및 상호 또는 영업장 면적의 3분의 1 이상을 변경한 경우		경고 또는 개선명령	영업정지 15일	영업정지 1월	영업장 폐쇄명령
나. 신고를 하지 않고 영업소의 소재지를 변경한 경우		영업정지 1월	영업정지 2월	영업장 폐쇄명령	
3. 지위승계신고를 하지 않은 경우	법 제11조 제1항 제3호	경고	영업정지 10일	영업정지 1월	영업장 폐쇄명령

위반행위	근거 법조문	행정처분기준			
		1차위반	2차위반	3차위반	4차 이상 위반
4. 공중위생영업자의 위생관리의무 등을 지키지 않은 경우	법 제11조 제1항 제4호				
가. 세제를 사용하는 세탁용 기계의 안전관리를 위하여 밀폐형이나 용제회수기가 부착된 세탁용 기계 또는 회수건조기가 부착된 세탁용 기계를 사용하지 아니한 경우		개선명령	영업정지 5일	영업정지 10일	영업장 폐쇄명령
나. 드라이크리닝용 세탁기의 유기 용제 누출 및 세탁물에 사용된 세제 · 유기용제 또는 얼룩 제거 약제가 남거나 좀이나 곰팡이 등이 생성된 경우		경고	영업정지 5일	영업정지 10일	영업장 폐쇄명령
5. 법 제5조를 위반하여 카메라나 기계장치를 설치한 경우	법 제11조 제1항 제4호의2	영업정지 10일	영업정지 20일	영업정지 1월	영업장 폐쇄명령
6. 법 제9조에 따른 보고를 하지 않거나 거짓으로 보고한 경우 또는 관계 공무원의 출입, 검사 또는 공중위생영업 장부 또는 서류의 열람을 거부 · 방해하거나 기피한 경우	법 제11조 제1항 제6호	영업정지 10일	영업정지 20일	영업정지 1월	영업장 폐쇄명령
7. 개선명령을 이행하지 않은 경우	법 제11조 제1항 제7호	경고	영업정지 10일	영업정지 1월	영업장 폐쇄명령
8. 영업정지처분을 받고도 그 영업정지 기간에 영업을 한 경우	법 제11조 제2항	영업장 폐쇄명령			
8. 공중위생영업자가 정당한 사유 없이 6개월 이상 계속 휴업하는 경우	법 제11조 제3항 제1호	영업장 폐쇄명령			
10. 공중위생영업자가 「부가가치세법」 제8조에 따라 관할 세무서장에게 폐업신고를 하거나 관할 세무서장이 사업자 등록을 말소한 경우	법 제11조 제3항 제2호	영업장 폐쇄명령			

알아두기

① 위생서비스 평가주기 : 2년
② 위생수료증 교부대장 기록 보관 : 2년
③ 분쟁조정기관 : 세탁업 중앙회(세탁업자 단체)
④ 위생서비스 수준의 평가
- 시 · 도지사 : 평가계획 수립
- 시 · 군 · 구청장 : 세부평가계획 수립
- 위생서비스 평가 전문성을 높이기 위해 필요하다고 인정하는 경우 : 관련 전문기관 및 단체로 하여금 위생서비스 평가를 실시하게 할 수 있다.

Part 04

출제예상문제

01 공중위생관리법은 다음 중 어디에 속하는가?

① 법률 ② 시행령
③ 시행규칙 ④ 조례

해설 공중위생관리법(법률), 시행령(대통령령), 시행규칙(보건복지부령)

02 공중위생관리법의 궁극적인 목적은?

① 공중위생 종사자의 이익추구
② 공중위생 종사자의 친목도모
③ 공중위생 종사자의 복리증진
④ 국민의 건강증진에 기여

해설 위생수준을 향상시켜 국민 건강증진에 기여한다.

03 공중위생영업에 속하지 않는 것은?

① 목욕장업 ② 건물위생관리법
③ 세탁업 ④ 호텔관리업

해설 공중위생영업(숙박업, 목욕장업, 이 · 미용업, 세탁업, 건물위생관리업)

04 빈칸에 알맞는 것은?

> 신고 시 (　　　)령이 정하는 시설, 설비를 갖추고 시장, 군수, 구청장에게 신고하여야 한다.

① 대통령 ② 국무총리
③ 환경부장관 ④ 보건복지부

해설 방법, 절차는 시행규칙(보건복지부령)

05 세탁업 신고기관에 해당되지 않는 것은?

① 시장 ② 도지사
③ 군수 ④ 구청장

해설 신고는 시장, 군수, 구청에게 한다.

06 공중위생관리법 제3조 제1항의 중요사항 변경에 해당되지 않는 것은?

① 명칭, 상호
② 영업자의 소재지
③ 면적의 1/3 이상의 증감
④ 법인대표자의 성명

해설 영업자의 소재지 변경은 공중위생관리법 제3조 제1항에 해당되지 않는다.

07 시 · 도지사, 시장, 군수, 구청장이 할 수 없는 직무는?

① 공중위생 영업장부나 서류를 열람하게 할 수 있다.
② 공중위생 영업자, 소유자 등에게 개선을 명할 수 있다.
③ 공중위생감시원을 임명할 수 있다.
④ 명예공중위생감시원의 자격, 위촉방법, 업무범위에 관한 사항을 정한다.

해설 명예공중위생감시원의 자격, 위촉방법, 업무범위는 대통령령으로 정한다.

정답 01. ① 02. ④ 03. ④ 04. ④ 05. ② 06. ② 07. ④

08 **위생지도 및 개선 명령을 할 수 없는 자는?**

① 시장
② 도지사
③ 보건복지부장관
④ 군수

해설 위생지도 및 개선 명령은 시 · 도지사, 시장, 군수, 구청장이 한다.

09 **소재지 변경 후 한 달 동안 신고를 하지 않았을 때 행정처분 1차 기준은?**

① 경고
② 영업정지 5일
③ 영업정지 30일
④ 폐쇄명령

10 **과징금의 부과 및 납부에 관한 사항 중 틀린 것은?**

① 위반행위의 종별과 금액 등을 명시하여 서면으로 통지해야 한다.
② 영업자는 통지를 받은 날부터 20일 이내에 시장, 군수, 구청장이 정하는 수납기관에 납부하여야 한다.
③ 과징금의 징수 절차는 보건복지부령으로 정한다.
④ 과징금은 개별영업소 형편에 따라 분할납부할 수 있다.

해설 과징금은 분할납부할 수 없다.

11 **공중위생 영업자가 영업소 안에 출입, 검사또는 서류의 열람을 거부하였을 때 1차 기준은?**

① 경고
② 영업정지 10일
③ 영업정지 20일
④ 영업정지 30일

해설 1차 영업정지 10일, 2차 영업정지 20일, 3차 영업정지 1월, 4차 폐쇄

12 **시 · 도지사 및 시장, 군수, 구청에게 허위로 보고하거나 위생공무원의 출입, 검사를 거부, 기피, 방해하였을 때 2차 기준은?**

① 영업정지 5일
② 영업정지 10일
③ 영업정지 20일
④ 영업정지 1월

해설 1차 영업정지 10일, 2차 영업정지 20일, 3차 영업정지 1월, 4차 폐쇄

13 **공중위생감시원의 자격이 아닌 것은?**

① 위생사, 환경기사 2급 이상의 자격증 있는 자
② 대학에서 화학, 화공화, 환경공학, 위생학 전공자
③ 외국에서 위생사, 환경기사 면허를 받은 자
④ 2년 이상 공중위생 행정에 종사한 경력이 있는 자

정답 08. ③ 09. ③ 10. ④ 11. ② 12. ③ 13. ④

14 대통령령이 정하는 바에 의거 관계전문기관 등에 그 업무의 일부를 위탁할 수 있는 자는?

① 보건복지부장관 ② 시장
③ 군수 ④ 구청장

15 공중위생감시원의 업무범위가 아닌 것은?

① 시설, 설비의 확인
② 위생상태 확인
③ 과징금, 과태료 이행여부 확인
④ 위생지도 및 개선명령 이행여부 확인

16 다음 중 과징금 산정기준 내용 중 틀린 것은?

① 영업정지 1월은 30일로 계산한다.
② 매출금액은 처분일이 속한 년도 1년간 총 매출금액을 기준한다.
③ 신규, 휴업 등으로 1년간 매출금액을 산출할 수 없는 경우 분기별, 월별, 일별 기준으로 산출, 조정한다.
④ 영업정지 1일에 해당하는 최소과징금은 9,400원이다.

해설 과징금 부과의 기준이 되는 매출금액은 처분일이 속한 전년도 1년간 총 매출금액을 기준으로 한다.

17 관계공무원의 출입, 검사, 조치를 거부, 방해한 자에 대한 과태료 개별기준 금액은?

① 20만 원 ② 30만 원
③ 50만 원 ④ 100만 원

해설 일반기준 300만 원 이하, 개별기준 100만 원

18 세탁업소의 위생관리의무를 지키지 않았을 때 과태료 개별기준은?

① 20만 원
② 30만 원
③ 50만 원
④ 100만 원

해설 일반기준 200만 원 이하, 개별기준 30만 원

19 개선명령을 위반한 자에게 과태료 개별기준은?

① 20만 원
② 30만 원
③ 50만 원
④ 100만 원

해설 일반기준 300만 원 이하, 개별기준 100만 원

20 행정처분 경감기준으로 바른 것은?

① 위반정도가 경미하거나, 기소유예, 선고유예의 경우이다.
② 영업정지 경우 처분기준 일수의 2분의 1 범위 외에서 경감 가능하다.
③ 영업장 폐쇄의 경우 2월 이상의 영업정지처분으로 경감할 수 있다.
④ 영업정지 1월은 31일을 기준으로 한다.

해설 폐쇄의 경우 경미하거나, 기소유예, 선고유예 시 3월 이상 영업정지 처분으로 갈음할 수 있다.

정답 14. ① 15. ③ 16. ② 17. ④ 18. ② 19. ④ 20. ①

21 명예공중위생감시원의 업무가 아닌 것은?

① 공중이용시설의 위생관리상태 확인, 검사
② 공중위생감시원이 행하는 검사대상물 수거 지원
③ 공중위생관리 법령 위반행위에 대한 신고 및 자료 제공
④ 공중위생관리업무와 관련 따로 부여받은 업무

해설 위생관리 상태 확인, 검사는 공중위생감시원의 업무 범위이다.

정답 04. ② 05. ② 06. ①

Part 05

기출문제

2011년도 제2회 필기시험

2011년도 제4회 필기시험

2012년도 제1회 필기시험

2012년도 제2회 필기시험

2012년도 제4회 필기시험

2013년도 제1회 필기시험

2013년도 제2회 필기시험

2013년도 제4회 필기시험

2014년도 제1회 필기시험

2014년도 제4회 필기시험

2015년도 제1회 필기시험

2015년도 제4회 필기시험

2016년도 제1회 필기시험

2016년도 제4회 필기시험

2011년도 기능사 제2회 필기시험

자격종목	품목코드	시험시간	형별	수험번호	성 명
세탁기능사					

01 **클리닝에 사용되고 있는 원통보일러의 형식에 해당되지 않는 것은?**

① 폐열　② 노통
③ 입식　④ 연관

해설 • 원통보일러 : 입식, 노통, 연관, 노통연관
• 폐열보일러 : 특수보일러

02 **세탁에 사용하는 물의 장점으로 틀린 것은?**

① 용해성이 우수하다.
② 인화성이 없다.
③ 표면장력이 양호하다.
④ 비열과 증발열이 크다.

해설 표면장력이 커서 다른 물질을 적시지 못하는 단점이 있다.

03 **오점의 부착 상태 중 화학결합에 의한 부착의 설명으로 옳은 것은?**

① 섬유 중 면, 레이온, 모, 견에서 화학결합하는 경우가 많다.
② 오염입자가 기름의 엷은 막을 통해서 섬유에 부착된 것이다.
③ 강한 분자 간의 인력으로 인하여 쉽게 제거되지 않는다.
④ 오염 입자가 침전하여 피복의 표면에 부착된 것이다.

해설 ② 유지결합에 의한 부착
③ 분자 간 인력에 의한 부착
④ 기계적(단순) 부착

04 **탱크에 있는 용제가 펌프 기능이 양호한 액심도 3까지 도달하는 소요시간은?**

① 45초 이내　② 45~60초
③ 60~120초　④ 120초 이상

해설 45초 이내 양호 〉 60초 이내 한계 〉 60초 이상 불량

05 **석유계 용제의 단점이 아닌 것은?**

① 세정력이 약하다.
② 인화에 의한 폭발이나 화재의 위험이 있다.
③ 의류에 냄새가 남을 수 있다.
④ 독성이 약하고 값이 싸다.

해설 독성이 약하고 값이 싼 것은 장점이다.

06 **유기용제 중 달콤한 자극성 냄새를 띤 무색 액체로서 유지 · 수지류에 대한 용해력이 가장 우수한 것은?**

① 클로로벤젠　② 메틸알코올
③ 에틸에테르　④ 아세톤

해설 에틸에테르 : 인화성이 크고 마취제로도 사용함

07 다음 중 흡착제이면서 탈색력이 뛰어난 청정제는?

① 여과제 ② 활성탄소
③ 경질토 ④ 알루미나겔

해설 활성탄소(숯)는 흡착력과 탈색력이 우수(탈**산**, 탈**취** = **알**루미나겔, **경**질토)
암기법 산 취 = 알 경

08 용제의 세척력을 결정해 주는 요소가 아닌 것은?

① 농도 ② 비중
③ 용해력 ④ 표면장력

해설 비중이 무거울수록, 표면장력이 작을수록, 용해력이 클수록 세척력이 커진다.

09 다음 중 오염 제거가 가장 까다로운 섬유는?

① 양모 ② 마
③ 아세테이트 ④ 견

해설 (오염 **제**거 잘되는 순서 : **양**모 → **나**일론 → **비**닐론 → **아**세테이트 → **면** → **레**이온 → **마** → **비**단)
암기법 제 양 나 비 아 면 레 마 비

10 살충력은 크지 않으나 벌레가 그 냄새를 기피하게 되어 방충 효과를 나타내는 방충제는?

① 나프탈렌 ② 실리카겔
③ 염화칼슘 ④ 과산화수소

해설 나프탈렌은 가스가 기화되어 벌레가 냄새를 기피한다.

11 보일러 사용 시 온도 99.1℃에서의 증기압은?

① $1kg/cm^2$ ② $2kg/cm^2$
③ $3kg/cm^2$ ④ $4kg/cm^2$

12 석유계 용제의 클리닝 처리 방법에 대한 설명으로 틀린 것은?

① 비중이 높아 견과 같이 약하고 섬세한 의류의 드라이클리닝에 적합하다.
② 세정시간은 소프의 세정작용이 골고루 미치는 20~30분이 적합하다.
③ 온도가 높으면 화재의 위험이 있어 방폭설비를 갖추어야 한다.
④ 가연성이며 용해력이 약하다.

해설 비중이 적어 독성이 약해서 섬세한 의류에 적합하다.

13 수용성 오점 제거 방법으로 틀린 것은?

① 일반적으로 묻은 직후에는 물만으로도 제거된다.
② 석유계 용제 또는 합성 용제를 사용한다.
③ 시간이 경과한 것은 물과 알칼리성 또는 중성세제로 제거될 수 있다.
④ 너무 오래된 것은 공기 중에서 변질, 고착되므로 표백 처리가 필요할 수도 있다.

14 마찰이나 물리적 작용으로 직접 오염이 부착하거나 중력 등에 의하여 오염 입자가 침전하여 피복의 표면에 부착되는 오점의 부착 상태는?

① 정전기에 의한 부착
② 기계적 부착
③ 화학결합에 의한 부착
④ 분자 간 인력에 의한 결합

해설 물리적 부착 = 기계적 부착 = 단순부착 → 솔질로 쉽게 제거

15 **다음 중 재오염의 원인이 아닌 것은?**

① 부착 ② 흡착
③ 염착 ④ 접착

해설 재오염 = 역오염 = 부착, 흡착, 염착

16 **세탁물 접수 시 확인해야 할 사항이 아닌 것은?**

① 얼룩의 부착시기
② 의복의 파손 여부
③ 클리닝의 대상 여부
④ 의복의 잔존가치 여부

17 **비누가 해당되는 계면활성제는?**

① 음이온 계면활성제
② 양이온 계면활성제
③ 양성 계면활성제
④ 비이온 계면활성제

해설 세척력이 높아 대부분 계면활성제가 속한다.

18 **워싱 서비스(Washing Service)의 가장 기본적인 서비스에 해당되는 것은?**

① 청결 서비스 ② 보전 서비스
③ 패션성 제공 ④ 기능성 부여

해설 워싱 서비스 = 청결 = 기능 회복

19 **다음 중 세탁 시 가장 알맞은 세탁용수는?**

① 연수 ② 경수
③ 해수 ④ 지하수

해설 금속 성분(Ca, Mg, Fe)이 없는 단물(연수)

20 **염소계 표백제인 아염소산나트륨으로 표백하기에 부적합한 섬유는?**

① 셀룰로스 섬유 ② 단백질 섬유
③ 폴리에스테르 ④ 아크릴

해설 염소계 표백제는 단백질 섬유(모, 견)나 수지가공 면제품을 황변시킨다.

21 **다림질 방법의 설명으로 틀린 것은?**

① 광택을 필요로 하는 옷은 다리미판을 딱딱한 것으로 사용한다.
② 풀먹인 직물은 너무 고온처리하면 황변할 수 있다.
③ 다림질은 나가는 방향의 앞쪽에 힘을 주어야 잔주름이 생기지 아니한다.
④ 색깔이 있는 직물은 변색 여부를 살핀다.

해설 앞쪽에 힘을 주면 잔주름이 생긴다.

22 **론드리 기계 종류의 설명으로 옳은 것은?**

① 텀블러 – 많은 수의 작은 구멍이 있는 내통을 고속으로 회전시켜 물을 털어낸다.
② 원심탈수기 – 열풍을 불어 넣으면서 내통을 회전시켜서 건조하는 기계이다.
③ 워셔 – 마무리 다림질한 물품을 접어 넣는 기계이다.
④ 면 프레스기 – 캐비넷형과 시어즈형이 있다.

23 **물리적 얼룩 빼기 방법이 아닌 것은?**

① 기계적 힘을 이용하는 방법
② 분산법
③ 표백제법
④ 흡착법

[해설] 화학적 얼룩 빼기 : 산법, 알칼리법, 표백제법, 효소법

24 웨트클리닝에서 주의해야 할 점이 아닌 것은?

① 세탁 전에 색 빠짐, 형태 변형, 수축성 여부를 조사한다.
② 수축되기 쉬운 것은 치수를 재어 놓는다.
③ 색이 빠지기 쉬운 것은 한 점씩 빤다.
④ 핸드백은 용제나 물에 담구어 처리한다.

[해설] 용제나 물에 담구어 처리하면 수축, 경화된다.

25 센물을 단물로 바꾸는 방법으로 가정에서 쉽게 할 수 있는 것은?

① 이온교환수지법
② 끓이는 법
③ 산을 가하는 법
④ 알칼리를 가하는 법

26 클리닝 처리를 하기 전 우선적으로 점검해야 할 사항이 아닌 것은?

① 섬유의 조직
② 가공의 유무
③ 클리닝 처리 방법
④ 천의 구조

[해설] 섬유조직, 가공 유무, 천의 구조, 특수 염색 상태 등을 점검

27 유용성 오점을 제거하는 방법으로 틀린 것은?

① 석유계 용제 또는 합성 용제를 사용한다.
② 일반적으로 묻은 즉시 물만으로 제거한다.
③ 오점을 용해시켜 밑의 깔개천으로 이동시켜 흡수시킨다.
④ 수용성 잔류물은 물과 세제로 처리한다.

[해설] ②는 수용성 오염에 대한 방법이다.

28 재료의 성분에 따라 벤젠을 묻혀서 닦아 주거나 알코올을 묻혀서 닦아 주면 말끔히 제거할 수 있는 얼룩은?

① 혈액 ② 우유
③ 접착제 ④ 싸인펜

[해설] 유성싸인펜 → 벤젠, 수성싸인펜 → 알코올

29 다림질의 3대 요소가 아닌 것은?

① 온도 ② 압력
③ 시간 ④ 수분

[해설] 다림질의 3대 요소 : 온도, 압력, 수분

30 기름에 대한 용해도가 적정하고 안정적이며, 휘발성도 적정하여 드라이클리닝 용제로서 널리 사용되는 것은?

① 퍼클로로에틸렌 ② 불소계 용제
③ 석유계 용제 ④ 트리클로로에틸렌

[해설] 석유계 용제가 가장 많이 사용된다.

31 약한 처리의 물세탁으로 까다로운 의류를 물세탁하기 위한 고급 세탁 방법은?

① 드라이클리닝 ② 론드리
③ 워셔 ④ 웨트클리닝

[해설] 웨트클리닝은 손, 솔, 기계 등을 사용한다.

32 **드라이클리닝 마무리기계 중 폼모형에 해당되는 것은?**

① 만능프레스 ② 인체프레스
③ 스팀보드 ④ 스팀박스

해설 • 폼모형 인체프레스 : 상의, 코트
• 폼모형 팬츠토퍼 : 하의

33 **주로 유럽에서 사용되고 있는 형식으로 액량비가 적어야 하고 저포성 세제를 사용하는 세탁기는?**

① 교반식 세탁기
② 드럼식 세탁기
③ 이조식 수동세탁기
④ 일조식 전자동세탁기

해설 드럼식 세탁기는 거품이 적게 생기는 저포성 세제를 사용한다.

34 **다음 중 론드리용 기계 형태가 아닌 것은?**

① 사이드로딩(Side Loading)형
② 킬달(Kieldahl)형
③ 워셔(Washer)형
④ 엔드로딩(End Loading)형

해설 론드리용 기계 : 사이드로딩형, 엔드로딩형, 워셔형

35 **론드리의 장점으로 틀린 것은?**

① 세탁 온도가 높아 세탁 효과가 좋다.
② 알칼리제를 사용하므로 오점이 잘 빠진다.
③ 마무리에 상당한 시간과 기술이 필요 없다.
④ 표백이나 풀먹임이 효과적이며 용이하다.

해설 마무리에 시간과 기술이 필요하다.

36 **처리 시간이 짧고, 부드러우며, 색은 청색이어서 원하는 색으로 염색할 수 있어 의복재료로 사용하는 피혁 제조 방법은?**

① 크롬법 ② 탄닌법
③ 명반법 ④ 기름법

37 **섬유의 물세탁 방법에 관한 표시기호에 대한 설명으로 틀린 것은?**

① 물의 온도는 30℃를 표준으로 한다.
② 약하게 손세탁할 수 있다.
③ 세탁기로 세탁할 수 있다.
④ 세제는 중성세제를 사용한다.

해설 대야를 표시한 것은 세탁기계에 의한 세탁 불가를 뜻한다.

38 **실의 번수에 대한 설명으로 틀린 것은?**

① 실의 굵기를 나타내는 수치이다.
② 항중식 번수, 항장식 번수, 공통식 번수 등으로 구분하고 있다.
③ 이온교환수지에 실의 굵기를 통과시키는 방법으로 구분한다.
④ 공통식 번수는 필라멘트사, 방적사 모두 사용한다.

39 **견섬유에 대한 설명 중 틀린 것은?**

① 단백질 섬유이다.
② 다른 섬유에 비하여 내일광성이 우수하다.

③ 알칼리에 약해서 강한 알칼리에 의하여 쉽게 손상된다.
④ 곰팡이 등의 미생물에 대해서는 비교적 안정하다.

해설 견섬유는 햇볕에 약하다.

40 다음 중 개버딘이 해당되는 직물 조직은?

① 평직 ② 능직
③ 수자직 ④ 익조직

해설 능직 : **데**님, **개**버딘, **서**지
암기법 데 개 서

41 피혁의 결점에 대한 설명으로 틀린 것은?

① 열에 약해서 55℃ 이상에서는 굳어지고 수축된다.
② 인장, 굴곡, 마찰에 견디기 어렵다.
③ 염색견뢰도가 나빠서 일광에 의해 퇴색되기 쉽다.
④ 곰팡이가 생기기 쉽다.

해설 인장, 굴곡, 마찰에 강하다.

42 부직포 심지의 특성으로 틀린 것은?

① 직물 심지에 비해 가볍다.
② 직물 심지에 비해 건조가 잘되고 구김이 덜 생긴다.
③ 드라이클리닝에 의해 재오염되기 쉬운 성질을 갖고 있다.
④ 접착 심지의 경우 다림질을 했을 때 표면에 수지가 새어 나오지 않는다.

해설 드라이클리닝에 재오염되지 않는 장점이 있다.

43 면섬유의 성질로 옳은 것은?

① 산에 강하다.
② 알칼리에 강하다.
③ 탄성이 좋다.
④ 열에 대단히 약하다.

해설 식물성 섬유(면, 마)는 열과 알칼리에 강하다.

44 합성섬유에 대한 설명 중 옳은 것은?

① 합성섬유는 여러 가지 종류가 있으나 세탁의 성질은 똑같으므로 주의할 필요가 없다.
② 합성섬유는 열가소성이 크고 열에 약하다.
③ 합성섬유는 일반적으로 유성오염에 예민하나 피지 등에는 오염되지 않는다.
④ 합성섬유는 세탁 시 고온건조 처리를 하여도 변형이 일어나지 않는다.

해설 합성섬유는 열에 약하고 열가소성이 있다.

45 섬유의 분류에서 천연 섬유에 해당되지 않는 것은?

① 셀룰로스 섬유 ② 단백질 섬유
③ 광물성 섬유 ④ 재생 섬유

해설 천연 섬유 : 식물성, 동물성, 광물성 섬유가 있다.

46 셀룰로스 섬유를 반응성 염료로 염색할 때 일어나는 섬유와 염료와의 결합 현상은?

① 공유결합 ② 배위결합
③ 수소결합 ④ 반데르발스결합

해설 • 직접 염료 → 수소결합
• 반응성 염료 → 공유결합

47 **면섬유의 중공에 대한 설명 중 틀린 것은?**

① 미성숙한 섬유에 발달되어 있다.
② 제2차 세포막의 안층이다.
③ 보온성이 좋다.
④ 전기절연성이 크다.

해설 중공은 성숙한 섬유에 잘 발달되어 있다.

48 **염색 견뢰도에 대한 설명 중 틀린 것은?**

① 옷이 염색된 염료가 일광이나 세탁, 기타 여러 가지 처리에 견디는 능력을 견뢰도라 한다.
② 견뢰도는 염료의 종류에 따라 각각 다르다.
③ 견뢰도 판정은 오염을 판정할 때 사용되는 표백색표에 비교한다.
④ 견뢰도의 등급 숫자가 낮을수록 견뢰도가 우수하다.

해설 일광(1~8등급), 세탁(1~5등급), 마찰(1~5등급) : 등급숫자가 낮을수록 견뢰도가 나쁘다.

49 **다음 중 클리닝 대상품이 아닌 것은?**

① 인테리어 제품　② 피혁
③ 모피　④ 물세탁

50 **양모의 축융성을 이용하여 만든 피륙은?**

① 부직포　② 레이스
③ 편성물　④ 펠트

해설 펠트는 양모의 스케일로 인한 축융성을 이용하여 만든다.

51 **섬유제품의 표시에서 방모제품의 경우 혼용률 허용 공차는?**

① 1%　② 3%
③ 5%　④ 7%

해설 소모 −3%, 방모 5%, 혼방 ±5%, 그 외 −1%

52 **다음 합성섬유 중 성질이 틀린 것은?**

① 폴리에스테르 – 내약품성이 좋다.
② 아크릴 – 내일광성이 좋다.
③ 나일론 – 탄성회복률이 크다.
④ 폴리프로필렌 – 흡습성이 크다.

해설 합성섬유는 흡습성이 낮아 보풀이 잘 일어난다.

53 **다음 중 섬유의 분류가 틀린 것은?**

① 식물성 섬유 – 마
② 동물성 섬유 – 견
③ 재생섬유 – 비스코스레이온
④ 광물성 섬유 – 양모

해설 광물성 섬유는 석면이 있다.

54 **면섬유의 염색에 가장 많이 사용되는 염료는?**

① 산성 염료　② 분산 염료
③ 염기성 염료　④ 반응성 염료

해설 면섬유, 마, 레이온 ─ 연한 색 → 직접 염료 / 중색 이상 → 반응성, 배트 염료 / 검정색 → 황화 염료

55 **염료, 조제 그리고 호료를 배합한 날염호로 직물의 표면에 무늬를 날인한 후 증기로 쪄서 염료를 섬유의 내부까지 침투 · 염착시키는 염색법은?**

① 착색발염법　② 발염법
③ 직접날염법　④ 방염법

56 **공중위생감시원의 자격 · 임명 · 업무범위 기타 필요한 사항은 어느 령으로 정하는가?**

① 대통령령　　② 국무총리령
③ 도지사령　　④ 보건복지부장관령

57 **공중위생영업을 하고자 하는 자가 보건복지부령이 정하는 중요사항을 변경신고하지 않았을 때의 벌칙은?**

① 1년 이하의 징역 또는 300만 원 이하의 벌금
② 6월 이하의 징역 또는 500만 원 이하의 벌금
③ 1년 이하의 징역 또는 1천만 원 이하의 벌금
④ 1년 이하의 징역 또는 500만 원 이하의 벌금

해설 중요사항을 변경신고 안 하면 6월 이하의 징역 또는 500만 원 이하의 벌금이다.

58 **위생서비스수준의 평가에 대한 설명으로 틀린 것은?**

① 시 · 도지사는 공중위생영업소의 위생관리수준을 향상시키기 위하여 위생서비스 평가계획을 수립한다.
② 시장 · 군수 · 구청장은 평가계획에 따라 관할지역별 세부 평가계획을 수립한 후 공중위생 영업소의 위생서비스수준을 평가하여야 한다.
③ 위생서비스평가의 전문성을 높이기 위하여 필요하다고 인정하는 경우에는 관련 전문기관 및 단체로 하여금 위생 서비스 평가를 실시하게 할 수 있다.
④ 위생서비스평가의 주기 · 방법, 위생관리등급의 기준 기타 평가에 관하여 필요한 사항은 시 · 도지사령으로 정한다.

해설 방법, 절차 등은 시행규칙(보건복지부령)으로 정한다.

59 **다음 중 공중위생관리법 시행규칙이 해당되는 것은?**

① 부령　　② 훈령
③ 고시　　④ 예규

해설 공중위생관리법(법률) → 시행령(대통령령) → 시행규칙(보건복지부령)

60 **공중위생관리법상 위생교육을 받아야 하는 자에 대한 위생교육의 방법 · 절차 등에 관하여 필요한 사항은 어느 령으로 정하는가?**

① 대통령령　　② 보건복지부령
③ 국무총리령　　④ 고용노동부령

해설 방법, 절차는 보건복지부령(시행규칙)으로 정한다.

세탁기능사 답안(2011년 2회)

1	2	3	4	5	6	7	8	9	10
①	③	①	①	④	③	②	①	④	①
11	12	13	14	15	16	17	18	19	20
①	①	②	②	④	④	①	①	①	②
21	22	23	24	25	26	27	28	29	30
③	④	③	④	②	③	②	④	③	③
31	32	33	34	35	36	37	38	39	40
④	②	②	②	③	①	③	③	②	②
41	42	43	44	45	46	47	48	49	50
②	③	②	②	④	①	①	④	④	④
51	52	53	54	55	56	57	58	59	60
③	④	④	④	③	①	②	④	①	②

2011년도 기능사 제4회 필기시험

자격종목	품목코드	시험시간	형별	수험번호	성 명
세탁기능사					

01 흡착제와 용제의 접촉이 길어 청정능력이 높아 가장 많이 사용되는 세정액의 청정장치는?

① 카트리지식 ② 청정통식
③ 증류식 ④ 필터식

해설 • **청**정통식은 **오**래 사용
• **카**드리지식은 **많**이 사용
암기법 청오카많

02 다음 중 드라이클리닝 용제 선택의 조건이 아닌 것은?

① 오염물질을 용해 분산하는 능력이 커야 한다.
② 건조가 쉽고 세탁 후 냄새가 없어야 한다.
③ 인화성이 있거나 독성이 강해야 한다.
④ 회수, 정제가 용이해야 한다.

해설 인화점이 낮거나 불연성, 독성이 약해야 한다.

03 직물에 영구적인 가공 효과를 부여하여 방충 효과를 나타내는 가공제는?

① 아레스린
② 장뇌
③ 파라디클로로벤젠
④ 나프탈렌

해설 • 가정용 : **장**뇌, **나**프탈렌, **파**라디클로로벤젠
암기법 장나파
• 가공용 : **아**레스린, **가**스나, **디**엘드린, **오**일란
암기법 아가디오

04 드럼식 세탁기에 가장 적합한 세제는?

① 저포성 세제 ② 합성 세제
③ 농축 세제 ④ 약알칼리성 세제

해설 드럼식은 거품이 적은 저포성 세제를 사용한다.

05 석유계 용제의 장점 중 틀린 것은?

① 기계 부식에 안전하다.
② 독성이 약하고 값이 싸다.
③ 약하고 섬세한 의류에 적당하다.
④ 세정시간이 짧다.

해설 세정시간이 20~30분으로 가장 길다.

06 청정제 종류와 뛰어난 성질과의 관계가 틀린 것은?

① 활성탄소 – 탈취
② 실리카겔 – 탈산
③ 알루미나겔 – 탈취
④ 산성백도 – 탈색

해설 실리카겔은 탈수, 탈색제이다.

07 **세정액의 청정장치 중 여과지와 흡착제가 별도로 되어 있고 여과 면적이 넓고 흡착제의 양이 많아 오래 사용하는 것은?**

① 필터식 ② 청정통식
③ 카트리지식 ④ 증류식

해설 • **청**정통식은 **오**래 사용
• **카**드리지식은 **많**이 사용
• **증**류식은 **오**염이 심할 때
암기법 청오카많증오

08 **오점의 부착 상태 분류가 아닌 것은?**

① 기계적 부착
② 역학적 시험에 의한 부착
③ 정전기에 의한 부착
④ 유지결합에 의한 부착

해설 오점 · 부착 → **기**계적, **정**전기, **화**학, **유**지결합, **분**자 간
암기법 기정화유분

09 **다음 중 보일러의 고장이 아닌 것은?**

① 수면계에 수위가 나타나지 않는다.
② 보일러의 본체에서 증기나 물이 샌다.
③ 부글부글 물이 끓는 소리가 난다.
④ 작동 중 불이 꺼진다.

10 **클리닝 대상품에 대한 사무진단의 포인트가 아닌 것은?**

① 물품의 종류, 수량, 색상 등을 세탁물 인수증에 기입한다.
② 단춧구멍과 숫자 등도 정확하게 기입한다.
③ 있어야 할 벨트, 견장 등이 없을 때는 명기하지 않아도 된다.
④ 부속품이 특수한 색상일 경우에는 색상도 기재한다.

해설 부속품(벨트, 견장) 유무는 중요한 사무진단이다.

11 **계면활성제의 종류에 해당되지 않는 것은?**

① 음이온계 계면활성제
② 중이온계 계면활성제
③ 양이온계 계면활성제
④ 비이온계 계면활성제

12 **클리닝의 일반적인 효과가 아닌 것은?**

① 오염 제거로 위생수준 유지
② 다량의 세제 사용으로 오염 향상
③ 세탁물의 내구성 유지
④ 고급의류의 패션성 보전

해설 **일**반적 효과 → **위**생성, **내**구성, **패**션성
암기법 일위내패

13 **다음 중 수용성 오점에 해당되는 것은?**

① 식용유 ② 점토
③ 간장 ④ 왁스

14 **다음 중 곰팡이의 발육이 가능한 습도와 온도 범위는?**

① 20% 이상의 습도, 15~40℃의 온도
② 10% 이상의 습도, 15~40℃의 온도
③ 20% 이상의 습도, −15~15℃의 온도
④ 10% 이상의 습도, −15~15℃의 온도

15 기술진단의 포인트에 해당되지 않는 것은?

① 형태의 변형 ② 가공표시
③ 얼룩 ④ 부속품의 유무

16 다음 중 계면활성제의 세정 작용에서 일어나는 작용이 아닌 것은?

① 침투 작용 ② 증류 작용
③ 분산 작용 ④ 습윤 작용

해설 직접작용 : **습**윤 → **침**투 → **유**화, **분**산 → **가**용화 → **기**포 → **세**척
암기법 습 침 유 분 가 기 세

17 보일러의 온도가 132.9℃일 때 보일러의 압력은?

① 2.0kg/㎠ ② 3.0kg/㎠
③ 4.0kg/㎠ ④ 5.0kg/㎠

18 방오가공에 대한 설명 중 틀린 것은?

① 세탁 시 재오염 방지와 오물의 탈락을 쉽게 하는 가공이다.
② 직물에 발수성과 발유성을 부여하는 가공이다.
③ 가공 약제로는 각종 불소계 수지를 사용한다.
④ 섬유제품이 물에 젖거나 침투, 흡수하는 것을 방지하는 가공이다.

해설 ④는 방수가공이다.

19 계면활성제의 성질 중 틀린 것은?

① 물과 공기 등에 흡착하여 계면장력을 저하시킨다.
② 분자가 모여 미셀을 형성한다.
③ 기포성이 증가하고 세척작용을 향상시킨다.
④ 최소 3개의 분자 내에서 친수기와 친유기를 가진다.

해설 1개의 분자 내에서 친수기, 친유기를 갖는다.

20 직물에 유연처리를 하여 정전기의 발생을 방지하는 가공은?

① 방충가공 ② 대전방지가공
③ 푸새가공 ④ 방습가공

해설 대전방지가공 = 정전기방지가공

21 론드리 공정 중 산욕을 하는 이유로 옳은 것은?

① 재오염 방지 ② 세탁시간 단축
③ 황변 방지 ④ 표백작용

해설 산욕 효과 → 알칼리 중화, 살균소독, 황변 방지, 상가용성 얼룩 제거

22 세탁물 소재의 마무리 가공 목적이 아닌 것은?

① 소재의 기능을 보다 더 향상시킨다.
② 소재의 결점을 보완한다.
③ 소재에 새로운 기능을 부여한다.
④ 소재에 영구적인 성능을 주기 위하여 형상을 바꾼다.

해설 영구적 성능으로 형상을 바꾸는 것은 재단, 봉제를 말한다.

23 공기의 압력과 스팀을 이용하여 오점을 불어 제거하는 얼룩 빼기 기계는?

① 에어스포팅 ② 플라스틱주걱
③ 초음파얼룩제거기 ④ 스팟팅머신

해설 스팟팅머신 : 압력과 스팀을 이용한 오점 제거 기계

24 다음 중 얼룩 빼기의 약제가 아닌 것은?

① 휘발유
② 아세트산
③ 차아염소산나트륨
④ 녹말풀

해설 녹말풀은 풀먹임 재료이다.

25 드라이클리닝의 단점으로 틀린 것은?

① 형태 변화가 크다.
② 재오염되기 쉽다.
③ 수용성 얼룩은 제거가 곤란하다.
④ 용제가 고가이다.

해설 형태 변화와 이염이 적은 것이 장점이다.

26 열풍을 불어넣으면서 내통을 회전시켜서 세탁물과 열풍의 접촉을 이용하여 건조하는 기계는?

① 워셔　② 원심탈수기
③ 텀블러　④ 면프레스기

해설 열풍건조 → 텀블러

27 드라이클리닝에 대한 설명 중 틀린 것은?

① 알칼리제, 비누 등을 사용하여 온수에서 워셔로 세탁하는 세정작용이 가장 강한 방법이다.
② 사전 얼룩 빼기와 용제 관리의 기술이 필요하다.
③ 섬유의 종류, 오염의 정도에 따라 용제의 종류와 세제를 적절히 선택하는 것이 바람직하다.
④ 용제의 관리가 제대로 되지 않으면 드라이클리닝으로 인하여 흰색이나 엷은 색 옷은 더 더러워지는 경우도 있다.

해설 ①은 론드리 세탁이다.

28 다음 중 드라이클리닝을 필요로 하지 않는 섬유소재는?

① 양모　② 견
③ 아세테이트　④ 면

해설 면은 대표적인 론드리 대상품이다.

29 웨트클리닝 처리법 중 탈수와 건조에 대한 설명으로 틀린 것은?

① 탈수 시 형의 망가짐에 유의하고 가볍게 원심 탈수한다.
② 늘어날 위험이 있는 것은 둥글게 말아서 말린다.
③ 색빠짐의 우려가 있는 것은 타월에 싸서 가볍게 손으로 눌러 빤다.
④ 가급적 자연 건조한다.

해설 늘어날 위험이 있는 것은 뉘어서 펴서 말린다.

30 다음 중 웨트클리닝 대상품으로 가장 적절한 의류는?

① 순모 상의　② 오리털 점퍼
③ 실크 블라우스　④ 면 와이셔츠

31 경수(센물)에 대한 설명 중 틀린 것은?

① 칼슘, 마그네슘, 철 등의 금속이 함유되어 있는 물이 센물이다.

② 센물로 세탁하게 되면 세탁과정 중 불용성 비누가 의복에 잔존할 수도 있어 의복의 촉감이 불량해지는 원인이 되기도 한다.
③ 센물에 포함되어 있는 금속 성분은 비누와 결합하여 비누의 성능을 떨어지게 하므로 비누의 손실이 많아짐은 물론 세탁 효과도 저하시킨다.
④ 끓이기만 하면 센물로 바꾸는 것을 가정에서 쉽게 할 수 있다.

해설 경수(센물)를 연수(단물)로 바꾸는 법
① 끓이기, ② 알칼리 첨가, ③ 이온교환 수지법

32 **다음 중 웨트클리닝을 해야 하는 것이 아닌 것은?**

① 합성피혁제품
② 안료염색된 의복
③ 고무를 입힌 의복
④ 슈트나 한복

해설 모, 견, 슈트, 한복, 아세테이트는 드라이클리닝이 안전하다.

33 **얼룩 빼기 기계와 기구를 구분하였을 때 얼룩 빼기 기구에 해당하지 않는 것은?**

① 제트스포트 ② 브러시
③ 인두 ④ 분무기

해설 얼룩 빼기 기계 → 스팟팅머신, 제트스포트, 초음파세정기

34 **론드리용 기계 중 와이셔츠나 코트류를 마무리하기 위해 만들어진 것은?**

① 워셔 ② 원심탈수기
③ 면 프레스기 ④ 텀블러

35 **다음 중 다림질 작업 시의 주의점으로 틀린 것은?**

① 보일러의 물을 자주 교체하여 다리미에서 녹물이 나오지 않도록 한다.
② 진한 색상의 의복은 섬유 소재에 관계없이 천을 덮고서 다린다.
③ 편성물은 인체프레스기를 사용하면 회복불가 정도로 늘어진다.
④ 섬유의 적정온도보다 다리미 온도가 낮으면 황변이 일어날 수 있다.

해설 온도가 높으면 황변된다.

36 **다음 중 산성 염료에 가장 염색이 불량한 섬유는?**

① 양모 ② 견
③ 나일론 ④ 면

해설 산성인 모, 견, 동물성 아미노기가 있는 나일론은 산성 염료가 적합하다.

37 **견과 같은 광택과 촉감을 가져 안감에 많이 사용되나 마찰과 당김에는 약하며, 흡습성이 적고, 다리미 얼룩이 잘 남으며, 땀인 가스에 의해 변색되기 쉬운 섬유는?**

① 나일론 ② 비스코스레이온
③ 폴리에스테르 ④ 아세테이트

해설 아세테이트는 다리미 얼룩이 남으며, 땀과 가스에 변색이 잘된다.

38 **양모섬유에 대한 설명으로 틀린 것은?**

① 탄성 회복률이 우수하다.
② 일광에 의해 황변되면서 강도도 줄어든다.
③ 열전도율이 적어서 보온성이 좋다.

④ 염색이 어려워 좋은 견뢰도를 얻을 수 없다.

해설 산성, 산성매염염료로 견뢰도가 높다.

39 **천연피혁에서 표피층 아래 부분으로 원피 두께의 50% 이상을 차지하며 제혁작업 후 최종까지 남아서 피혁이 되는 중요한 부분은?**

① 진피 ② 표피
③ 피하조직 ④ 하이드

해설 표피 : 각질화, 진피 : 50% 이상 차지, 피하조직 : 근육과 껍질을 연결

40 **면린터나 목재펄프를 빙초산, 무수초산, 초산 등으로 처리하여 건식 방사법으로 만들어낸 섬유는?**

① 아세테이트
② 폴리에스테르
③ 비스코스레이온
④ 나일론

해설 아세트산, 초산 등을 사용하여 초산셀룰로스라 부르기도 한다.

41 **나일론 섬유의 특징으로 틀린 것은?**

① 정전기가 잘 생긴다.
② 보푸라기가 잘 생긴다.
③ 빨래가 쉽게 마른다.
④ 내일광성이 우수하다.

해설
- 내일광성 : 아크릴 〉 폴리에스테르 〉 나일론
- 내구성 : 나일론 〉 폴리에스테르 〉 아크릴

42 **연소 시 딱딱한 덩어리의 재가 남고 약간 달콤한 냄새가 나는 섬유는?**

① 아세테이트 ② 비스코스레이온
③ 면 ④ 폴리에스테르

43 **셀룰로스의 화학구조식으로 옳은 것은?**

① $[C_6H_7O_5(OH)_3]n$.
② $[C_6H_7O_3(OH)_3]n$.
③ $[C_6H_7O_2(OH)_3]n$.
④ $[C_6H_5O_2(OH)_3]n$.

해설 면섬유 화학구조식은 $C_6H_{10}O_5$이다.

44 **다음 중 천연피혁의 종류가 아닌 것은?**

① 생피 ② 스웨이드
③ 은면 스웨이드 ④ 시프스킨

해설 시프스킨(Seepskin) : 양털이 그대로 있는 가죽

45 **다음 중 재생섬유의 주원료에 해당되는 것은?**

① α-셀룰로스
② β-셀룰로스
③ 헤이 셀룰로스
④ 리그노 셀룰로스

해설 재생섬유의 주원료 : α-셀룰로스

46 **가죽처리 공정 중 가죽의 촉감 향상을 위하여 털과 표피층, 불필요한 단백질, 지방과 기름 등을 제거하는 공정은?**

① 유성 ② 산에 담그기
③ 회분 빼기 ④ 석회 침지

해설 석회가루가 알칼리성 → 단백질, 지방 제거

47 다음 중 편성물의 장점으로 틀린 것은?

① 마찰강도가 좋다.
② 신축성이 좋고 구김이 생기지 아니한다.
③ 함기량이 많아 가볍고 따뜻하다.
④ 유연하다.

해설 마찰강도가 약한 것이 단점이다.

48 의류의 조성표시에서 혼용률을 표시하지 않고 소재명만으로 가능한 혼용률의 범위는?

① ±1%　② ±3%
③ ±5%　④ ±10%

해설 소모 -3%, 방모 -5%, 기타 -1%, 혼방 ±5%

49 합성섬유 중 내일광성이 가장 우수한 섬유는?

① 나일론　② 폴리에스테르
③ 아크릴　④ 스판덱스

해설 내일광성 우수 → 커튼, 보온성 우수 → 내복지

50 다음 중 평직물에 해당되는 것은?

① 광목　② 서지
③ 공단　④ 벨벳

해설 평직물 : **광**목, **옥**양목, **포**플린
암기법 광옥포

51 생피를 가죽으로 가공하는 것을 의미하는 것은?

① 유성　② 수적
③ 염색　④ 가재

해설 생피를 가죽으로 만드는 것을 유성, 레더라 한다.

52 면섬유의 특성이 아닌 것은?

① 알칼리에 강하고 산에 약하다.
② 탄성과 레질리언스가 나쁘다.
③ 열전도율이 커서 보온성이 적다.
④ 열에 약하나 내연성이 좋다.

해설 면섬유는 열에 강하여 삶아 빨아도 좋다.

53 식물성 섬유의 화학적 주성분에 해당되는 것은?

① 케라틴　② 프로테인
③ 세리신　④ 셀룰로스

해설 식물성 섬유 → 셀룰로스

54 다음 중 워시 앤드 웨어성이 가장 우수한 섬유는?

① 비스코스레이온　② 면
③ 양모　④ 폴리에스테르

해설 워시 앤드 웨어성은 씻어서 털어서 바로 입어도 구김이 없는 탄성이 좋은 섬유를 말한다.

55 드라이클리닝의 표시 기호 중 용제의 종류를 퍼클로로에틸렌 또는 석유계를 사용함을 표시한 것은?

①
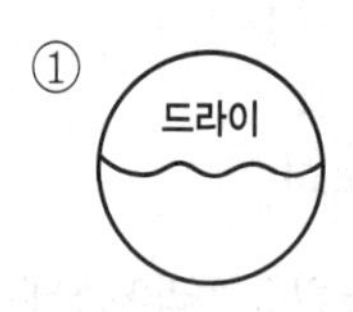

②

③
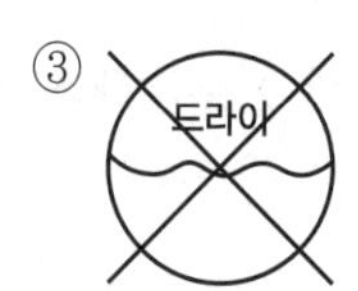

④
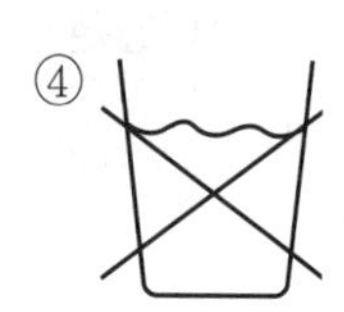

56 **공중위생영업자는 영업소 폐쇄명령이 있은 후 몇 개월이 경과하지 아니한 때에는 누구든지 그 폐쇄 명령이 이루어진 영업장소에서 같은 종류의 영업을 할 수 없는가?**

① 1개월 ② 3개월
③ 6개월 ④ 12개월

해설 6개월 경과 후 같은 종류의 영업을 할 수 있다.

57 **공중위생관리법에 규정된 세탁업의 정의 중 옳은 것은?**

① 세제를 사용하여 의류를 빨아 말리는 영업
② 세제, 용제 등을 사용하여 의류를 원형대로 세탁하는 영업
③ 의류 기타 섬유제품이나 피혁제품 등을 세탁하는 영업
④ 의류 기타 피혁제품을 세탁하거나 끝손질 작업을 하는 영업

58 **공중위생영업의 변경신고에서 보건복지부령이 정하는 중요사항이 아닌 것은?**

① 신고한 영업장 면적의 2분의 1 이상의 증감
② 영업소의 명칭 또는 상호
③ 영업소의 소재지
④ 대표자의 성명

해설 영업장 면적 3분의 1 이상 증감

59 **공중위생영업자의 지위를 승계한 자의 신고 기간으로 옳은 것은?**

① 1주일 이내 ② 10일 이내
③ 2주일 이내 ④ 1월 이내

해설 승계 신고는 1월 내에 시장, 군수, 구청장에게 신고한다.

60 **공중위생관리법상 과징금 산정기준 및 부과에 대한 설명으로 옳은 것은?**

① 영업정지 1월은 30일로 계산한다.
② 영업정지 1일에 해당되는 최저등급 과징금은 50,000원이다.
③ 과징금을 부과할 때 반드시 서면으로 통지할 필요는 없다.
④ 과징금은 가중 또는 감경할 수 없다.

해설 ② 최저등급 과징금은 30,000원이다.
③ 반드시 서면으로 통지한다.
④ 2분의 1 범위 내에서 가중, 감경할 수 있다.

세탁기능사 답안(2011년 4회)

1	2	3	4	5	6	7	8	9	10
①	③	①	①	④	②	②	②	③	③
11	12	13	14	15	16	17	18	19	20
②	②	③	①	④	②	②	④	④	②
21	22	23	24	25	26	27	28	29	30
③	④	④	④	①	③	①	④	②	③
31	32	33	34	35	36	37	38	39	40
④	④	①	③	④	④	④	④	①	①
41	42	43	44	45	46	47	48	49	50
④	④	③	④	①	④	①	③	③	①
51	52	53	54	55	56	57	58	59	60
①	④	④	④	①	③	③	①	④	①

2012년도 기능사 제1회 필기시험

자격종목	품목코드	시험시간	형별	수험번호	성 명
세탁기능사					

01 석유계 용제의 장점으로 옳은 것은?

① 인화점이 낮아 화재 위험이 전혀 없다.
② 기계부식성이 있고 독성이 강하다.
③ 세정시간이 짧다.
④ 약하고 섬세한 의류의 클리닝에 적합하다.

해설 ① 화재 위험이 있어 방폭설비를 해야 한다.
② 기계 부식이 안전하고, 독성이 약하다.
③ 세정시간이 20~30분으로 길다.

02 세탁기에 여과장치가 없거나 용제의 오염이 심할 때 사용되며, 용제 200L에 대하여 활성백토 2.5kg, 탈산제 300~400g, 활성탄소 2.5~5kg를 가하고 잘 섞은 후 4시간 정도 방치하면 정제되는 청정화 방법은?

① 증류법 ② 흡착법
③ 침투법 ④ 침전법

해설 활성백토 → 4시간 방치하는 청정화 방법 → 침적법(침전법)

03 와류식 세탁기에서 세탁효율이 최대가 되는 세제의 농도는?

① 0.05% ② 0.1%
③ 0.2% ④ 0.3%

04 퍼클로로에틸렌 용제에 대한 설명으로 틀린 것은?

① 용제가 무거워 세정 중에 두들기는 힘이 강하다.
② 세정시간은 20~30분이 적합하다.
③ 세정액 온도는 35℃ 이하로 유지시킨다.
④ 의류는 텀블러로 처리하므로 고온 용제의 작용을 받는다.

해설 세정시간은 7분이다.

05 다음 중 기술진단의 포인트가 아닌 것은?

① 마모
② 형태의 변형
③ 얼룩
④ 수량

해설 종류, 수량, 색상 등은 사무진단 사항이다.

06 보일러의 분류 중 수관보일러의 형식에 대당되는 것은?

① 관류식
② 입식
③ 노통식
④ 연관식

해설 수관보일러 : 자연순환색, 강제순환색, 관류식

07 보일러 사용 시 99.1℃에서의 증기압은?

① $0.1kg/cm^2$　② $0.5kg/cm^2$
③ $1.0kg/cm^2$　④ $1.5kg/cm^2$

08 음이온 계면활성제의 설명 중 옳은 것은?

① 세척력이 적어 세제로는 사용되지 않으나 섬유의 유연제, 대전방지제, 발수제 등으로 사용된다.
② 세제로 사용되는 계면활성제는 대부분 음이온 계면활성제이다.
③ 물에 용해되었을 때 해리되어 양이온과 음이온으로 계면활성을 나타내는 것이다.
④ 수산기, 에테르기와 같은 해리되지 않은 친수기를 가진 계면활성제이다.

해설 ① 양이온계, ③ 양성계, ④ 비이온계

09 피복의 오점 부착 상태가 아닌 것은?

① 기계적 부착
② 정전기에 의한 부착
③ 흡착에 의한 부착
④ 유지 결합에 의한 부착

해설 **기**계적, **정**전기, **화**학결합, **유**지결합, **분**자간
암기법 기정화유분

10 더러움이 심한 용제 청정화 방법으로 용제별 적정온도로 회수하는 방법은?

① 여과법　② 흡착법
③ 흡수법　④ 증류법

해설 적정온도로 증류시켜 회수하는 방법은 증류법이다.

11 드라이클리닝용 유기용제가 갖추어야 할 조건이 아닌 것은?

① 독성이 없거나 적을 것
② 표면장력이 작을 것
③ 인화성이 없거나 적을 것
④ 비중이 작을 것

해설 비중이 클수록, 용해력이 클수록, 표면장력이 작을수록 용해력이 우수하다.

12 클리닝 처리 전 사전진단에 관한 사항 중 틀린 것은?

① 고객으로부터 충분한 정보를 얻는다.
② 고객 앞에서 반드시 확인한다.
③ 가능한 한 정밀하게 진단한다.
④ 진단 결과를 고객에게 설명할 필요가 없다.

해설 사전진단은 고객 앞에서 설명해야 고객과의 분쟁을 막을 수 있다.

13 다음 중 비누의 장점이 아닌 것은?

① 세탁 효과가 우수하다.
② 세탁한 직물의 촉감이 양호하다.
③ 합성세제보다 환경 오염이 적다.
④ 가수분해되어 유리지방산을 생성한다.

해설 ④는 비누의 단점이다.

14 다음 중 수용성 오점에 해당되는 것은?

① 유지　② 인주
③ 간장　④ 페인트

해설 수용성 오점 : 술, 땀, 주스, 간장, 커피 등

15 **오점의 종류 중 물에 녹지 않는 오점을 모두 나열한 것은?**

① 수용성 오점
② 수용성 오점, 고체 오점
③ 유용성 오점, 수용성 오점
④ 유용성 오점, 고체 오점

해설 물에 녹지 않는 오점은 유용성 오점, 고체 오점이다.

16 **다음 중 산화표백제에 해당되는 것은?**

① 아황산가스
② 하이드로 설파이트
③ 아염소산나트륨
④ 아황산수소나트륨

해설 **산**화표백제는 **염**소계, **과**산화물계, 환원표백제는 **아**황산가스, **아**황산수소나트륨, **하**이드로 설파이트이다.

암기법 산 염 과 아 하

17 **무색의 결정으로 시판되는 공업용 표백제 아염소산나트륨의 순도 범위는?**

① 70~90% ② 50~70%
③ 30~50% ④ 10~30%

해설 공업용 표백제 아염소산나트륨의 순도 범위는 70~90%이다.

18 **클리닝 서비스의 분류에서 패션케어 서비스(Fashion Care Service)의 설명 중 틀린 것은?**

① 의류의 세정은 물론 의류를 보다 좋은 상태로 보전하고 그 가치와 기능을 유지하도록 제공하는 서비스이다.
② 클리닝도 섬유제품의 소재를 청결히 해주는 단순함에서 고차원적인 기능을 다하는 서비스이다.
③ 옷의 기능도 몸을 보호하기 위해 감싸는 차원에서 사람의 개성, 인품 등을 표현하게 하는 서비스이다.
④ 의류를 중심으로 한 대상품의 가치 보전과 기능 회복이 중요한 포인트인 서비스이다.

해설 가치 보전과 기능 회복 → 워싱 서비스(청결 서비스)

19 **일반적으로 오염이 잘 제거되는 섬유부터 제거되지 않는 섬유의 순서로 나열된 것은?**

① 양모 → 나일론 → 아세테이트 → 면 → 비스코스레이온 → 견
② 양 → 면 → 나일론 → 아세테이트 → 비스코스레이온 → 견
③ 견 → 아세테이트 → 비스코스레이온 → 면 → 나일론 → 양모
④ 견 → 비스코스레이온 → 면 → 아세테이트 → 나일론 → 양모

해설 오염 **제**거 잘되는 순서 : **양**모 → **나**일론 → **비**닐론 → **아**세테이트 → **면** → **레**이온 → **마** → **비**단

암기법 제 양 나 비 아 면 레 마 비

20 **게이지의 압력이 6kg/cm²인 보일러의 절대압력은?**

① 4kg/cm² ② 5kg/cm²
③ 6kg/cm² ④ 7kg/cm²

해설 절대압력 = 게이지 압력 + 1
= 6 + 1 = 7

21 **직물을 다림질할 때의 설명 중 옳은 것은?**

① 견직물은 푸새를 하여 180~210℃에서 다림질을 한다.
② 면직물은 덧헝겊 없이 표면에 직접 다림질을 한다.
③ 양모직물은 80~120℃에서 다림질을 한다.
④ 모든 식물성 섬유는 80~120℃에서 다림질을 한다.

해설 견 120~130℃, 모 130~150℃, 면 180~200℃, 마 180~210℃
아세테이트, **견**, **레**이온, **모**, **면**, **마**
암기법 아견레모면마

22 **드라이클리닝 마무리 기계의 형식과 종류가 옳게 연결된 것은?**

① 스팀형 – 오프세트 프레스
② 프레스형 – 팬츠토퍼
③ 프레스형 – 스팀박스
④ 폼머형 – 인체프레스

해설 폼머형 : 인체프레스 = 상의, 팬츠토퍼 = 하의

23 **드라이클리닝의 전처리제로서 세제 : 물 : 석유계 용제의 비율로 가장 적당한 것은?**

① 1 : 1 : 8　② 1 : 2 : 6
③ 1 : 3 : 8　④ 2 : 7 : 2

24 **다음 중 얼룩 빼기 용구가 아닌 것은?**

① 솔　② 받침판
③ 주걱　④ 다림질판

해설 다림질판은 다림질 기구이다.

25 **드라이클리닝에서 원인을 모르는 얼룩을 제거하려 할 때 제일 먼저 처리할 수 있는 얼룩 빼기 약제는?**

① 유기용제　② 수성세제
③ 산 또는 알칼리　④ 표백제

해설 모르는 얼룩 제거 시 먼저 유기용제를 대본다.

26 **세탁시간에 대한 설명 중 틀린 것은?**

① 와류식 세탁기는 드럼식 세탁기보다는 표준 세탁 시간이 짧다.
② 세탁 시간을 길게 하면 할수록 세탁 효과와 결과는 좋아진다.
③ 드럼식 세탁기는 교반식 세탁기보다 표준 세탁 시간이 길다.
④ 오염 제거에 필요한 시간은 오구의 종류, 세탁 온도, 세탁기의 구조에 따라 달라진다.

해설 세탁 시간이 너무 길어지면 직물의 손상이 커진다.

27 **론드리 공정 중 애벌빨래에 대한 설명이 아닌 것은?**

① 물이나 알칼리 세제로 미리 더러움을 제거한다.
② 애벌빨래에 충분한 세제를 가하지 않으면 오히려 재오염될 가능성이 있다.
③ 전분풀로 가공되어 있는 물품은 애벌빨래하면 전분풀이 떨어진다.
④ 화학섬유 제품은 애벌빨래를 반드시 해야 한다.

해설 화학 섬유 제품은 애벌빨래할 필요 없다.

28 본빨래 시 세제의 가장 적합한 욕비는?

① 1 : 1 ② 1 : 2
③ 1 : 3 ④ 1 : 4

해설 본빨래 시 세제의 적합한 욕비는 1 : 4이다.

29 섬유의 얼룩 빼기 약제와의 반응에 대한 설명 중 틀린 것은?

① 면은 진한 무기산을 사용할 수 없고, 염소계 표백제에는 일반적으로 안정하다.
② 폴리에스테르는 진한 산을 사용할 수 없고, 묽은 산은 주의하여야 한다.
③ 양모는 유기용제에는 안전하고, 염소계 표백제는 사용하지 말아야 한다.
④ 나일론은 진한 알칼리에는 황변할 수 있으므로 주의하여야 한다.

해설 폴리에스테르는 산, 알칼리, 표백제에 안전하다.

30 다음 중 면 소재에 가장 적당한 다림질 온도는?

① 80℃ ② 130℃
③ 180℃ ④ 250℃

해설 **아**세테이트(합성) 100℃ – **견** 120℃ – **레**이온 130℃ – **모** 150℃ – **면** 180℃ – **마** 210℃

암기법 아 견 레 모 면 마

31 다음 중 지우개 고무로 문질러도 상당한 효과가 있는 얼룩은?

① 립스틱 ② 향수
③ 접착제 ④ 기름

해설 립스틱 얼룩에는 지우개가 효과 있다. 메틸알코올(유기용제)이 적합하다.

32 론드리 세탁 시 세제의 가장 적합한 pH 범위는?

① pH 6~7 ② pH 7~8
③ pH 8~9 ④ pH 10~11

해설 론드리는 약알칼리성인 pH 10~11이 적당하다.

33 다림질의 목적이 아닌 것은?

① 디자인 실루엣의 기능을 복원시킨다.
② 소재의 주름살을 펴서 매끈하게 한다.
③ 의복의 필요한 부분에 주름을 만든다.
④ 약품을 사용하여 살균을 하거나 소독한다.

해설 살균, 소독 효과는 있으나 약품 사용은 아니다.

34 론드리의 세탁 순서로 옳은 것은?

① 애벌빨래 → 본빨래 → 헹굼 → 표백 → 산욕 → 풀먹임 → 탈수
② 애벌빨래 → 본빨래 → 표백 → 산욕 → 헹굼 → 풀먹임 → 탈수
③ 애벌빨래 → 본빨래 → 표백 → 헹굼 → 풀먹임 → 산욕 → 탈수
④ 애벌빨래 → 본빨래 → 표백 → 헹굼 → 산욕 → 풀먹임 → 탈수

해설 **애**벌빨래 → **본**빨래 → **표**백 → **헹**굼 → **산**욕 → **풀**먹임 → **탈**수 → **건**조 → **마**무리

암기법 애 본 표 헹 산 풀 탈 건 마

35 **다음 중 세탁물의 오점 제거 방법에 해당되지 않는 것은?**

① 물세탁으로 제거
② 세제로 제거
③ 유기용제로 제거
④ 식물성 기름으로 제거

36 **다음 중 단백질로 되어 있는 섬유는?**

① 재생섬유 ② 합성섬유
③ 식물성 섬유 ④ 동물성 섬유

해설 식물성 섬유 : 셀룰로스, 동물성 섬유 : 단백질

37 **아크릴 섬유의 특성 중 틀린 것은?**

① 합성섬유 중에서 강도가 높은 편이다.
② 제품의 종류에 따라 염색성에 차이가 있다.
③ 벌크 가공이 된 아크릴 섬유는 더욱 좋은 레질리언스를 가지고 있다.
④ 적절한 열처리를 하면 그 형체는 상당한 기간 보존된다.

해설 내구성 : 나일론 〉 폴리에스테르 〉 아크릴

38 **한 올 또는 여러 올의 실을 바늘로 고리를 만들어 얽어 만든 피륙은?**

① 수지직물 ② 편성물
③ 평직물 ④ 능직물

39 **면섬유의 성질에 대한 설명으로 옳은 것은?**

① 강도와 신도는 습윤 상태에서 10~20%가 감소한다.
② 레질리언스가 좋아 형체의 안정성도 좋다.
③ 산에 의해서 쉽게 분해되므로 묽은 무기산에 의해서도 손상된다.
④ 장시간 일광에 노출되면 점차 강도가 늘어난다.

해설 식물성 섬유인 면, 마는 알칼리에 강하고, 산에 약하다.

40 **다음 그림과 같은 기호로 표시된 제품의 취급 방법은?**

① 물세탁을 하지 않는다.
② 물세탁을 낮은 온도에서 한다.
③ 물세탁은 하되 세제를 사용하지 않는다.
④ 드라이클리닝을 하지 말고 중성세제로 물세탁한다.

41 **비스코스레이온의 구조와 성질에 대한 설명 중 틀린 것은?**

① 현미경 관찰 시 단면은 톱날 모양이다.
② 셀룰로스가 주성분이다.
③ 강도는 면보다 나쁘나 흡습성은 우수하다.
④ 정전기가 많이 발생하여 의류의 안감으로 부적합하다.

해설 정전기가 발생하지 않아 안감, 블라우스 등에 사용한다.

42 **다음 중 아마섬유의 구조에 대한 설명으로 옳은 것은?**

① 중공이 있으며 천연 꼬임이 있다.
② 길이 방향으로 줄이 있고 섬유의 단면은 다각형이다.

③ 섬유의 단면은 삼각형이고 길이 방향으로 겉비늘이 있다.
④ 섬유의 단면은 원형 또는 삼각형이고 마디가 있다.

43 **다음 그림에 해당되는 직물조직은?**

① 평직 ② 능직
③ 수자직 ④ 사직

44 **다음 동물성 섬유 중 헤어 섬유가 아닌 것은?**

① 양모 ② 모헤어
③ 캐시미어 ④ 낙타모

45 **다음 중 옷감으로 가장 많이 사용되고 있는 합성 섬유는?**

① 폴리에스테르
② 아크릴
③ 비닐론
④ 폴리프로필렌

해설 전체 생산량 60%로 1위인 섬유는 '폴리에스테르'이다.

46 **다음 중 비중이 가장 작은 섬유는?**

① 폴리아미드계 섬유
② 폴리에스테르계 섬유
③ 폴리우레탄계 섬유
④ 폴리프로필렌계 섬유

해설 비중이 0.91로 물에 뜬다 → 폴리프로필렌계

47 **파스너의 취급에 대한 설명 중 틀린 것은?**

① 클리닝 및 프레스할 때에는 파스너를 열어 놓은 상태에서 한다.
② 슬라이더의 손잡이를 정상으로 해 놓고 프레스한다.
③ 슬라이더에 직접 다림질을 하지 않는다.
④ 프레스 온도는 130℃ 이하로 유지한다.

해설 닫은 상태에서 클리닝, 프레스해야 한다.

48 **다음 중 편성포의 특징에 해당되지 않는 것은?**

① 함기량이 많고 구김이 생기지 않는다.
② 유연하고 신축성이 크다.
③ 강도가 크고 비교적 강직하다.
④ 생산속도가 직물에 비해 빠르다.

해설 편성물은 강도, 마찰에 약하다.

49 **비스코스레이온의 가장 큰 결점은?**

① 흡습성이 좋지 않다.
② 염색성이 나쁘다.
③ 일광에 견디는 힘이 부족하다.
④ 습윤강도가 약하다.

해설 흡습 시 강도가 급격히 저하되므로 비틀어 짜면 안 된다.

50 **양모 섬유의 특성이 아닌 것은?**

① 섬유 중에서 초기탄성률이 작아서 섬유 자체는 유연하고 부드럽다.
② 강도는 천연 섬유 중에서 가장 약하다.
③ 흡습성은 모든 섬유 중에서 가장 큰 섬유이다.

④ 염색성이 우수하여 산성 염료와 분산 염료를 주로 사용한다.

해설 염색은 산성 염료와 반응성 염료를 주로 사용한다.

51 다음 중 능직에 해당되는 직물은?

① 광목 ② 목공단
③ 도스킨 ④ 개버딘

52 다음 마크의 뜻으로 옳은 것은?

① 100% 견제품 ② 100% 양모제품
③ 100% 면제품 ④ 100% 나일론제품

53 다음 중 필라멘트(Filament) 섬유가 아닌 것은?

① 견사 ② 아크릴사
③ 폴리에스테르사 ④ 아마사

해설
• 필라멘트(장섬유) → 견, 재생, 합성섬유
• 방적사(단) → 면, 마, 모

54 섬유에 따른 염료의 선택이 틀린 것은?

① 아크릴 – 염기성 염료
② 양모 – 산성 염료
③ 아세테이트 – 직접염료
④ 폴리에스테르 – 분산염료

해설 폴리에스테르, 아세테이트는 분산염료로 염색한다.

55 피혁에 대한 설명 중 틀린 것은?

① 피혁이란 날가죽과 무두질한 가축의 총칭이다.
② 원피는 스킨과 하이드로 구별된다.
③ 원피의 단면구조는 표피층, 진피층, 피하조직이 있다.
④ 작은 동물의 원피는 하이드, 큰 동물의 원피는 스킨이라 부른다.

해설 작은 동물 → 스킨, 큰 동물 → 하이드

56 대통령령이 정하는 바에 의거하여 관계 전문기관 등에 그 업무의 일부를 위탁할 수 있는 자는?

① 구청장 ② 군수
③ 시장 ④ 보건복지부장관

57 세탁업의 신고를 한 자가 폐업신고 시 세탁업을 폐업한 날로부터 며칠 이내에 신고하여야 하는가?

① 5일 이내 ② 10일 이내
③ 20일 이내 ④ 1월 이내

해설 폐업신고는 20일 이내 시장, 군수, 구청장에게 신고해야 한다.

58 세탁업주가 세탁업소의 위생관리 의무를 지키지 아니했을 때 적용되는 과태료의 기준은?

① 30만 원 이하 ② 50만 원 이하
③ 100만 원 이하 ④ 200만 원 이하

해설 일반기준 : 200만 원 이하

59 다음 중 공중위생감시원을 임명할 수 있는 자는?

① 특별시장 · 광역시장 · 도지사
② 보건복지부장관
③ 국무총리
④ 대통령

해설 임명권자 → 시 · 도지사, 시장, 군수, 구청장

60 과태료처분에 불복이 있는 자는 그 처분의 고지를 받은 날부터 언제까지 처분권자에게 이의를 제기할 수 있는가?

① 10일 이내　② 15일 이내
③ 30일 이내　④ 3월 이내

해설 이의신청 : 30일 내 처분권자에게 해야 함

세탁기능사 답안(2012년 1회)

1	2	3	4	5	6	7	8	9	10
④	④	③	②	④	①	③	②	③	④
11	12	13	14	15	16	17	18	19	20
④	④	④	③	④	③	①	④	①	④
21	22	23	24	25	26	27	28	29	30
②	④	①	④	①	②	④	④	②	③
31	32	33	34	35	36	37	38	39	40
①	④	④	④	④	④	①	②	③	①
41	42	43	44	45	46	47	48	49	50
④	②	①	①	①	④	①	③	④	④
51	52	53	54	55	56	57	58	59	60
④	②	④	③	④	④	③	④	①	③

2012년도 기능사 제2회 필기시험

자격종목	품목코드	시험시간	형별	수험번호	성 명
세탁기능사					

01 **기술진단 중 사무진단이 아닌 것은?**

① 의류 물품의 종류, 수량, 색상
② 의류 부속품의 유무
③ 의류에 부착된 장식 단추
④ 의류의 변형에 관한 사항

02 **비누의 장점이 아닌 것은?**

① 세탁 효과가 우수하다.
② 세탁한 직물의 촉감이 우수하다.
③ 가수분해되어 유리지방산을 생성한다.
④ 합성세제보다 환경 오염이 적다.

03 **다음 중 세정액의 청정화 방법에 해당되지 않는 것은?**

① 여과법 ② 기포법
③ 흡착법 ④ 증류법

04 **세탁 시 경수를 사용하는 경우의 세탁 효과는?**

① 용수를 가열하면 철분이 무색으로 되어 세탁 효과를 좋게 한다.
② 표백에서 촉매역할을 하여 표백 효과를 좋게 한다.
③ 섬유의 손상을 방지하며 세탁 효과를 상승시킨다.
④ 비누의 손실이 많아짐은 물론 세탁 효과도 저하시킨다.

05 **용제의 독성을 나타내는 허용농도(TLV) 값이 가장 작은 것은?**

① 퍼클로로에틸렌
② 벤젠
③ 1.1.1-트리클로로에탄
④ 삼염화삼불화에탄

해설 퍼클로로에틸렌(100ppm), 벤젠(10ppm), 1.1.1(350ppm), 삼염화(20ppm)

06 **계면활성제의 역할에 대한 설명 중 틀린 것은?**

① 물에 용해되면 물의 표면장력을 증가시킨다.
② 친수기와 친유기를 함께 가지고 있다.
③ 직물에 묻은 오염물질을 유화 분산시킨다.
④ 기포성을 증가시키고 세척작용을 향상시킨다.

07 **한국산업표준에서의 순품 고형 세탁비누의 수분 및 휘발성 물질의 기준량은?**

① 30% 이하 ② 35% 이하
③ 87% 이하 ④ 95% 이상

해설 순품 고형 세탁비누의 수분 및 휘발성 기중량은 30% 이하이다.

08 다음 중 산화표백제가 아닌 것은?

① 차아염소산나트륨
② 과망간산칼륨
③ 과산화수소
④ 아황산수소나트륨

해설 **산**화표백제는 **염**소계와 **과**산화물계, 환원표백제는 **아**황산가스, **아**황산수소나트륨, **하**이드로 설파이트

암기법 산 염 과 아 하

09 피복의 오염 부착 상태에 대한 설명 중 틀린 것은?

① 화학 결합에 의한 부착 : 섬유 표면에 오염이 부착된 후 섬유와 오점 간의 결합이 화학 결합하여 부착된 것이며, 섬유 중 면, 레이온, 모, 견에서 화학 결합하는 경우가 많다.
② 정전기에 의한 부착 : 오염입자와 섬유가 서로 다른 대전성(+, −로 나타나는 전기적 성질)을 띠고 있을 때 오염입자가 섬유에 부착하는 것이며, 화학섬유에 먼지가 부착하는 것이다.
③ 분자 간 인력에 의한 부착 : 오염물질의 분자와 섬유 분자 간의 인력에 의해서 부착된 것이며, 강한 분자 간의 인력으로 인하여 쉽게 제거되지 않는다.
④ 유지 결합에 의한 부착 : 오염입자가 물의 엷은 막을 통해서 섬유에 부착된 것이며, 휘발성 유기용제나 계면활성제, 알칼리 등으로 제거된다.

해설 유지 결합 → 오염입자가 기름의 엷은 막을 통해서 부착

10 흡착제이면서 탈산력이 뛰어난 청정제는?

① 실리카겔　② 활성백토
③ 경질토　④ 산성백토

해설 탈**산**과 탈**취** = **알**루미나겔, **경**질토

암기법 산 취 = 알 경

11 세탁용 보일러의 증기압력과 온도로 옳은 것은?

① 증기압 2.0kg/cm^2, 온도 99.1℃
② 증기압 3.0kg/cm^2, 온도 119.6℃
③ 증기압 4.0kg/cm^2, 온도 142.9℃
④ 증기압 6.0kg/cm^2, 온도 151.1℃

12 다음 중 계면활성제의 기본적인 성질과 직접관계하는 작용이 아닌 것은?

① 습윤작용　② 침투작용
③ 유화작용　④ 방수작용

해설 **습**윤 – **침**투 – **유**화 – **분**산 – **가**용화 – **기**포 – **세**척

암기법 습 침 유 분 가 기 세

13 환원표백제의 얼룩 빼기에 사용할 수 있는 약제는?

① 차아염소산나트륨
② 과망간산칼륨
③ 하이드로 설파이트
④ 티오황산나트륨

해설 **산**화표백제는 **염**소계와 **과**산화물계, 환원표백제는 **아**황산가스, **아**황산수소나트륨, **하**이드로 설파이트

암기법 산 염 과 아 하

14 **다음 중 보일러의 정상적인 작동을 위한 주의사항으로 틀린 것은?**

① 수위를 일정하게 유지한다.
② 압력을 일정하게 유지한다.
③ 연료를 불완전하게 연소한다.
④ 새는 것을 방지한다.

해설 연료를 완전하게 연소한다.

15 **다음 중 기술 진단에서 중요한 진단에 해당되지 않는 것은?**

① 특수품의 진단
② 오점 제거 정도의 진단
③ 부속품의 유무 진단
④ 고객 주문의 타당성 진단

해설 부속품(벨트, 견장) 유무는 사무진단 사항

16 **의류를 중심으로 한 대상품의 가치 보전과 기능 회복이 중요한 포인트인 클리닝 서비스는?**

① 보전 서비스　② 특수 서비스
③ 워싱 서비스　④ 재오염 서비스

해설 가치 보전, 기능 회복 → 워싱 서비스 = 청결 서비스

17 **용제의 구비 조건이 아닌 것은?**

① 기계를 부식시키지 않고 인체에 독성이 없을 것
② 건조가 쉽고 세탁 후 냄새가 없을 것
③ 값이 싸고 공급이 안정할 것
④ 인화점이 낮을 것

해설 인화점이 높거나 불연성

18 **용제의 청정제 중 흡착제가 아닌 것은?**

① 알루미나겔　② 실리카겔
③ 산성백토　④ 규조토

19 **재오염에 대한 설명 중 가장 옳은 것은?**

① 재오염은 일명 역오염 중에서 섬유로 이염된 것을 말한다.
② 의류가 세정 과정에서 용제 중에 분산된 더러움이 의류에 다시 부착되어 흰색이나 색물이 거무스레한 회색기미를 띠는 현상을 말한다.
③ 오염물 중 재부착된 더러움을 다시 헹구는 과정에서 떨어지는 것을 말한다.
④ 용제 중에 분산된 더러움이 의류에 스며들어 붉은 색깔을 띠는 것을 말한다.

20 **보일러의 게이지 압력이 6kg/cm²을 나타내고 있을 때의 절대압력(kg/cm²)은?(단, 대기압력은 750mmHg이다.)**

① 7.033　② 7.019
③ 7.046　④ 7.073

21 **얼룩 빼기의 주의사항 중 틀린 것은?**

① 얼룩 빼기 시 생기는 반점을 제거해야 한다.
② 얼룩 빼기 시 기계적 힘을 심하게 가해야 한다.
③ 얼룩 빼기 후에는 뒤처리를 반드시 행하여 섬유 손상을 방지해야 한다.
④ 얼룩이 주위로 번져 나가지 않도록 해야 한다.

22 **론드리의 세탁 순서가 가장 바른 것은?**

① 본빨래 → 표백 → 헹굼 → 산욕 → 푸새 → 탈수
② 본빨래 → 헹굼 → 표백 → 산욕 → 푸새 → 탈수
③ 본빨래 → 표백 → 산욕 → 푸새 → 헹굼 → 탈수
④ 표백 → 본빨래 → 헹굼 → 산욕 → 탈수 → 푸새

해설 론드리공정 : **애**벌빨래 → **본**빨래 → **표**백 → **헹**굼 → **산**욕 → **풀**먹임 → **탈**수 → **건**조 → **마**무리

암기법 애본표헹산풀탈건마

23 **웨트클리닝의 탈수와 건조에 대한 설명 중 틀린 것은?**

①형의 망가짐에 상관없이 강하게 원심 탈수한다.
② 늘어날 위험이 있는 것은 평평한 곳에 뉘어서 말린다.
③ 건조는 될 수 있는 대로 자연 건조를 한다.
④ 색빠짐 우려가 있는 것은 타월에 싸서 가볍게 손으로 눌러 짠다.

해설 형의 망가짐에 유의해야 한다.

24 **오염 직후에는 물만으로 제거되고, 불충분할 땐 중성세제로 씻어내면 잘 제거되는 얼룩은?**

① 딸기얼룩 ② 쇳물(녹물)
③ 볼펜자국 ④ 인주자국

해설 수용성 얼룩 → 물 〈 물 + 알칼리 〈 표백제

25 **다림질의 3대 요소가 아닌 것은?**

① 온도 ② 수분
③ 압력 ④ 전기

26 **드라이클리닝 시 퍼클로로에틸렌 용제를 사용할 때 유지해야 할 세정액 최대 온도의 기준은?**

① 35℃ 이하 ② 45℃ 이하
③ 60℃ 이하 ④ 90℃ 이하

27 **기계 마무리의 주의사항으로 틀린 것은?**

① 비닐론은 충분히 건조시켜서 마무리한다.
② 마무리할 때 증기를 쏘이면 수축과 늘어짐의 염려가 있다.
③ 플리츠가공된 것은 스팀터널이나 스팀 박스에 넣으면 주름이 소실될 수도 있다.
④ 고무벨트를 사용한 바지, 스커트는 다리미로 마무리해도 관계없다.

28 **제트스포트의 주용도로 옳은 것은?**

① 얼룩 빼기 ② 용제 관리
③ 산가 측정 ④ 소프 측정

해설 제트스포트 : 압력과 스팀을 이용한 효과적인 얼룩 빼기 기계

29 **다음 중 모터와 컴프레서에 가장 많이 사용되는 동력원은?**

① 휘발유 ② 석탄
③ 가스 ④ 전기

30 드라이클리닝의 장점이 아닌 것은?

① 기름의 얼룩을 잘 제거한다.
② 형태 변화가 적으며 원상 회복이 용이하다.
③ 세정, 탈수, 건조를 단시간 내에 할 수 있다.
④ 용제가 저가이며 용제를 깨끗이 하는 장치가 필요 없다.

해설 용제를 깨끗이 하는 청정장치가 필요하다.

31 다음 중 흡수력이 강한 무색 결정으로 취급이 간단하여 식품의 방습제로도 많이 사용하는 것은?

① 실리카겔 ② 염화칼슘
③ 나프탈렌 ④ 장뇌

해설 실리카겔은 황산과 규산나트륨의 반응에 의해 만들어지는 튼튼한 그물조직의 규산입자로, 표면적이 넓어 물이나 알코올 등을 흡수하는 능력이 매우 뛰어나 제습제로 많이 사용된다. 먹으면 안 되고, 재사용이 가능하다.

32 드라이클리닝에서 용제의 정제 방법으로 가장 적합한 것은?

① 연소시험법 ② 여과법과 증류법
③ 자연낙수법 ④ 검화법

33 화학적 얼룩 빼기 방법에 관한 설명으로 틀린 것은?

① 과즙, 땀, 기타 산성 얼룩을 알칼리로 용해시켜 제거하는 방법이다.
② 물을 사용하여 얼룩을 용해하고 분리시킨 후 분산된 얼룩을 흡수하여 제거하는 방법이다.
③ 흰색 의류에 생긴 유색물질의 얼룩을 표백제로 제거하는 방법이다.
④ 단백질, 전분 등의 얼룩을 단백질 분해 효소들로서 제거하는 방법이다.

해설 ②는 물리적 얼룩 빼기 방법이다.

34 다음 중 물리적 얼룩 빼기 방법에 해당하는 것은?

① 알칼리법 ② 표백제법
③ 분산법 ④ 효소법

해설 물리적 얼룩 빼기 방법 : 기계적 힘, 분산법, 흡착법

35 비누의 효과에 관한 설명으로 틀린 것은?

① 유성 오염에 효과가 좋다.
② 고형 오염에 효과가 좋다.
③ 양모 세탁에 효과가 좋다.
④ 나일론 세탁에 효과가 적다.

해설 양모, 견은 중성세제가 적합하다.

36 폴리에스테르 섬유와 면 섬유를 혼방한 직물에 가장 적합한 염료는?

① 분산 염료와 반응성 염료
② 산성 염료와 직접 염료
③ 분산 염료와 산성 염료
④ 염기성 염료와 직접 염료

해설 T/C → 분산 염료와 반응성 염료

37 **우리나라에서 가장 많이 생산되는 나일론은?**

① 나일론 6　　② 나일론 66
③ 나일론 610　　④ 나일론 11

38 **의복의 성능을 향상시키기 위한 재가공에 관한 설명 중 틀린 것은?**

① 직물에 유연제 처리를 하여 정전기를 방지한다.
② 대전방지제로는 음이온 계면활성제를 사용한다.
③ 직물의 표면을 기모하여 복숭아 껍질의 촉감과 유사하게 한 것이 피치스킨 가공이다.
④ 축융 방지 가공은 양모의 스케일을 수지로 얹어 씌운다.

해설 대전방지제, 유연제, 발수제는 양이온 계면활성제를 사용한다(예 피죤).

39 **다음 중 인조섬유에 해당되지 않는 섬유는?**

① 폴리우레탄섬유
② 폴리염화비닐섬유
③ 헤어섬유
④ 아크릴섬유

해설 헤어섬유는 천연 동물성 섬유다.

40 **편성물의 장점이 아닌 것은?**

① 함기량이 많아 가볍고 따뜻하다.
② 필링이 생기기 쉽다.
③ 신축성이 좋고 구김이 생기지 않는다.
④ 유연하다.

해설 필링(보풀)이 생기기 쉬운 것은 단점이다.

41 **일광견뢰도에서 가장 좋은 등급은?**

① 1급　　② 3급
③ 5급　　④ 8급

해설 일광(1~8등급), 세탁(1~5등급), 마찰(1~5등급)

42 **염색 방법에 관한 설명으로 옳은 것은?**

① 침염법은 실이나 직물을 염료용액에 담구어서 열을 가하고 전체를 동일한 색상으로 염색하는 것이다.
② 이색염색법은 두 가지 섬유를 동일한 색상으로 염색하는 것이다.
③ 날염법은 한 가지 섬유에 한 가지 색만 염색하는 것이다.
④ 방염법은 무늬 부분만 표백하여 표현하는 것이다.

43 **직물의 3원조직이 아닌 것은?**

① 능직　　② 수자직
③ 평직　　④ 리브직

44 **단백질 섬유를 구성하는 성분이 아닌 것은?**

① 탄소　　② 인
③ 질소　　④ 수소

해설 단백질 구성원소 : 탄소(C), 수소(H), 산소(O), 질소(N)

45 **다음 중 습윤하면 강도가 가장 많이 증가하는 섬유는?**

① 면　　② 양모
③ 견　　④ 나일론

해설 습윤 시 강도가 가장 많이 증가하는 섬유는 면, 신도가 가장 큰 섬유는 양모

46 가죽처리 공정 중 가죽제품이 깨끗하고 염색이 잘 되게 은면에 남아 있는 모근, 지방 또는 상피층의 분해물을 제거하는 것은?

① 물에 침지 ② 산에 침지
③ 때 빼기 ④ 효소분해

47 다음 섬유 중 PET 섬유가 해당하는 것은?

① 나일론 ② 폴리프로필렌
③ 폴리에틸렌 ④ 폴리에스테르

해설 나일론(N), 폴리프로필렌(PP), 폴리에틸렌(PE), 폴리에스테르(PET)

48 다음 중 나일론 섬유에 가장 많이 사용하는 염료는?

① 직접염료 ② 산성염료
③ 분산염료 ④ 배트염료

해설 나일론 섬유는 동물성 아미노기가 있어 산성염료를 사용한다.

49 어느 방향에 대해서도 신축성이 없고, 형이 변형되는 일이 적은 것이 특징이며 짜거나 뜨지 않고 섬유를 천 상태로 만든 것은?

① 펠트 ② 부직포
③ 레이스 ④ 편성물

해설 상향성 없이 신축성 없는 것 : 부직포

50 면 섬유의 온도에 의한 변화에 대한 설명 중 틀린 것은?

① 100~105℃ : 수분을 방출한다.
② 140~160℃ : 변화가 없다.
③ 180~250℃ : 갈색으로 변한다.
④ 320~350℃ : 연소한다.

해설 140~160℃ : 강신도 저하

51 바늘 또는 보빈 등의 기구를 사용하여 실을 엮거나 꼬아서 만든 무늬가 있는 천은?

① 펠트 ② 부직포
③ 파일 ④ 레이스

52 인조피혁을 만들기 위해 주로 사용된 수지는?

① 폴리우레탄 수지
② 폴리아크릴 수지
③ 폴리에스테르 수지
④ 아크릴 수지

53 단섬유를 여러 개 합쳐 실을 뽑아낸 방적사에 해당되지 않는 실은?

① 견사 ② 면사
③ 마사 ④ 모사

해설 견은 유일한 필라멘트(장) 섬유이며 길이가 1,000m이다.

54 다음 중 비중이 가장 높은 섬유는?

① 나일론 ② 아세테이트
③ 폴리에스테르 ④ 폴리프로필렌

해설 나일론(1.14), 아세테이트(1.32), 폴리에스테르(1.38), 폴리프로필렌(0.91)

55 아마 섬유의 성질을 면 섬유와 비교한 설명으로 옳은 것은?

① 아마 섬유의 신도는 면 섬유보다는 적다.
② 아마 섬유의 길이는 면 섬유보다는 짧다.

③ 아마 섬유의 강도는 면 섬유보다는 약하다.

④ 아마 섬유의 탄성은 면 섬유보다는 크다.

해설 아마의 강도는 면보다 크나 신도는 면보다 작다.

56 **다음 중 공중위생관리법의 목적이 아닌 것은?**

① 공중이 이용하는 영업과 시설의 위생관리

② 위생수준 향상

③ 국민의 건강증진에 기여

④ 업계의 권익 도모

57 **공중위생영업자에 대한 과징금 징수절차는 무엇으로 정하는가?**

① 대통령령 ② 국무총리령

③ 보건복지부령 ④ 행정안전부령

해설 절차, 방법은 시행규칙(보건복지부령)에 따른다.

58 **세탁업을 하는 자가 세제를 사용함에 있어서 국민건강에 유해한 물질이 발생하지 아니하도록 기계 및 설비를 안전하게 관리함을 위반하여 부과되는 과태료의 개별기준금액은?**

① 30만 원 ② 50만 원

③ 70만 원 ④ 100만 원

해설 일반기준은 200만 원 이하, 개별기준은 30만 원

59 **공중위생감시원의 자격으로 옳은 것은?**

① 1년 이상 공중위생 행정에 종사한 경력이 있는 자

② 위생사 또는 환경기능사 이상의 자격증이 있는 자

③ 「고등교육법」에 의한 대학에서 화학·화공학·환경공학 또는 위생학 분야를 전공하고 졸업한 자

④ 대통령이 지정하는 공중위생감시원의 양성시설에서 소정의 과정을 이수한 자

해설 ① 공중위생감시원의 자격은 3년 이상 공중위생 행정에 종사한 경력이 있는 자이다.
② 공중위생감시원의 자격은 위생사 또는 환경기사 이상의 자격증이 있는 자이다.

60 **세탁업자의 지위를 승계한 자는 1월 이내에 보건복지부령이 정하는 바에 따라 누구에게 신고해야 하는가?**

① 대통령

② 국무총리

③ 보건복지부장관

④ 시장·군수·구청장

세탁기능사 답안(2012년 2회)

1	2	3	4	5	6	7	8	9	10
④	③	②	④	②	①	①	④	④	③
11	12	13	14	15	16	17	18	19	20
③	④	③	③	③	③	④	④	②	②
21	22	23	24	25	26	27	28	29	30
②	①	①	①	④	①	④	①	④	④
31	32	33	34	35	36	37	38	39	40
①	②	②	③	③	①	①	②	③	②
41	42	43	44	45	46	47	48	49	50
④	①	④	②	①	③	④	②	②	②
51	52	53	54	55	56	57	58	59	60
④	①	①	③	①	④	③	①	③	④

2012년도 기능사 제4회 필기시험

자격종목	품목코드	시험시간	형별	수험번호	성 명
세탁기능사					

01 다음 중 오점 제거가 가장 어려운 섬유는?

① 견 ② 양모
③ 면 ④ 아세테이트

해설 오염 **제**거 잘되는 순서 : **양**모 → **나**일론 → **비**닐론 → **아**세테이트 → **면** → **레**이온 → **마** → **비**단
암기법 제 양 나 비 아 면 레 마 비

02 중질세제라고도 하며, 수용액의 pH를 세탁 효과가 가장 좋은 pH 10.5~11.0 내외가 되도록 한 세제는?

① 다목적 세제
② 중성세제
③ 약알칼리성 세제
④ 유연제 배합세제

해설 중성세제(pH 7) 〈 다목적 세제(pH 9.5) 〈 약알칼리 세제(pH 10~11)

03 클리닝 처리 전에 사전 진단할 내용이 아닌 것은?

① 섬유의 종류와 성질
② 직물의 조직
③ 섬유의 염색 상태
④ 직물의 내용연수

해설 섬유 종류, 성질, 직물의 조건, 가공상태, 염색 상태, 오점 종류의 제거 방법

04 드라이클리닝용 유기용제의 조건이 아닌 것은?

① 피지 등 오점을 용해, 분산하는 능력이 클 것
② 섬유 및 염료를 용해 손상하지 말 것
③ 회수, 정제가 용이하고 정제과정에서 변질되지 않을 것
④ 비중이 낮고, 드라이클리닝 장치를 부식시키지 않을 것

해설 비중이 높아야 세정력이 크다.

05 흡착에 의한 오염의 원인에 해당되지 않는 것은?

① 염착 ② 정전기
③ 점착 ④ 물의 적심

해설 염착 : 염료가 섬유에 흡착

06 세탁용제의 재오염 측정 시 원포반사율이 40, 세정후반사율이 38일 때 재오염률(%)은?

① 2% ② 3%
③ 4% ④ 5%

해설 재오염 = [(원포반사율 − 세정후반사율) / 원포반사율]×100
= [(40−38)/40]×100
= 5

07 **살균위생가공의 방법으로 적합하지 않은 것은?**

① 침적법 ② 가스봉입법
③ 탈산소법 ④ 자외선법

해설 살균위생가공 : 기저귀, 물수건, 병원의 흰 가운 등 병원체 오염 우려 제품

08 **세탁물의 상해 예방을 위한 내용으로 틀린 것은?**

① 건조기의 온도는 최대한 높게 한다.
② 용제 중의 수분을 적당히 한다.
③ 탈수기 작동 시 덮개보를 덮고 뚜껑을 덮는다.
④ 손상되기 쉬운 제품은 망에 넣어 처리한다.

해설 텀블러(건조기)의 온도 : 60~80℃

09 **다음 중 유용성 오점이 아닌 것은?**

① 땀 ② 구두약
③ 화장품 ④ 그리스

10 **보일러의 분류 중 원통보일러에 해당하는 형식은?**

① 자연순환식 ② 입식
③ 강제순환식 ④ 관류식

해설 원통보일러 : 입식, 노통, 연관, 노통연관

11 **기술진단의 포인트에 관한 내용이 아닌 것은?**

① 형태의 변형 : 신축성이 심한 편성물과 모직물
② 보푸라기 : 필라멘트사를 사용한 합성 직물
③ 부분 변퇴색 : 햇빛, 가스, 오점 제거에 의한 변퇴색
④ 마모 : 가죽, 면, 마, 레이온, 피혁제품

해설 마모 : 옷의 소매, 한복 허리띠

12 **다음 중 여과력은 우수하나 흡착력이 없는 청정제는?**

① 활성탄소 ② 산성백토
③ 규조토 ④ 실리카겔

13 **용제 관리의 목적이 아닌 것은?**

① 재오염 방지 ② 용제 청정
③ 위생적인 클리닝 ④ 기계 부식

14 **다음 중 나일론 섬유의 표백에 가장 적합한 표백제는?**

① 아염소산나트륨
② 과탄산나트륨
③ 과붕산나트륨
④ 아환산수소나트륨

해설
- 셀룰로스 : 과산화수소, 차아염소산나트륨
- 단백질 : 과산화수소
- 화학섬유 : 아염소산나트륨

15 **섬유제품 표시의 진단 방법으로 가장 옳은 것은?**

① 섬유제품에 부착되어 있는 표시는 그대로 믿어도 된다.
② 표시가 부착되어 있지 않은 것은 실험 없이 물세탁도 가능하다.

③ 등록상표 또는 승인번호 등 회사명이 기록된 표시가 부착되어 있더라도 일단 기초 실험 후 처리한다.
④ 유명회사 제품은 실험 없이 바로 세탁이 가능하다.

16 보일러의 부피를 일정하게 유지하고 증기의 온도를 상승시켰을 때 압력의 변화는?

① 일정하다.
② 감소한다.
③ 상승한다.
④ 압력과 관계없다.

해설 압력솥 원리와 같다. 솥 안에서 압력을 생성해서 물의 끓는점을 상승시킨다.

17 다음 중 세정률이 가장 높은 섬유는?

① 레이온 ② 양모
③ 아세테이트 ④ 견

해설 오염 **제**거 잘되는 순서 : **양**모 → **나**일론 → **비**닐론 → **아**세테이트 → **면** → **레**이온 → **마** → **비**단

암기법 제 양 나 비 아 면 레 마 비

18 세정 시 정전기를 방지하고 동시에 살균 효과를 위하여 주로 사용하는 것은?

① 유연제
② 음이온 계면활성제
③ 형광증백제
④ 양이온 계면활성제

해설 양이온 계면활성제 : 세척력이 낮아 세척제로 쓰이지 않고 유연제, 대전 방지제, 살균제로 사용한다.

19 세제에 가장 많이 사용하는 계면활성제는?

① 음이온 계면활성제
② 양이온 계면활성제
③ 비이온 계면활성제
④ 양성 계면활성제

해설 세척력이 좋아 세제로 사용되는 대부분은 음이온 계면활성제이다.

20 클리닝의 효과를 일반적인 효과와 기술적인 효과로 구분할 때 일반적인 효과가 아닌 것은?

① 오점 제거로 위생수준 유지
② 세탁물의 내구성 유지
③ 고급 의류의 패션성 보전
④ 오염물의 종류와 발생 원인의 작업 전 숙지

해설 **일**반적 효과 : **위**생성, **내**구성, **패**션성

암기법 일 위 내 패

21 다음 의류 중 유성페인트 얼룩을 제거하기가 불가능한 것은?

① 폴리에스테르 정장
② 면 블라우스
③ 비닐 우의
④ 나일론 점퍼

22 다음 중 웨트클리닝 처리 방법에 해당하는 것은?

① 손빨래 ② 애벌빨래
③ 본빨래 ④ 산욕

해설 웨트클리닝 : 손, 솔, 기계빨래

23 준밀폐형 세정기(콜드 머신)에 관한 설명으로 옳은 것은?

① 석유계 용제를 사용하는 자동기계이며 세정과 탈액이 가능하다.
② 세정만 가능하고 탈액은 되지 않는다.
③ 세정, 탈액, 건조까지 연속적으로 처리되는 기밀구조로 되어 있다.
④ 개방형 세탁기이다.

해설 핫머신(밀폐형) = 세정 + 탈액 + 건조까지 연속적 처리되는 구조

24 일반적인 세탁 방법으로 불가능한 의류에 행해지는 세탁 방법으로 풍부한 경험과 기술을 필요로 하는 것은?

① 드라이클리닝
② 웨트클리닝
③ 론드리
④ 차지클리닝

25 론드리 공정 중 산욕의 작용 효과에 해당하는 것은?

① 천을 광택 있게, 팽팽하게 한다.
② 천을 질기게 하고 내구성을 좋게 한다.
③ 오점이 섬유에 직접 붙지 않도록 한다.
④ 의류를 살균, 소독한다.

26 다음 기호의 설명으로 틀린 것은?

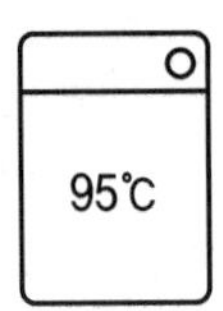

① 물의 온도 95℃를 표준으로 세탁할 수 있다.
② 세탁기로 세탁할 수 있다.
③ 세제 종류에 제한받지 않는다.
④ 손세탁은 불가능하다.

27 다음 중 적정 다림질 온도가 가장 낮은 섬유는?

① 아세테이트 ② 양모
③ 면 ④ 마

해설 아세테이트 〈 견 〈 레이온 〈 모 〈 면 〈 마

28 웨트클리닝 처리 방법에 관한 설명 중 틀린 것은?

① 색이 빠지거나 형이 일그러지는 것에 주의해야 한다.
② 처리 방법에는 솔빨래, 손빨래, 기계빨래, 오염을 닦아내는 것 등이 있다.
③ 대상이 되는 의류는 종류가 많고 성질은 다르나 처리 방법은 모두 같다.
④ 마무리 다림질을 생각하여 형의 망가짐에 유의하여야 한다.

해설 대상 의류에 따라 처리 방법도 각각 다르다.

29 다음의 드라이클리닝 공정 중 가장 먼저 해야 할 것은?

① 건조 ② 탈액
③ 본세 ④ 전처리

30 론더링에 사용되는 세탁기에 관한 설명으로 옳은 것은?

① 워셔(Washer)라고 하며, 대형 일중드럼식이 사용된다.

② 세탁기는 세탁물을 투입하는 위치에 따라 드럼의 측면이 열리게 된 사이드 로딩(Side Loading)형과 드럼의 끝에서 넣는 엔드로딩(End Loading)형이 있다.
③ 워셔의 용량은 2회에 세탁할 수 있는 세탁물의 건조중량(kg)으로 표시하고 있다.
④ 워셔의 내부드럼의 회전속도는 세탁 효과와는 상관이 없다.

31 다음 중 얼룩을 털거나 닦아내는 데 사용하는 얼룩 빼기 용구는?

① 솔 ② 주걱
③ 면봉 ④ 인두

32 론드리 건조 시 주의할 내용 중 틀린 것은?

① 저온의 경우 회전통에 많은 양의 세탁물을 넣는다.
② 고온 텀블러를 사용할 경우 가열을 정지시킨 후라도 텀블러 안에 물품을 방치하면 안 된다.
③ 화학섬유의 경우 수축, 황변되기 쉬우므로 60℃ 이하에서 건조시킨다.
④ 비닐론 제품은 고온 건조를 피하고 작업 종료 후 냉풍으로 5~10분간 회전한다.

해설 저온 시 세탁물을 적게 넣어야 한다.

33 드라이클리닝의 특징에 관한 설명 중 틀린 것은?

① 기름 얼룩 제거가 쉽다.
② 수용성 얼룩은 제거가 곤란하다.
③ 특수 의류의 진단과 처리기술이 필요하다.
④ 사전 얼룩 빼기와 용제 관리의 기술은 필요 없다.

34 세탁의 원리에 관한 설명 중 옳은 것은?

① 세탁은 물과 세제를 섞어 반드시 기계의 힘을 받아야만 이루어진다.
② 세탁의 기본 원리에는 침투, 흡착, 분산, 유화현탁 작용이 있다.
③ 세제를 용해하면 계면활성제의 작용으로 물의 계면장력이 증가한다.
④ 세탁 과정은 세제의 양, 세제의 온도, 섬유의 두께, 거품의 양에 따라 달라진다.

35 의복의 기능에 해당되지 않는 것은?

① 위생상의 성능
② 상품상의 성능
③ 관리적 성능
④ 감각적 성능

해설 **위**생, **실**용적, **감**각적, **관**리적
암기법 위실감관

36 비스코스레이온의 주성분으로 옳은 것은?

① 석유와 석탄
② 셀룰로스
③ 초산과 황산
④ 섬유를 재생할 수 있는 단백질

해설 재생셀룰로스 주성분 : 린트, 목재 펄프

37 아세테이트 섬유에 관한 설명 중 틀린 것은?

① 아크릴 섬유 대용으로 개발한 소재이다.
② 목재 펄프를 아세트산으로 처리한 소재이다.
③ 촉감이 부드러우며 광택이 좋다.
④ 여성용 옷감, 양복 안감 등에 주로 사용된다.

해설 습윤 시 강도 저하가 심한 레이온 성질을 보완하기 위해서이다.

38 가죽처리 공정 순서를 올바르게 나열한 것은?

① 원피 → 고기 제거 → 물에 침지 → 분할 → 때 빼기 → 탈모
② 원피 → 물에 침지 → 고기 제거 → 탈모 → 석회침지 → 분할 → 때 빼기 → 회분
③ 물에 침지 → 탈모 → 때 빼기 → 석회침지 → 탈회 → 산에 담그기
④ 회분 → 효소분해 → 고기 제거 → 침지 → 분할 → 때 빼기 → 유성

해설 가죽처리 공정 : **원**피 → **물**에 침지 → 고기 **제**거 → **탈**모 → 석**회**침지 → **분**할 → **때** 빼기 → **회**분

암기법 원 물 제 탈 회 분 때 회

39 다음 중 탄성회복률이 가장 우수한 섬유는?

① 면 ② 아마
③ 견 ④ 양모

40 천연섬유 중 광물성 섬유로 분류하는 것은?

① 금속 ② 탄소
③ 석면 ④ 유리

해설 석면은 불에 잘 타지 않는다.

41 다음 중 면섬유에 염색이 되지 않는 염료는?

① 직접 염료
② 반응성 염료
③ 배트 염료
④ 산성 염료

해설 면 섬유 염색
- 연한 색 : 직접 염료
- 중색 이상 : 배트, 반응성 염료
- 검정색 : 황화 염료

42 마 섬유의 종류 중 일명 모시라고도 하며 오래 전부터 한복감으로 사용하는 것은?

① 아마 ② 저마
③ 대마 ④ 황마

43 면 섬유와 비교한 아마 섬유의 성질이 틀린 것은?

① 공정수분율은 면보다 높다.
② 비중은 면보다 낮다.
③ 내일광성은 면보다 좋다.
④ 신도는 면보다 낮다.

해설 아마 섬유의 내일관성은 면보다 좋지 못하다.

44 다음 중 견 섬유의 특성이 아닌 것은?

① 누에고치로부터 얻은 섬유이다.
② 강한 알칼리에 의해 쉽게 손상된다.
③ 햇볕에 의해 별로 변색되지 않는다.
④ 우수한 촉감과 광택이 있다.

해설 비단(견)은 햇볕에 약하다.

45 **섬유가 녹으면서 탈 때 약간 달콤한 냄새가 나는 것은?**

① 면 ② 폴리에스테르
③ 아세테이트 ④ 마

46 **한국산업표준에서 다림질 온도가 가장 높은 온도의 범위는?**

① 60~80℃
② 80~120℃
③ 140~160℃
④ 180~210℃

해설 **아**세테이트 〈 **견** 〈 **레**이온 〈 **모** 〈 **면** 〈 **마**
암기법 아 견 레 모 면 마
마의 다림질 온도가 가장 높다.

47 **단추의 종류에 관한 설명 중 틀린 것은?**

① 폴리에스테르 단추는 열과 드라이클리닝에 강하다.
② 나일론 단추는 다양한 색상과 형태로 만들 수 있다.
③ 나무 단추는 여러 종류의 나무로 만들며, 가볍고 열과 수분에 강하다.
④ 금속 단추는 놋쇠, 니켈, 알루미늄을 조작하거나 압형하여 만든다.

해설 나무 단추와 가죽은 수분에 약하다.

48 **다음과 같은 표시가 된 제품을 드라이클리닝하는 방법은?**

① 용제의 종류는 구별하지 않아도 된다.
② 석유를 섞은 물을 조금 넣어 세탁한다.
③ 용제의 종류는 석유계에 한하여 드라이클리닝할 수 있다.
④ 용제의 종류는 석유계를 제외하고 모두 사용할 수 있다.

49 **의류의 취급에 대한 표시 방법 중 표시자가 필요치 않다고 판단하면 생략할 수 있는 것은?**

① 세탁 방법
② 표백 방법
③ 탈수 방법
④ 다림질 방법

해설 생략할 수 있는 것은 탈수, 건조 방법이다.

50 **평직물에 관한 설명 중 틀린 것은?**

① 조직이 간단하다.
② 마칠에 강하나 광택이 적다.
③ 유연해서 주름이 잘 생기지 않는다.
④ 실용적인 옷감으로 사용되고, 광목, 옥양목, 포플린 등이 있다.

51 **섬유를 불꽃 속에 넣었을 때 지글지글 녹으면서 서서히 타고 머리카락 타는 냄새가 나는 것은?**

① 면
② 양모
③ 비스코스레이온
④ 아세테이트

해설
- 면 : 종이 타는 냄새
- 레이온 : 종이 타는 냄새
- 아세테이트 : 약한 식초 냄새

52 면섬유의 특성에 관한 설명 중 틀린 것은?

① 비중은 1.54로 비교적 무거운 섬유에 해당된다.
② 산에는 약하나 알칼리에는 강하다.
③ 현미경으로 보면 단면은 다각형이고 중공이 있다.
④ 다림질 온도는 비교적 높은 편이다.

해설 면섬유의 단면은 평편하고 가운데 중공이 있다.

53 다음 중 실을 거치지 않은 피륙은?

① 펠트 ② 레이스
③ 편성물 ④ 직물

해설 펠트, 부직포는 실의 과정을 거치지 않고 섬유에서 직접 만든다.

54 다음 중 파일직물이 아닌 것은?

① 벨벳 ② 코듀로이
③ 우단 ④ 개버딘

해설 개버딘, 데님, 서지는 능직이다.

55 다음 중 일광견뢰도의 등급 중 가장 우수한 것은?

① 0급 ② 1급
③ 5급 ④ 8급

56 세탁용 기계의 안전 관리를 위하여 밀폐형이거나 용제회수기가 부착된 세탁용 기계에 사용하는 용제가 아닌 것은?

① 퍼클로로에틸렌
② 불소계 용제
③ 석유계 용제
④ 트리클로로에탄

해설 석유계 용제는 회수건조기가 부착된 기계를 사용하여야 한다.

57 공중위생영업자가 영업소폐쇄명령을 받고도 계속하여 영업을 하는 때에 관계공무원으로 하여금 조치를 할 수 있는 것이 아닌 것은?

① 당해 영업소의 간판 기타 영업표지물의 제거
② 당해 영업소가 위법한 업소임을 알리는 게시물 등의 부착
③ 영업을 위하여 필수불가결한 기구 또는 시설물을 사용할 수 없게 하는 봉인
④ 영업소에 고객이 출입할 수 없도록 출입문 폐쇄

해설 출입문을 지키고 서 있는 경우나 출입문 폐쇄조치는 할 수 없다.

58 세탁업을 하는 자가 정당한 이유 없이 위생교육을 받지 않은 경우 1차 위반 시 행정처분은?

① 경고
② 영업정지 5일
③ 영업정지 10일
④ 영업장 폐쇄명령

59 세탁업을 하는 자가 시설 및 설비기준을 위반하여 엉업장폐쇄명령이 부여되는 때는?

① 1차 위반 ② 2차 위반
③ 3차 위반 ④ 4차 위반

60 **공중위생영업의 신고 및 폐업신고에 관한 설명으로 옳은 것은?**

① 공중위생영업은 품목별로 행정안전부령이 정하는 시설 및 설비를 갖추어야 한다.
② 공중위생영업 신고는 반드시 군수, 읍방, 동장에게 하여야 한다.
③ 공중위생영업자는 공중위생영업을 폐업한 날부터 20일 이내에 시장, 군수, 구청장에게 신고하여야 한다.
④ 신고의 방법 및 절차에 관하여 필요한 사항은 시 · 도지사가 정한다.

세탁기능사 답안(2012년 4회)

1	2	3	4	5	6	7	8	9	10
①	③	④	④	①	④	①	①	①	②
11	12	13	14	15	16	17	18	19	20
④	③	④	①	③	③	②	④	①	④
21	22	23	24	25	26	27	28	29	30
③	①	①	②	④	④	①	③	④	②
31	32	33	34	35	36	37	38	39	40
①	①	④	②	②	②	①	②	④	③
41	42	43	44	45	46	47	48	49	50
④	②	③	③	②	④	③	③	③	③
51	52	53	54	55	56	57	58	59	60
②	③	①	④	④	③	④	①	④	③

2013년도 기능사 제1회 필기시험

자격종목	품목코드	시험시간	형별	수험번호	성 명
세탁기능사					

01 다음 중 세정률이 가장 높은 섬유는?

① 견 ② 아세테이트
③ 양모 ④ 레이온

해설 세정률이 높은 섬유 = 오염이 잘 제거되는 섬유
오염 **제**거 잘되는 순서 : **양**모 → **나**일론 → **비**닐론 → **아**세테이트 → **면** → **레**이온 → **마** → **비**단
암기법 제 양 나 비 아 면 레 마 비

02 세정액의 청정화 방법 중 오염이 심한 용제의 청정에 가장 효과적인 방법은?

① 여과식 ② 흡착식
③ 증류식 ④ 표백식

해설 청정통식 – 오래 사용 / 카트리지식 – 많이 사용 / 증류식 – 오염이 심한 것

03 드라이크리닝 용제 중 세정 시간이 길고 인화점이 낮아 화재의 위험성이 있는 것은?

① 퍼클로로에틸렌
② 불소계 용제
③ 1.1.1-트리클로로에탄
④ 석유계 용제

해설 퍼클로로에틸렌, 불소계 용제, 1.1.1 트리클로로에탄은 불연성 용제

04 계면활성제와 HLB와 그 용도가 잘못 짝지어진 것은?

① HLB 1~2 : 소포제
② HLB 3~4 : 유화제
③ HLB 7~9 : 침윤제
④ HLB 13~15 : 세탁용 세제

해설 **소**포제 〈 **드**라이클리닝 세제 〈 **유**화제 〈 **세**탁용 세제 〈 **가**용화)
암기법 소 드 유 세 가

05 다음 중 외부에서 펌프 압력에 의해 필터면을 통과하면서 청정화하는 필터는?

① 튜브 필터 ② 스프링 필터
③ 특수 필터 ④ 리프 필터

해설 필터는 쇠망에 여과제층을 부착시킨 것으로 리프 필터, 튜브 필터, 스프링 필터, 특수 필터가 있다. 그 중 펌프 압력에 의해 필터면을 통과하면서 청정화하는 것은 리프 필터이다.

06 푸새의 효과가 아닌 것은?

① 광택이 난다.
② 오염을 방지한다.
③ 세척 효과를 향상시킨다.
④ 구김이 생기지 않는다.

해설 푸새의 효과 : 광택, 팽팽해짐, 내구성 상승

07 **다음 중 해리되지 않은 친수기를 가진 계면활성제는?**

① 음이온 계면활성제
② 양이온 계면활성제
③ 양성 계면활성제
④ 비이온 계면활성제

해설 **비**이온계 계면활성제(해리되지 않은 친수기) : **스**팬계, **트**윈계, **고**급알코올
암기법 비스트고

08 **다음 중 재오염의 원인이 아닌 것은?**

① 부착 ② 압착
③ 흡착 ④ 염착

해설 재오염 → 부착, 흡착(정전기, 점착, 물의 적심), 염착

09 **다음 중 환원표백제에 해당하는 것은?**

① 아염소산나트륨 ② 과붕산나트륨
③ 아황산나트륨 ④ 과산화수소

해설 환원표백제 : **아**황산가스, **아**황산수소나트륨, **하**이드로 설파이트
암기법 아하

10 **표백 가공에서 단백질 섬유에 가장 적합한 표백제는?**

① 차아염소산나트륨
② 아염소산나트륨
③ 아황산수소나트륨
④ 과산화수소

해설
- 식물성 섬유 : 과산화수소, 차아염소산나트륨
- 단백질 섬유 : 과산화수소
- 합성 섬유 : 아염소산나트륨

11 **피복에 부착되는 오염 중 휘발성 유기용제나 계면활성제, 알칼리 등으로 제거되는 오염입자의 부착 원인은?**

① 분자 간 인력에 의한 부착
② 정전기에 의한 부착
③ 화학결합에 의한 부착
④ 유지결합에 의한 부착

해설 유지결합 → **유**기용제, **계**면활성제, **알**칼리
암기법 유계알

12 **다음 중 스프링 필터식 청정장치의 스프링에 부착되어 있는 것은?**

① 규조토 ② 분말세제
③ 비닐수지 ④ 폴리우레탄

해설 규조토를 스프링 필터에 부착한다.

13 **흡착제이면서 탈색력이 뛰어난 청정제가 아닌 것은?**

① 활성탄소 ② 실리카겔
③ 규조토 ④ 산성백토

해설 규조토는 여과력은 있으나 흡착력은 없다.

14 **세탁용 세제를 알칼리성에 따라 구분할 때 해당되지 않는 것은?**

① 중성 세제
② 다목적 세제
③ 강알칼리성 세제
④ 약알칼리성 세제

해설 중성 세제 〈 다목적 세제 〈 약알칼리성 세제

15 **용해성에 따른 오점의 분류가 틀린 것은?**

① 커피 : 유용성 오염
② 간장 : 고체 오점
③ 버터 : 유용성 오염
④ 석고 : 고체 오점

해설 수용성 오점 : 간장, 땀, 술, 커피, 케첩

16 **유기 용제와 물에 녹지 않으며 매연, 점토, 흙 등이 해당되는 오점은?**

① 유용성 오점 ② 고체 오점
③ 수용성 오점 ④ 기화성 오점

해설 고체 오점 : 매연, 점토, 흙, 시멘트

17 **계면활성제가 물에 용해되었을 때 해리되며, 세제로 가장 많이 사용되는 것은?**

① 음이온계 계면활성제
② 양이온계 계면활성제
③ 비이온계 계면활성제
④ 양성이온계 계면활성제

해설 세척력이 우수하며 대부분의 세제로 생성되는 것은 음이온계 계면활성제이다.

18 **불소계 용제의 장점으로 틀린 것은?**

① 불연성이다.
② 독성이 약하다.
③ 용해력이 강해 오염 제거가 충분하다.
④ 매 회 증류가 용이하여 용제 관리가 쉽다.

해설 불소계 용제의 단점 : 용해력이 약해 오염 제거 불충분

19 **클리닝 서비스 중 패션케어 서비스에 대한 설명이 아닌 것은?**

① 섬유제품의 소재를 청결히 해주는 단순함에서 고차원적인 기능을 부여하도록 하는 것이다.
② 의류의 세정은 물론 의류를 보다 좋은 상태로 보전하는 것이다.
③ 의류의 가치와 기능을 유지하도록 하는 것이다.
④ 의류를 중심으로 한 대상품의 가치 보전과 기능 회복이 중요한 포인트이다.

해설 패션케어 서비스 : 가치 보전과 기능 유지

20 **클리닝 용제의 관리 목적이 아닌 것은?**

① 의류를 부드럽게 하여 마모율을 높인다.
② 재오염을 방지한다.
③ 세정 효과를 높인다.
④ 의류를 상하지 않게 한다.

해설 용제 관리의 목적 : 물품이 상하지 않게 함, 재오염 방지, 세정 효과

21 **다음 중 웨트클리닝에 해당되지 않는 것은?**

① 손빨래 ② 솔빨래
③ 기계빨래 ④ 애벌빨래

해설 애벌빨래는 론드리 공정이다.

22 **론드리의 세탁 순서 중 가장 먼저 해야 하는 공정은?**

① 애벌빨래 ② 본빨래
③ 표백 ④ 헹굼

23 합성 세제의 특성에 대한 설명 중 틀린 것은?

① 용해가 빠르고 헹구기가 쉽다.
② 거품이 잘 생기지 않으며 침투력이 우수하다.
③ 세탁 시 센물을 사용해도 무방하다.
④ 값이 싸고 원료의 제한을 받지 않는다.

해설 합성 세제는 거품이 잘 생기며, 침투력이 우수하다.

24 다림질의 목적으로 틀린 것은?

① 디자인 실루엣의 기능을 복원시킨다.
② 살균과 소독의 효과를 얻는다.
③ 소재의 주름을 펴서 매끈하게 한다.
④ 의복에 남아 있는 얼룩을 뺀다.

해설 의복에 남아 있는 얼룩을 빼는 것은 얼룩 빼기 공정이다.

25 세탁 온도와 세탁 효과에 대한 설명 중 틀린 것은?

① 세탁 온도가 올라가면 섬유와 오점의 결합력이 약해져서 세탁 효과가 좋아진다.
② 세탁 온도는 오점이 옷에 묻을 때보다 약간 낮은 온도가 적합하다.
③ 고체 상태의 피지를 액체 상태로 완전 용해할 수 있는 온도는 37℃이다.
④ 오점을 섬유로부터 제거하기 위해서는 외부로부터 에너지가 필요하다.

해설 세탁 온도는 오점 온도보다 약간 높은 온도가 적합하다.

26 다음 중 작업장 환경으로 가장 적합한 것은?

① 스팀이 충분하여 습도가 높은 곳
② 직사광선이 많이 들어와 밝기가 충분한 곳
③ 전압이 적당하여 기계적 소음이 많은 곳
④ 통풍이 잘되고 조명이 적당한 곳

해설 작업장은 습도가 낮고, 소음이 적고, 통풍이 잘되어야 한다.

27 웨트클리닝을 해야 하는 의복의 소재나 종류가 아닌 것은?

① 고무를 입힌 것
② 안료염색된 것
③ 수지가공된 면직물
④ 합성피혁 제품

해설 수지가공 면직물은 론드리

28 드라이클리닝의 탈액과 건조에 대한 설명으로 옳은 것은?

① 탈액에서 원심분리가 심하면 구김이 생기고 피복에 변형이 생길 가능성이 있다.
② 회수된 용제는 다시 사용할 수 없다.
③ 건조는 가능한 한 고온에서 풍량을 많이 사용한다.
④ 열에 약한 의복은 햇빛에서 건조하도록 한다.

해설 회수된 용제는 재사용할 수 있다. 저온에서 풍량 많게, 열에 약한 의복은 그늘에서 건조한다.

29 **립스틱 얼룩 빼기에 가장 적당한 방법은?**

① 유기 용제로 두드린다.
② 뜨거운 물로 씻어낸다.
③ 지우개로 지운다.
④ 찬물로 씻어 낸다.

해설 지우개로도 어느 정도 효과는 있지만, 정확한 답은 유기 용제(알코올)이다.

30 **얼룩 빼기 방법 중 화학적 방법이 아닌 것은?**

① 표백제를 사용하는 방법
② 스팀 건을 사용하는 방법
③ 특수약품을 사용하는 방법
④ 효소를 사용하는 방법

해설 기계적 방법 = 스팟팅머신, 초음파 건, 스팀 건

31 **세탁 방법에 대한 설명 중 틀린 것은?**

① 세탁 방법은 크게 건식 방법과 습식 방법으로 나눈다.
② 세탁물의 분류에 따라 혼합세탁, 분류세탁, 부분세탁으로 나눈다.
③ 적은 양을 세탁할 때는 손빨래보다 세탁기를 이용하면 경제적이다.
④ 부분세탁은 세탁물을 분류한 후에 극소부분의 세탁을 할 필요가 있을 때 그 부분만을 세탁하는 방법이다.

32 **다림질의 3대 요소가 아닌 것은?**

① 시간 ② 수분
③ 압력 ④ 온도

33 **다음 중 드라이클리닝의 장점에 해당하는 것은?**

① 용제값이 싸다.
② 용제의 독성과 가연성에 문제가 없다.
③ 재오염되지 않는다.
④ 형태 변화가 적다.

해설 형태 변화가 적은 것이 장점이다.

34 **우리나라에서 사용하는 경도 방식은?**

① 영국식 ② 독일식
③ 미국식 ④ 프랑스식

해설 우리나라는 독일식을 사용한다.

35 **세탁 작용 중 침투 작용에 대한 설명으로 가장 옳은 것은?**

① 천이 젖기 어렵게 하는 것이다.
② 세제는 물의 표면장력을 높이는 힘을 가지고 있다.
③ 세제액이 천과 오염 사이에 들어가는 작용이다.
④ 오점이 천에서 분리되기 어렵게 하는 작용이다.

해설 침투작용은 천을 젖기 쉽게 하여 천과 오점 사이에 들어가는 작용이다.

36 **물에 잘 녹으며 중성 또는 약산성에서 단백질 섬유에 잘 염착되고 아크릴 섬유에도 염착되는 염료는?**

① 반응성 염료 ② 직접 염료
③ 염기성 염료 ④ 산성 염료

해설 아크릴 섬유 염색은 염기성 염료로 하며, 염기성 = 캐티오 = 양이온 염료라고도 한다.

37 **아세테이트 섬유의 염색에 가장 적합한 염료는?**

① 산성 염료 ② 직접 염료
③ 분산 염료 ④ 배트 염료

해설 아세테이트, 폴리에스테르 섬유는 분산 염료가 적합하다.

38 **품질표시 중 표시자가 필요치 않다고 판단되면 생략할 수도 있는 것은?**

① 건조 방법 ② 세탁 방법
③ 표백 방법 ④ 다림질 방법

해설 탈수, 건조 방법은 생략 가능하다.

39 **레이스의 특성에 해당하는 것은?**

① 광택이 우아하여 공단에 이용된다.
② 강직하여 유연성이 부족하다.
③ 통기성이 좋아 시원하다.
④ 신축성이 좋고 구김이 생기지 않는다.

해설 레이스는 구멍이 있어서 통기성, 투습성이 좋아 위생적인 옷감이다.

40 **천연 섬유 중 유일하게 필라멘트 섬유인 것은?**

① 면 ② 양모
③ 마 ④ 견

해설 견은 누에고치 6~7개에서 뽑아낸 실(비단, 명주)로 길이가 1,000m이다.

41 **한 올 또는 여러 올의 실을 바늘로 고리를 만들어 얽어 만든 피륙은?**

① 부직포 ② 레이스
③ 직물 ④ 편성물

42 **비스코스 원액을 일정 온도에서 일정시간 방치하여 점도를 저하시키는 것은?**

① 노성 ② 숙성
③ 침지 ④ 정제

해설 점도 저하는 숙성이라 한다.

43 **다음 중 장식적인 부속품에 해당하는 것은?**

① 단추 ② 지퍼
③ 비즈 ④ 스냅

해설
- 실용적 부속품 : 단추, 지퍼, 스냅
- 장식적 부속품 : 비즈, 스팽글, 모조진주

44 **면 섬유의 성질로 옳은 것은?**

① 흡습성이 나쁘다.
② 산에 의해 쉽게 분해된다.
③ 염색하기가 곤란하다.
④ 내구성이 약하다.

해설 흡습성, 내구성, 염색성이 우수하다. 알칼리에 강하나 산에는 약하다.

45 **세탁견뢰도에 대한 설명 중 틀린 것은?**

① 염색된 옷이 세탁에 견디는 능력을 말한다.
② 세탁으로 인해 옷의 물감이 빠지는 것을 평가한다.
③ 견뢰도 등급 숫자가 높을수록 물감이 잘 빠지고 숫자가 낮을수록 물감이 빠지지 않는다는 것이다.
④ 세탁 의약품 중에는 용해견뢰도가 낮은 의복이 많으므로 주의하여야 한다.

해설 견뢰도 숫자가 낮을수록 변퇴색이 심하다.

46 마섬유의 종류 중 모시는 어디에 해당되는가?

① 아마 ② 저마
③ 대마 ④ 황마

해설 저마 = 모시
강력이 큰 순서 : 모시 〉 대마 〉 아마 〉 면

47 경사 또는 위사가 2올 또는 그 이상이 계속 업(Up)다운(Down)되어 조직점이 대각선 방향으로 연결된 선이 나타난 직물 기본조직은?

① 평직 ② 능직
③ 수자직 ④ 변화조직

해설 대각선 방향으로 나타낸 선을 능선, 사문선이라 한다.

48 인조섬유에 해당되지 않는 것은?

① 재생섬유
② 합성섬유
③ 무기섬유
④ 광물성 섬유

해설 광물성 섬유(석면)는 천연섬유(식물성, 동물성, 광물성)에 속한다.

49 실의 품질을 표시하는 기준 항목으로만 되어 있는 것은?

① 섬유의 혼용률, 실의 번수
② 섬유의 가공방법, 섬유의 지름
③ 섬유의 생산지, 섬유의 너비
④ 섬유의 혼용률, 치수 또는 호수

해설 혼용률과 실의 번수가 기준항목

50 항중식 번수 중 공통식 번수인 것은?

① 영국식 면번수 ② 영국식 마번수
③ 미터번수 ④ 재래식 모사번수

해설 공통식(Nm-뉴턴미터)

51 다음 중 합성섬유로 만들어진 실이 아닌 것은?

① 나일론사 ② 폴리에스테르사
③ 레이온사 ④ 아크릴사

해설 레이온 섬유는 재생셀룰로스 섬유이다.

52 가죽의 특성 중 틀린 것은?

① 부패하지 않는다.
② 유연성과 탄력성이 크다.
③ 화학약제에 대한 저항력이 크다.
④ 생피에 비해 수분의 흡수도가 현저히 변화하지 않는다.

해설 흡수도가 변화하기 때문에 물을 짜내면 물이 잘 빠져 나온다.

53 부직포의 특성이 아닌 것은?

① 함기량이 많다.
② 절단부분이 풀리지 않는다.
③ 탄성과 리질리언스가 좋다.
④ 방향성이 있다.

해설 방향성 없이 끝이 풀리지 않는다.

54 다음 중 축합중합체섬유가 아닌 것은?

① 나일론 ② 스판덱스
③ 아크릴 ④ 폴리에스테르

해설 축합중합체섬유 : 나일론, 폴리에스테르, 폴리우레탄(스판덱스)

55 봉대와 거즈에 가장 적합한 마섬유는?

① 아마　　② 대마
③ 저마　　④ 황마

56 세탁업자가 영업정치처분을 받고 그 영업정지기간 중 영업을 한 때 행정처분기준은?

① 개선명령　　② 경고
③ 영업정지 5일　　④ 영업장 폐쇄명령

해설 정지기간 중 영업 시, 신고없이 소재지 변경 시는 1차부터 폐쇄

57 세탁업자가 신고를 하지 아니하고 영업소의 명칭 및 상호 또는 영업장 면적의 3분의 1 이상을 변경한 때 1차 위반 시 행정처분 기준은?

① 경고 또는 개선명령
② 경고
③ 영업정지 5일
④ 영업장 폐쇄명령

58 공중위생관리법의 시행령 기준 기준 과징금 산정기준 중 영업정지 1월의 기준일로 옳은 것은?

① 28일　　② 29일
③ 30일　　④ 31일

59 다음 중 공중위생관리법 시행규칙은 어느 령으로 정하는가?

① 훈령　　② 보건복지부령
③ 국무총리령　　④ 대통령령

해설 법률–시행령(대통령령)–시행규칙(보건복지부령)

60 세탁업자의 행정처분기준 중 1차 위반 시 영업정지 10일에 해당하는 위반사항은?

① 시장, 군수, 구청장이 하도록 한 필요한 보고를 하지 않은 경우
② 시장, 군수, 구청장의 개선명령을 이행하지 아니한 때
③ 영업자의 지위를 승계한 후 1월 이내에 신고하지 아니한 때
④ 위생교육을 받지 아니한 때

해설 보관하지 않고 출입방해(공/방)시 : 1차 10일, 2차 20일, 3차 30일, 4차 폐쇄

세탁기능사 답안(2013년 1회)

1	2	3	4	5	6	7	8	9	10
③	③	④	②	④	④	④	②	③	④
11	12	13	14	15	16	17	18	19	20
④	①	③	③	②	②	①	③	④	①
21	22	23	24	25	26	27	28	29	30
④	①	②	④	②	④	③	①	①	②
31	32	33	34	35	36	37	38	39	40
③	①	④	②	③	③	③	①	③	④
41	42	43	44	45	46	47	48	49	50
④	②	③	②	③	②	②	④	①	③
51	52	53	54	55	56	57	58	59	60
③	④	④	③	③	④	①	③	②	①

2013년도 기능사 제2회 필기시험

자격종목	품목코드	시험시간	형별	수험번호	성 명
세탁기능사					

01 비누의 특성 중 장점이 아닌 것은?

① 거품이 잘 생기고 헹굴 때에는 거품이 사라진다.
② 세탁한 직물의 촉감이 양호하다.
③ 산성 용액에서도 사용할 수 있다.
④ 합성세제보다 환경을 적게 오염시킨다.

해설 산성 용액, 센물을 사용하면 침전물이 생긴다.

02 청정제 중 여과력은 좋으나 흡착력이 없는 것은?

① 규조토 ② 실리카겔
③ 산성백토 ④ 활성탄소

해설 규조토는 여과제로 주로 사용된다. 여과제는 흡착력이 없다.

03 다음 중 전분 풀감에 해당하는 것은?

① P.V.C ② 콘스타치
③ 젤라틴 ④ C.M.C

해설 전분풀, 녹말풀, 콘스타치(옥수수풀)

04 다음 중 산화표백제가 아닌 것은?

① 차아염소산나트륨
② 아염소산나트륨
③ 과산화수소
④ 아황산수소나트륨

해설 **산**화표백제는 **염**소계와 **과**산화물계, 환원표백제는 **아**황산가스, **아**황산수소나트륨, **하**이드로 설파이트

암기법 산 염 과 아 하

05 가공약제가 직물 표면을 덮어 물이 섬유 내부로 침투하는 것을 방지하는 가공은?

① 방축가공 ② 방오가공
③ 방추가공 ④ 방수가공

06 석유계 용제의 장점이 아닌 것은?

① 기계 부식에 안전하다.
② 독성이 약하고 값이 싸다.
③ 약하고 섬세한 의류에 적당하다.
④ 세정시간이 짧다.

해설 세정시간이 20~30분으로 가장 길다.

07 다음 중 흡착에 의한 재오염이 아닌 것은?

① 정전기 ② 염착
③ 물의 적심 ④ 점착

해설 염료가 섬유에 흡착된 것이 염착이다.

08 세정액의 청정장치에 해당되지 않는 것은?

① 필터식 ② 청정통식
③ 증류식 ④ 여과분사식

해설 청정장치 : 필터식, 청정통식, 카트리지식, 증류식

09 다음 중 오점 제거가 가장 잘 되는 섬유는?

① 견　② 면
③ 나일론　④ 레이온

해설 오염 **제**거 잘되는 순서 : **양**모 → **나**일론 → **비**닐론 → **아**세테이트 → **면** → **레**이온 → **마** → **비**단

암기법 제 양 나 비 아 면 레 마 비

10 다음 중 빈칸에 가장 알맞은 것은?

클리닝 시 세탁량은 기계가 세탁할 수 있는 적정량의 (　)% 정도만 넣고 세탁한다.

① 50　② 60
③ 80　④ 100

해설 클리닝 세탁량은 기계가 세탁할 수 있는 적정량 80% 정도만 넣고 세탁한다.

11 기술진단의 내용으로 틀린 것은?

① 세탁물의 진단은 고객 앞에서 해야 한다.
② 진단은 고객으로부터 접수 시 해야 한다.
③ 취급표시의 정보를 입수하고 작업자 임의대로 취급해야 한다.
④ 진단 시 고객으로부터 충분한 정보를 입수해야 한다.

해설 작업자 임의대로 취급은 금물!

12 패션케어 서비스와 관련이 없는 것은?

① 의복을 보전하는 서비스를 제공하는 것이다.
② 고급품이나 희귀품의 가치와 기능성을 유지한다.
③ 의류나 섬유제품을 청결히 하는 서비스이다.
④ 고도의 패션가공이 되어 재생을 요하는 제품이다.

해설 워싱 서비스=청결=가치 보전, 기능 회복

13 다음 중 수용성 아닌 것은?

① 땀　② 겨자
③ 왁스　④ 배설물

14 재오염률의 양호 기준으로 옳은 것은?

① 1% 이내　② 3% 이내
③ 5% 이내　④ 10% 이내

해설 3% 이내 양호 〈 5% 이상 불량

15 계면활성제의 기본적인 성질과 직접 관계하는 작용이 아닌 것은?

① 습윤 작용　② 침투 작용
③ 분산 작용　④ 살균 작용

해설 직접작용 : **습**윤 – **침**투 – **유**화 – **분**산 – **가**용화 – **기**포 – **세**척

암기법 습 침 유 분 가 기 세

16 다음 중 가정용 방충제가 아닌 것은?

① 장뇌(Camphor)
② 파라디클로로벤젠(Paradichlorobenzene)
③ 오일란(Eulan)
④ 나프탈렌(Naphtalene)

해설 가공용 = **아**레스린, **가**스나, **디**엘드린, **오**일란

암기법 아가디오

17 용제가 갖추어야 할 구비 조건이 아닌 것은?

① 세탁 시 피복을 손상시키지 않아야 한다.
② 인화점이 높거나 불연성이어야 한다.
③ 세탁 후 찌꺼기 회수가 쉽고 환경오염을 유발하지 않아야 한다.
④ 증류가 흡착에 의한 정제가 쉽고 분해되어야 한다.

해설 분해되면 독성이 나오기 때문에 분해되지 않아야 된다.

18 세척력이 적어 세제보다는 섬유의 유연제, 대전방지제, 발수제 등으로 사용하는 계면활성제는?

① 양이온계 계면활성제
② 음이온계 계면활성제
③ 양성계 계면활성제
④ 비이온계 계면활성제

19 보일러의 종류 중 원통보일러의 형식이 아닌 것은?

① 입식보일러 ② 노통보일러
③ 연관보일러 ④ 수관보일러

해설 수관보일러 = 자연순환식, 강제순환식, 관류식

20 의류의 푸새가공에 사용하는 풀의 종류가 아닌 것은?

① C.M.C ② 전분
③ L.A.S ④ P.V.C

해설 LAS계는 합성세제이다.

21 다음 중 경수에 함유되지 않은 것은?

① 칼슘 ② 탄소
③ 마그네슘 ④ 철

해설 센물은 금속 성분(Ca, Mg, Fe)이 있는 물이다.

22 다림질 시 주의할 점이 아닌 것은?

① 진한 색상의 의복은 섬유소재에 관계없이 천을 덮고 다린다.
② 표면 처리되지 않은 피혁제품은 스팀 주는 것을 절대 금지해야 한다.
③ 다림질은 섬유의 종류와 상관없이 150℃를 유지하는 전기다리미를 사용한다.
④ 다림질은 섬유의 적정온도보다 높게 하면 의류를 손상시킬 수 있다.

해설 다림질 온도는 아세테이트 – 견 – 레이온 – 모 – 면 – 마 섬유 순대로 높아지고, 각각 온도가 틀리다.

23 론드리 세탁 공정에 대한 설명으로 틀린 것은?

① 애벌빨래 : 물이나 알칼리제로 미리 더러움을 제거한다.
② 표백 : 섬유에 남아 있는 색소물질을 제거하여 섬유를 희게 한다.
③ 산욕 : 산욕제로는 규산나트륨을 사용한다.
④ 푸새 : 면직물에는 주로 전분풀을 사용한다.

해설 산욕제에는 규불화산소를 사용한다.

24 **론드리용 워셔에 대한 설명 중 틀린 것은?**

① 론드리용 워셔는 드럼식이라 불린다.
② 세탁물을 내통에 붙어 있는 가로대 위 아래로 끌어올리고 떨어뜨리면서 두들겨 빤다.
③ 세탁물의 손상이 적고 세정 효과도 좋다.
④ 세탁 온도는 40℃가 한도이다.

해설 본세탁 시
- 저온 : 40℃ × 7분 3회
- 중온 : 40℃ 7분 → 50℃ 7분 → 60℃ 7분

25 **웨트클리닝에서 스웨터의 처리 방법으로 틀린 것은?**

① 중성세제를 사용한다.
② 눌러 빨기를 한다.
③ 60℃에서 건조한다.
④ 축융방지를 위해 유연제를 사용한다.

해설 평편한 곳에 널어 말린다.

26 **론드리 세탁 방법에 대한 설명 중 틀린 것은?**

① 면, 마직물로 된 백색 세탁물의 백도를 회복하기 위한 고온세탁 방법이다.
② 수지가공 면직물, 폴리에스테르 혼방 직물, 염색물의 중온세탁 방법이다.
③ 용수가 절약되고 세탁물의 손상이 비교적 적다.
④ 표면처리된 피혁제품의 세탁 방법이다.

해설 표면처리 피혁제품, 고무 입힌 제품, 수지안료가공제품 → 웨트클리닝

27 **다음 중 화학적 얼룩 빼기 방법이 아닌 것은?**

① 표백제법 ② 알칼리법
③ 효소법 ④ 브러싱법

해설 물리적 얼룩 빼기 = 기계적(솔, 주걱), 분산법, 흡착(먹물, 안료)

28 **다음 중 의복의 기능이 아닌 것은?**

① 실용적인 성능
② 위생적인 성능
③ 감각적인 성능
④ 귀족적인 성능

해설 **위**생성, **실**용성, **감**각적, **관**리적
암기법 위 실 감 관

29 **다음 중 작업장에 가장 적합한 실내 습도는?**

① 35±5RH%
② 45±5RH%
③ 55±5RH%
④ 65±5RH%

해설 작업장에서는 온도 22~25℃, 습도 40~50RH%가 적합하다.

30 **드라이클리닝 공정의 순서가 옳은 것은?**

① 헹굼 → 전처리 → 세척 → 탈액 → 건조
② 헹굼 → 세척 → 전처리 → 탈액 → 건조
③ 전처리 → 헹굼 → 세척 → 탈액 → 건조
④ 전처리 → 세척 → 헹굼 → 탈액 → 건조

31 굳기 전의 유성페인트 얼룩을 빼기에 가장 적합한 약품은?

① 알코올 ② 수산
③ 클로로벤젠 ④ 중성세제

32 아세테이트 섬유에 묻은 얼룩을 제거하는 데 사용할 수 없는 것은?

① 벤젠 ② 암모니아수
③ 아세톤 ④ 중성세제

해설 초산셀룰로스 섬유에는 아세톤을 떨구면 용해된다.

33 웨트클리닝 대상품으로 적합하지 않은 것은?

① 합성피혁 제품
② 고무를 입힌 제품
③ 안료 염색된 제품
④ 견섬유 제품

해설 견 섬유는 드라이클리닝이 가장 안전하다.

34 면직물, 마직물 등 습윤 강도가 크고 형태가 변하지 않는 직물과 삶아 빠는 세탁물에 적당하며, 세탁 효과가 가장 좋고 노력도 적게 드는 손빨래 방법은?

① 비벼 빨기
② 흔들어 빨기
③ 눌러 빨기
④ 두들겨 빨기

해설 식물성 섬유인 면, 마는 습윤 강도가 크다.

35 다음 중 다림질의 3대 요소에 해당하는 것은?

① 당김 ② 늘림
③ 냉각 ④ 압력

36 다음 중 섬유 간의 엉킴성이 적어 단독으로 방적사를 만들 수 없는 섬유는?

① 캐시미어 ② 메리노
③ 알파카 ④ 토끼털

37 다음 중 섬유의 분류가 틀린 것은?

① 합성 섬유 : 폴리아미드 섬유
② 재생 섬유 : 유리 섬유
③ 식물성 섬유 : 면 섬유
④ 동물성 섬유 : 양모 섬유

해설 유리, 금속, 탄소, 세라믹, 암면 → 무기 섬유

38 한 올 또는 여러 올의 실을 바늘로 고리를 만들어 얽어 만든 피륙은?

① 직물 ② 편성물
③ 레이스 ④ 브레이드

39 면이나 인조 섬유로 된 직물 위에 염화비닐 수지나 폴리우레탄 수지를 코팅한 것은?

① 인조피혁 ② 합성피혁
③ 천연피혁 ④ 천연모피

40 저마 섬유에 대한 설명으로 옳은 것은?

① 현미경으로 관찰하면 측면은 리본 모양으로 되어 있고 꼬임이 있다.

② 열전도성이 적어서 보온성이 좋다.
③ 삼베라고도 하며 섬유의 단면은 삼각형이고 측면에는 마디와 선이 있다.
④ 모시라고도 하며 오래 전부터 한복감으로 사용되었다.

해설 저마 = 모시(고급 한복감)

41 **다음 중 스테이플(Staple) 섬유로 실을 구성할 수 없는 것은?**

① 양모 ② 면
③ 견 ④ 마

해설 단섬유 = 스테이플(면, 마, 모) → 방적사

42 **한국산업표준에서 섬유 제품의 취급에 대하여 표시하는 기호는 몇 종류로 구분되어 있는가?**

① 3종 ② 4종
③ 5종 ④ 6종

해설 세탁 방법, 표백, 다림질, 드라이클리닝, 탈수, 건조(6종)

43 **나일론 섬유의 특성으로 옳은 것은?**

① 신도는 적으나 흡수성이 매우 크다.
② 흡습성이 크므로 세탁이 쉬운 편이다.
③ 내열성이 크므로 분산 염료에 염색성이 양호하다.
④ 강도가 크고 산성 염료에 염색성이 양호하다.

해설 동물성 아미노기가 있어 산성 염료에 염색성이 좋다.

44 **지퍼에 대한 설명으로 틀린 것은?**

① 단추 다음으로 많이 사용되는 잠금장치이다.
② 이빨 모양의 금속 또는 플라스틱으로 만들어져 있다.
③ 방모 등의 두꺼운 천에만 다는 흡입장치로 잡아 당겨야만 사용된다.
④ 스포츠 용품에 사용되는 금속 지퍼는 폭이 넓고 단단하다.

해설 • 플라스틱 지퍼 : 가볍고 섬세한 옷
• 금속지퍼 : 스포츠, 레저용품

45 **다음 중 재생 셀룰로스 섬유가 아닌 것은?**

① 비스코스레이온
② 폴리노직레이온
③ 아세테이트
④ 카제인 섬유

해설 재생 단백질 섬유 : 알긴산(해초), 카제인

46 **다음 중 셀룰로스계 섬유에 염색이 가장 잘 되는 염료는?**

① 직접 염료 ② 염기성 염료
③ 분산 염료 ④ 산성 염료

47 **가죽처리 공정 중 원피에 붙어 있는 덩어리나 고기를 제거하는 것은?**

① 물에 침지 ② 석회 침지
③ 제육 ④ 분할

48 **면 섬유의 구조에 대한 설명 중 틀린 것은?**

① 셀룰로스를 주성분으로 하고, 분자구조식은($C_6H_{10}O_5$)이다.
② 섬유의 측면은 투명하고 긴 원통형을 이루고 있다.
③ 품질이 우수한 면일수록 천연꼬임의 숫자는 많아진다.
④ 단세포 구조로 현미경으로 보면 단면이 평편하고 중앙은 속이 비어 있는 모양이다.

해설 마 : 측면이 투명하고 긴 원통형, 마디가 있는 것

49 **섬유의 성질에 대한 설명 중 틀린 것은?**

① 양모 섬유는 물에 의한 축융성이 심하고 알칼리에 약하므로 세제는 고급 알코올계 또는 비이온계 합성세제를 사용한다.
② 견섬유는 아름다운 광택과 우아한 감각을 가진 섬유로서 물과 알칼리에 약하므로 드라이클리닝을 해야 한다.
③ 모 편성물의 세탁 시 주무르거나 가볍게 눌러 빠른 것이 안전하다.
④ 면 섬유는 아름다운 광택과 우아한 감각을 가진 섬유이므로 알칼리에 약하여 한복 세탁법을 사용해서는 안 된다.

50 **합성섬유 중 부가중합체에 의하여 제조되는 섬유는?**

① 나일론　② 폴리에스테르
③ 아크릴　④ 스판덱스

해설 나일론, 폴리에스테르, 폴리우레탄 → 축합중합체

51 **평직의 특징이 아닌 것은?**

① 제직이 간단하다.
② 경사와 위사가 한 올씩 상, 하 교대로 교차되어 있다.
③ 광목, 옥양목 등이 평직물의 대표적인 것이다.
④ 광택이 우수하다.

해설 평직물은 강도는 높고, 광택은 낮다.

52 **아마 섬유의 성질이 아닌 것은?**

① 신축성이 좋다.
② 열의 전도성이 좋다.
③ 흡습과 건조 속도가 면 섬유보다 빠르다.
④ 구김이 잘 생긴다.

해설 신축성이 낮고, 구김이 잘 생긴다.

53 **세탁견뢰도 시험에 사용하는 시약이 아닌 것은?**

① 무수탄산나트륨
② 메타규산나트륨
③ 초산
④ 염화나트륨

54 **가열하면 특정 온도에서 녹아서 액체가 되는 섬유로만 나열한 것은?**

① 아마, 대마
② 나일론, 저마
③ 나일론, 폴리에스테르
④ 면, 폴리에스테르

해설 합성 섬유는 녹으면서 탄다.

55 다음 중 세탁견뢰도가 가장 우수한 등급은?

① 2급　　② 3급
③ 4급　　④ 5급

56 공중위생관리법에 규정한 세탁물 관리 사고로 인한 분쟁을 조정할 수 있는 곳은?

① 소상공인지원센터
② 공정거래위원회
③ 세탁업중앙회
④ 시, 군, 구청

해설 세탁업중앙회가 분쟁 조정한다.

57 다음 중 공중위생관리법이 규정하고 있는 공중위생영업에 해당하지 않는 것은?

① 숙박업　　② 세탁업
③ 미용업　　④ 식품접객업

58 세탁업자가 시·도지사 또는 시장, 군수, 구청장의 개선명령을 이행하지 아니한 때 1차 위반 시 행정처분기준은?

① 경고　　② 영업정지 10일
③ 영업정지 1월　　④ 영업장 폐쇄명령

59 다음 중 명예공중위생감시원의 업무가 아닌 것은?

① 공중위생감시원이 행하는 검사대상물의 수거 지원
② 법령 위반행위에 대한 신고 및 자료제공
③ 공중위생관리업무와 관련하여 따로 부여받은 업무
④ 공중이용시설의 위생 관리 상태의 확인, 검사

60 공중위생영업자가 받아야 할 연간 위생교육 시간은?

① 1시간　　② 2시간
③ 3시간　　④ 4시간

세탁기능사 답안(2013년 2회)

1	2	3	4	5	6	7	8	9	10
③	①	②	④	④	④	②	④	③	③
11	12	13	14	15	16	17	18	19	20
③	③	③	②	④	③	④	①	④	③
21	22	23	24	25	26	27	28	29	30
②	③	③	④	③	④	④	④	②	④
31	32	33	34	35	36	37	38	39	40
③	③	④	④	④	④	②	②	①	④
41	42	43	44	45	46	47	48	49	50
③	④	④	③	④	①	③	②	④	③
51	52	53	54	55	56	57	58	59	60
④	①	④	③	④	③	④	①	④	③

2013년도 기능사 제4회 필기시험

자격종목	품목코드	시험시간	형별	수험번호	성 명
세탁기능사					

01 비누의 장점으로 틀린 것은?

① 산성 용액에서도 사용할 수 있다.
② 세탁 효과가 우수하다.
③ 세탁한 직물의 촉감이 양호하다.
④ 거품이 잘 생기고 헹굴 때에는 거품이 사라진다.

해설 산성 용액에서는 사용할 수 없다.

02 오점의 성분 중 충해의 원인이 되는 것은?

① 염류 ② 무기물
③ 요소 ④ 단백질

해설 충해의 원인 : 단백질

03 다음 중 표백가공의 설명으로 틀린 것은?

① 표백제는 산화표백제와 환원표백제로 나눈다.
② 산화표백제는 동물성 섬유에 주로 사용한다.
③ 표백은 유색물질을 화학적으로 파괴시켜 색소를 제거하는 것이다.
④ 착용과 세탁에서 생기는 황변 또는 염색물의 오염 상태를 제거한다.

해설 산화표백제는 식물성 섬유인 면, 마에 사용한다.

04 흡착에 의한 재오염에 해당하지 않는 것은?

① 정전기 ② 점착
③ 물의 적심 ④ 염착

해설 염착은 염료가 섬유에 부착하는 것이다.

05 세정액의 청정장치 방식 중 여과지와 흡착제가 별도로 되어 있고 여과 면적이 넓고 흡착제의 양이 많아 오래 사용하는 것은?

① 청정통식 ② 카트리지식
③ 증류식 ④ 필터식

해설
- 청정통식 : 오래 사용
- 카트리지식 : 많이 사용

06 피복의 오염 부착 상태 중 마찰이나 물리적 작용으로 직접 오염이 부착되거나 중력 등에 의하여 오염입자가 침전하여 피복의 표면에 부착되는 것은?

① 유지결합에 의한 부착
② 정전기에 의한 부착
③ 화학결합에 의한 부착
④ 기계적 부착

해설 기계적 부착 = 단순 = 물리적 → 솔질로 쉽게 제거

07 계면활성제의 기본적인 성질과 직접 관계하는 작용이 아닌 것은?

① 기포 작용 ② 침투 작용
③ 분산 작용 ④ 살균 작용

해설 직접작용 : **습**윤 – **침**투 – **유**화 – **분**산 – **가**용화 – **기**포 – **세**척

암기법 습 침 유 분 가 기 세

08 다음 중 산화표백제가 아닌 것은?

① 아황산나트륨
② 차아염소산나트륨
③ 과산화수소
④ 과탄산나트륨

해설 **산**화표백제는 **염**소계와 **과**산화물계, 환원표백제는 **아**황산가스, **아**황산수소나트륨, **하**이드로 설파이트

암기법 산 염 과 아 하

09 용제 공급펌프의 성능에 대한 설명 중 틀린 것은?

① 액심도 3까지 60초 이상 요하는 펌프는 불량이다.
② 액심도 3까지 45~60초를 요하는 펌프는 한계이다.
③ 액심도 3까지 60초까지는 이상이 없다.
④ 액심도 3까지 45초 이내는 양호하다.

해설 액심도(10등분) 3까지 45초 이내 양호 〉 60초 한계 〉 60초 이상 불량

10 보일러에서 0℃의 물 1ml를 1℃ 올리는 데 필요한 열량은?

① 0kcal ② 1kcal
③ 2kcal ④ 5kcal

11 다음 중 세정률이 가장 높은 섬유는?

① 양모 ② 아세테이트
③ 견 ④ 비닐론

해설 오염 **제**거 잘되는 순서 : **양**모 → **나**일론 → **비**닐론 → **아**세테이트 → **면** → **레**이온 → **마** → **비**단

암기법 제 양 나 비 아 면 레 마 비

12 고객으로부터 세탁물을 접수받을 때 점검할 사항이 아닌 것은?

① 고객으로부터 얼룩의 종류와 부착 시기 등을 묻고 접수증에 기록한다.
② 의류의 형태 변화 및 탈색, 변색, 클리닝 대상 여부를 판별한다.
③ 기호나 성명 등을 마킹종이에 기입해서 일일이 세탁물에 부착하는 것은 시간 낭비이다.
④ 카운터에서 고객과 함께 진단처방한 주의점은 처방지에 기록한다.

해설 성명 등을 마킹종이에 기입해야 분실우려가 없다.

13 퍼클로로에틸렌에 대한 설명 중 틀린 것은?

① 화재 폭발의 위험이 없다.
② 끓는점이 121℃로 낮아서 증류 정제가 쉽다.
③ 세탁시간이 짧아서 피혁이나 견직물 클리닝에 좋다.
④ 독성이 커서 밀폐장치가 필요하다.

해설 용해력이 커서 섬세한 견직물이 상하기 쉽다.

14 **직물에 유연 처리하여 정전기를 방지하는 가공은?**

① 발수가공 ② 방수가공
③ 방오가공 ④ 대전방지가공

해설 대전방지가공은 섬유나 섬유 제품의 대전을 방지하는 가공이다.

15 **다음 중 수용성 오점이 아닌 것은?**

① 그리스 ② 커피
③ 겨자 ④ 간장

16 **세탁물의 진단 중 주요 내용이 아닌 것은?**

① 특수품의 진단
② 고객 주문의 타당성 진단
③ 요금의 진단
④ 광고의 진단

17 **계면활성제의 종류 중 대전방지제로 가장 많이 사용하는 것은?**

① 음이온계 계면활성제
② 양성계 계면활성제
③ 비온계 계면활성제
④ 양이온계 계면활성제

해설 양이온계는 세척력이 약하여, 유연제, 대전방지제로 쓰인다.

18 **용제의 청정화가 불충분하여 재오염되었더라도 깨끗한 용제로 헹구면 제거될 수 있는 것은?**

① 점착 ② 흡착
③ 염착 ④ 부착

19 **형광증백제에 대한 설명 중 틀린 것은?**

① 흰색 의류를 더욱 희고 밝게 보이게 한다.
② 미량(0.1% 이하)으로 증백 효과를 기대할 수 없어 0.5% 이상 사용해야 한다.
③ 증백제 처리를 잘못했을 때 바람직하지 못한 녹색을 띄는 경우가 있다.
④ 내일광성이나 내염소성에 비교적 취약한 편이다.

해설 미량(0.1% 이하)으로도 증백 효과를 기대할 수 있다.

20 **세정액의 청정장치 방식이 아닌 것은?**

① 필터식 ② 카트리지식
③ 청정통식 ④ 텀블러식

해설 텀블러는 열풍 건조기다.

21 **세탁물의 상해 예방에 대한 설명 중 옳은 것은?**

① 용제 중의 수분을 많게 한다.
② 원심탈수기 작동 시 뚜껑을 덮지 않는다.
③ 손상되기 쉬운 제품은 망에 넣어 처리한다.
④ 건조기 온도를 고온으로 하여 빨리 처리한다.

해설 상해 예방 → 과열분해 방지, 수분을 적당히 유지하고, 덮개보를 덮고 뚜껑을 닫는다. 온도를 너무 올리지 않아야 되고, 손상되기 쉬운 것은 망에 넣어 처리한다.

22 **론드리 공정 중 표백 온도로 가장 적합한 것은?**

① 20~30℃ ② 40~50℃

③ 60~70℃　　　④ 80~90℃

해설 표백 온도는 60~70℃, 산욕은 40℃ 이하

23 얼룩의 판별 수단으로 옳은 것은?

① 외관 : 사람의 후각, 촉각에 의하여 판별한다.
② pH시험지 : 얼룩 부분을 물로 분무하여 친수성, 친유성, 얼룩 여부를 조사한다.
③ 분무 : 산성, 알칼리성 여부를 조사한다.
④ 현미경 : 미립자는 생물현미경(300~600배), 보통의 입자는 실체현미경(5~60배)으로 관찰한다.

24 다림질 방법에 대한 설명 중 틀린 것은?

① 모직물은 위에 덧헝겊을 대고 물을 뿌려 다린다.
② 혼방물은 내열성이 낮은 섬유를 기준하여 다린다.
③ 풀 먹인 직물을 너무 고온처리하면 황변이 될 수 있다.
④ 광택을 필요로 하는 옷은 다리미판이 부드러운 것을 사용한다.

해설 광택을 필요로 하는 옷은 딱딱한 것을 사용한다.

25 다음 중 의복의 기능에 대한 설명으로 틀린 것은?

① 위생상의 성능이 있다.
② 실용적인 성능이 있다.
③ 상품화 성능이 있다.
④ 감각적 성능이 있다.

해설 의복 기능 : **위**생상 성능, **실**용적 성능, **감**각적 성능, **관**리적 성능
암기법 위실감관

26 웨트클리닝용 세제로 가장 적합한 것은?

① 알칼리성 세제　② 경성 세제
③ 연성 세제　④ 중성 세제

해설 웨트클리닝에 적합한 세제는 중성 세제이다.

27 드라이클리닝 기계 중 합성 세제를 사용하며 세정, 탈액, 건조까지 연속적으로 처리되는 것은?

① 개방형 세정기
② 반개방형 세정기
③ 준밀폐형 세정기
④ 밀폐형 세정기

해설 밀폐형(핫머신) : 세정 + 탈액 + 건조

28 다음 중 세탁에 적정한 알칼리성 농도로 가장 적합한 pH는?

① pH 7　② pH 9
③ pH 11　④ pH 14

해설 세척력이 가장 좋은 것은 약알칼리성(pH 10~11) 세제이다.

29 다음 중 웨트클리닝 대상품이 아닌 것은?

① 합성수지 제품
② 고무를 입힌 제품
③ 수지안료 가공 제품
④ 아세테이트 제품

30 론드리에 대한 설명으로 옳은 것은?

① 수질 오염 방지를 사용하며 가볍게 손세탁을 하는 작업이다.
② 중성세제를 사용하며 가볍게 손세탁을 하는 작업이다.
③ 휘발성 유기 용제로 모, 견 등을 클리닝하는 작업이다.
④ 알칼리제, 비누를 사용하여 온수에서 워셔로 세탁하는 가장 세정 작용이 강한 작업이다.

31 다음 중 얼룩 빼기 용구가 아닌 것은?

① 주걱　② 제트스포트
③ 받침판　④ 분무기

해설 얼룩 빼기 기계 : 스팟팅머신, 초음파 세정기, 제트스포트

32 견직물 한복의 세탁에 대한 설명 중 틀린 것은?

① 물세탁만 하면 변색, 수축이 된다.
② 기름세탁만 하면 수용성 오점이 제거되지 않고 세정효율이 낮다.
③ 발수법을 이용한 기름세탁 후 물세탁 방법이 바람직하다.
④ 다른 세탁물과 혼합해서 세탁하면 경제적이고 간편하다.

해설 견직물 한복은 혼합세탁하면 상하기 쉽다.

33 론드리 공정 중 건조에 대한 설명으로 틀린 것은?

① 수분을 완전히 제거하고 말린다.
② 살균, 소독 작용이 있다.
③ 두꺼운 옷감일 때는 그냥 말려 마무리를 한다.
④ 화학섬유의 경우 수축, 황변하기 쉬우므로 60℃ 이상에서 건조시킨다.

해설 화학섬유는 60℃ 이하에서 건조시킨다.

34 다음 중 화학적 얼룩 빼기 방법이 아닌 것은?

① 알칼리법　② 분산법
③ 표백제법　④ 효소법

해설 화학적 방법 : 산, 알칼리, 표백제, 효소법

35 다림질의 3대 요소에 해당하지 않는 것은?

① 온도　② 진공
③ 압력　④ 수분

해설 다림질 3대 요소 : 온도, 압력, 수분

36 다음 중 실로 만들어진 피륙이 아닌 것은?

① 브레이드　② 레이스
③ 부직포　④ 편성물

해설 펠트와 부직포는 실의 과정을 거치지 않고 섬유에서 직접 만든다.

37 폴리에스테르(Polyester) 섬유의 단점으로 틀린 것은?

① 내약품성이 좋지 않다.
② 염료를 흡착할 만한 활성기가 없어 염색이 어렵다.
③ 정전기를 잘 발생한다.
④ 흡습성이 낮다.

해설 폴리에스테르는 열과 산, 알칼리에 강하고, 표백에도 안정하다.

38 아미드 결합(-CONH-)에 의해서 단량체가 연결된 긴 사슬 모양 고분자를 이룬 합성 섬유는?

① 폴리에스테르 ② 나일론
③ 아크릴 ④ 비닐론

해설 폴리아미드는 나일론을 뜻한다.

39 셀룰로스 섬유의 염색에 적합하지 않은 염료는?

① 직접 염료 ② 분산 염료
③ 반응성 염료 ④ 배트 염료

해설 셀룰로스 섬유
- 연한 색 : 직접 염료
- 중색 이상 : 반응, 배트 염료
- 검정색 : 황화 염료

40 편성물의 특성으로 틀린 것은?

① 신축성이 좋고 구김이 생기지 않는다.
② 함기량이 많아 가볍고 따뜻하다.
③ 세탁 후 다림질이 크게 필요 없다.
④ 조직이 튼튼하고 간단하다.

해설 편성물은 마찰 강도가 약하다.

41 나일론 섬유의 특성 중 틀린 것은?

① 강도가 크고 마찰에 대한 저항도가 크다.
② 비중은 1.14로 양모 섬유에 비해 가볍다.
③ 햇빛에 의한 황변이 일어나지 않는다.
④ 흡습성이 적어서 빨래가 쉽게 마른다.

해설 내일광성 = 아크릴 〉 폴리에스테르 〉 나일론
내구성 = 나일론 〉 폴리에스테르 〉 아크릴

42 다음 중 내일광성이 가장 좋은 섬유는?

① 나일론
② 폴리에스테르
③ 아크릴
④ 비닐론

해설 아크릴은 내일광성이 커서 커튼을 만드는 데 사용된다. 또한, 보온성이 우수하여 내복지로 사용한다.

43 섬유의 물세탁 방법 표시 기호에 대한 설명으로 틀린 것은?

① 물의 온도는 30℃를 표준으로 한다.
② 약하게 손세탁할 수 있다.
③ 세탁기로 세탁할 수 있다.
④ 세제는 중성 세제를 사용한다.

44 다음 중 산에 가장 약한 섬유는?

① 면
② 양모
③ 견
④ 폴리에스테르

해설 식물성 섬유는 알칼리에 강하고 산에 약하다.

45 **재생셀룰로스 섬유로만 나열된 것은?**

① 비스코스레이온, 폴리노직레이온, 구리 암모늄레이온
② 폴리에틸렌, 폴리프로필렌, 폴리염화비닐
③ 아세테이트, 폴리에스테르, 구리암모늄레이온
④ 비닐론, 비누화아세테이트, 폴리우레탄

해설 레이온 : 재생셀룰로스

46 **염료의 장 · 단점에 대한 설명 중 틀린 것은?**

① 견뢰도를 좋게 하기 위해서는 직접 염료를 사용해야 견뢰도가 강하다.
② 직접 염료는 염색법이 간단하나 색상이 선명하지 않다.
③ 산성 염료는 색상이 선명하나 견뢰도가 나쁘다.
④ 적은 양으로도 진한 색으로 염색이 가능하나 견뢰도가 나쁜 것이 염기성 염료이다.

해설 직접 염료는 색상도 선명하지 않고, 견뢰도도 낮다.

47 **가죽의 특성이 아닌 것은?**

① 내열성이 증대한다.
② 유연성과 탄력성이 좋다.
③ 물을 짜내면 물이 잘 빠져 나오지 않는다.
④ 산성 염료로 염색성이 좋다.

해설 가죽은 물이 잘 빠져 나온다.

48 **반응성 염료로 염색이 불가능한 것은?**

① 아세테이트 ② 면
③ 나일론 ④ 마

해설 아세테이트는 염색성이 불량해서 분산 염료가 적당하다.

49 **다음 중 일광견뢰도가 가장 양호한 등급은?**

① 1급 ② 4급
③ 5급 ④ 8급

해설 일광(1~8등급), 세탁(1~5등급), 마찰(1~5등급)

50 **다음 중 스테이플(Staple) 섬유가 아닌 것은?**

① 견 ② 면
③ 양모 ④ 마

해설 방적사(短)는 면, 마, 모사이다. 비단은 천연 섬유 중 유일한 장섬유이다.

51 **다음 중 면 섬유의 특성으로 틀린 것은?**

① 현미경으로 관찰하면 측면은 리본 모양으로 되어 있고 꼬임이 있다.
② 현미경으로 관찰하면 중앙에는 중공이 있다.
③ 수분을 흡수하면 강도가 증가한다.
④ 산에는 다소 강하나 알칼리에는 약한 편이다.

해설 알칼리 출신은 알칼리에 강하고 산에 약하다.

52 아세테이트 섬유의 특성으로 옳은 것은?

① 흡습성이 비스코스레이온에 비해서 훨씬 크다.
② 셀룰로스 섬유에 비해 구김이 잘 생긴다.
③ 장기간 노출하여도 강도는 변함이 없다.
④ 곰팡이에 안전하다.

해설 아세테이트는 곰팡이에 안전하다.

53 다음 중 평직물이 아닌 것은?

① 개버딘 ② 광목
③ 옥양목 ④ 포플린

54 염색견뢰도에 대한 설명 중 틀린 것은?

① 견뢰도는 염료의 종류에 따라 각각 다르다.
② 견뢰도 판정은 오염 판정 시 사용하는 표준색표와 비교한다.
③ 견뢰도의 종류에 관계없이 등급의 수는 모두 같다.
④ 염색된 옷이 세탁에 견디는 능력을 세탁견뢰도라 한다.

해설 일광(1~8등급), 세탁(1~5등급), 마찰(1~5등급)

55 합성 섬유의 특성으로 틀린 것은?

① 합성 섬유는 석유에서 얻어지는 기초 화학 물질을 고분자로 합성한 섬유이다.
② 대표적인 합성 섬유는 나일론, 폴리에스테르, 아크릴 등이다.
③ 합성 섬유에는 바다의 해초에서 원료를 추출하여 만든 알긴산 섬유가 있다.
④ 합성 섬유는 합성 고분자를 제조하는 과정에 따라 축합중합 섬유와 부가중합 섬유로 구분하기도 한다.

해설 알긴산(해초), 카제인(천연 단백질 섬유)

56 세탁업주가 영업소 폐쇄명령을 받고도 계속하여 영업을 할 때 관계공무원으로 하여금 당해 영업소를 폐쇄를 하기 위한 조치사항으로 틀린 것은?

① 당해 영업소의 간판 기타 영업표지물의 제거
② 영업을 위하여 필수불가결한 기구 또는 시설물을 사용할 수 없게 하는 봉인
③ 영업소에 고객이 출입할 수 없도록 출입문에 지켜 서 있는 행위
④ 당해 영업소가 위법한 영업소임을 알리는 게시물 등의 부착

해설 영업소를 폐쇄하려고 할 때 출입문을 폐쇄하거나, 지켜 서 있는 행위는 안 된다.

57 신고를 하지 아니하고 영업소의 소재지를 변경할 때 1차 위반의 경우에 대한 행정처분 기준으로 옳은 것은?

① 개선명령
② 영업정지 15일
③ 영업정지 2개월
④ 영업장 폐쇄명령

해설 신고를 하지 않고 소재지 변경과 영업정지 기간 중 영업 시는 1차 폐쇄

58 **세탁업을 하고자 하는 자는 공중위생영업의 종류별로 보건복지부령이 정하는 시설 및 설비를 갖추고 시장, 군수, 구청장에게 어떤 절차를 받아야 하는가?**

① 허가 ② 인가
③ 신고 ④ 등록

해설 세탁업은 신고업종이다.

59 **다음 중 공중위생감시원의 업무범위가 아닌 것은?**

① 법 제3조 제1항의 규정에 의한 시설 및 설비의 확인
② 법 제5조에 규정에 의한 영업자의 기술자격 인정 여부
③ 법 제4조의 규정에 의한 영업자준수사항 이행 여부의 확인
④ 법 제5조 규정에 의한 공중이용시설의 위생관리상태의 확인 · 검사

해설 기술자격 인정 여부, 개인위생은 확인 · 점검할 사항이 아니다.

60 **다음 중 공중위생감시원을 임명할 수 있는 자가 아닌 것은?**

① 도지사
② 공중위생단체의 장
③ 광역시장
④ 시장, 군수, 구청장

해설 임명권은 시 · 도지사, 시장, 군수, 구청장에게 있다.

세탁기능사 답안(2013년 4회)

1	2	3	4	5	6	7	8	9	10
①	④	②	④	①	④	④	①	③	②
11	12	13	14	15	16	17	18	19	20
①	③	③	④	①	④	④	④	②	④
21	22	23	24	25	26	27	28	29	30
③	③	④	④	③	④	④	③	④	④
31	32	33	34	35	36	37	38	39	40
②	④	④	②	②	③	①	②	②	④
41	42	43	44	45	46	47	48	49	50
③	③	③	①	①	①	③	①	④	①
51	52	53	54	55	56	57	58	59	60
④	④	①	③	③	③	④	③	②	②

2014년도 기능사 제1회 필기시험

자격종목	품목코드	시험시간	형별	수험번호	성 명
세탁기능사					

01 다음 중 쉽게 오염이 되고 오염 제거가 가장 어려운 섬유는?

① 비스코스레이온 ② 양모
③ 나일론 ④ 비닐론

해설 더러움이 빨리 타는 순서 : 레이온 – 마 – 아세테이트 – 면 – 비닐론 – 비단 – 나일론 – 양모

02 세정액의 청정화 방법에 해당되지 않는 것은?

① 여과 ② 흡착
③ 증류 ④ 흡수

해설 청정화 방법은 여과, 흡착, 증류이다.

03 유용성 오점에 대한 설명으로 옳은 것은?

① 매연, 점토 등 유기성의 먼지 등을 말한다.
② 유기용제에 녹으나 물에는 녹지 않는다.
③ 물에 용해된 물질에 의하여 생긴 오점이다.
④ 유기용제와 물에 녹지 않는다.

해설 유성 오점은 유성에 녹는다.

04 보일러의 운전 중 고장 원인이 아닌 것은?

① 점화 작동 중 수면계에 수위가 나타나지 않는다.
② 스팀에 물이 섞여 나오지 않는다.
③ 본체에서 증기나 물이 샌다.
④ 작동 중 불이 꺼지며 2~3회 운전 시 정상 가동된다.

05 계면활성제의 성질이 아닌 것은?

① 한 개의 분자 내에 친수기와 친유기를 가진다.
② 물과 공기 등에 흡착하여 계면장력을 증가시킨다.
③ 직물의 습윤 효과를 향상시킨다.
④ 직물의 약제에 침투 효과를 증가시킨다.

해설 계면장력을 저하시킨다.

06 오점이 잘 제거되는 섬유의 순서부터 나열한 것은?

① 마 → 견 → 양모 → 면
② 마 → 견 → 면 → 양모
③ 양모 → 면 → 견 → 마
④ 양모 → 면 → 마 → 견

해설 오염 **제**거 잘되는 순서 : **양**모 → **나**일론 → **비**닐론 → **아**세테이트 → **면** → **레**이온 → **마** → **비**단

암기법 제 양 나 비 아 면 레 마 비

07 **클리닝의 효과를 일반적인 효과와 기술적인 효과로 구분할 때 일반적인 효과에 해당하는 것은?**

① 세탁물의 내구성을 유지시킨다.
② 오염물의 종류와 발생 원인을 작업 전에 숙지한다.
③ 오염물을 완전하게 제거한다.
④ 오염 제거 방법을 분류한다.

해설 클리닝의 일반적인 효과 : 위생성, 내구성, 패션성

08 **다음 중 대전 방지 가공을 필요로 하는 섬유는?**

① 양모 ② 폴리에스테르
③ 견 ④ 면

해설 폴리에스테르는 수분율이 0.4%이므로 정전기가 잘 일어난다.

09 **게이지의 압력이 $5kg/cm^2$인 보일러의 절대압력(kg/cm^2)은?**

① 5 ② 6
③ 10 ④ 50

해설 절대압력 = 게이지 압력 + 1

10 **오점의 분류에서 와인이 해당하는 오점은?**

① 수용성 오점
② 불용성 오점
③ 유용성 오점
④ 복합성 오점

해설 와인, 땀, 주스, 커피 등은 물에 잘 녹는다.

11 **표백을 해서 얻을 수 있는 효과가 아닌 것은?**

① 살균 효과를 높인다.
② 산화 변질된 얼룩을 제거한다.
③ 섬유의 황변과 회색화를 방지한다.
④ 유성 오점과 철분 등을 쉽게 제거한다.

12 **다음 중 직물의 방충가공에 사용하는 가공제는?**

① 아레스린 ② 과산화수소
③ 콘스타치 ④ 초산비닐

13 **보일러에서 0℃의 물 1cc를 1℃ 올리는 데 필요한 열량은?**

① 10kcal ② 5kcal
③ 2kca ④ 1kcal

14 **계면활성제의 종류 중 세척력이 약해 대전 방지제로 사용하는 것은?**

① 음이온계 계면활성제
② 양이온계 계면활성제
③ 비이온계 계면활성제
④ 양성계 계면활성제

15 **석유계 용제의 장점으로 틀린 것은?**

① 세정시간이 짧다.
② 기계 부식에 안전하다.
③ 독성이 약하고 값이 싸다.
④ 약하고 섬세한 의류에 적당하다.

해설 세정시간이 20~30분으로 길다.

16 **용해력 비중이 크므로 세정시간이 짧고 상압으로 증류할 수 있는 용제는?**

① 퍼클로로에틸렌
② 삼염화에탄
③ 이소프로필알코올
④ 사염화탄소

해설 상압 증류가 가능한 것은 퍼클로로에틸렌이다.

17 **방충제로서 효력이 가장 빠르고 살충력이 강한 것은?**

① 파라핀
② 파라디클로로벤젠
③ 나프탈렌
④ 장뇌

18 **오점의 부착 상태 중 화학 섬유에 먼지가 부착하는 경우가 해당하는 것은?**

① 유지 결합에 의한 부착
② 분자 간 인력에 의한 부착
③ 정전기에 의한 부착
④ 기계적 부착

19 **다음 중 수관보일러에 해당되는 형식이 아닌 것은?**

① 자연순환식
② 강제식순환식
③ 관류식
④ 노통연관식

해설 • 노통보일러 : 입식, 노통, 연관
• 노통연관 수관 = 순관

20 **드라이클리닝에서 수용성 오점의 세척력을 보완하고 재오염을 방지하기 위해 용제에 첨가하는 것은?**

① 산 ② 알칼리
③ 드라이소프 ④ 합성 세제

21 **형태 안정과 방충성 등은 의복의 기능 중 어디에 포함되는가?**

① 위생상의 성능 ② 실용적인 성능
③ 감각적 성능 ④ 관리적 성능

해설 • 위생상 성능 : 보온성, 흡습성
• 실용적 성능 : 내구성, 내마모, 내열성
• 감각적 성능 : 색, 광택, 촉감

22 **생산성과 제품의 질 향상을 위해 환경에 적합한 적정 조명 중 가장 높은 조명 강도가 필요한 곳은?**

① 사무실 ② 저장창고
③ 휴게실 ④ 화장실

23 **세탁 방법 중 계면활성제가 첨가된 유기용제에 물이 가용화되면 수용성 오점을 제거하는 데 있어 보다 좋은 효과를 나타내는 것은?**

① 차지법
② 검화법
③ 석회 소다법
④ 형광증백 방법

해설 소프 + 소량의 물 첨가 → 친수성 오염 제거 = 차지법

24 **얼룩 빼기 방법 중 물리적 얼룩 빼기 방법이 아닌 것은?**

① 표백제법
② 분산법
③ 기계적 힘을 이용하는 방법
④ 흡착법

해설 화학적 방법 : 산/알칼리법, 표백제법, 효소법

25 **다림질의 3대 요소가 아닌 것은?**

① 온도 ② 압력
③ 수분 ④ 시간

해설 다림질 3대 요소 : 열, 수분(스팀), 압력

26 **마무리 작업의 주의사항으로 틀린 것은?**

① 섬유의 적정 온도보다 다리미 온도가 높으면 황변이 일어날 수 있다.
② 진한 색상의 의복은 섬유 소재에 관계없이 천을 덮고 다리는 것이 좋다.
③ 표면 처리되지 않은 피혁제품의 스팀 처리는 절대 금지해야 한다.
④ 편성물은 신축성이 좋아 인체프레스기를 사용하여야 한다.

해설 편성물은 인체프레스기를 사용하면 회복 불가능할 정도로 늘어난다.

27 **드라이클리닝의 처리 공정 중 전처리에 대한 설명으로 옳은 것은?**

① 전처리는 용제를 조정하는 공정이다.
② 일반적으로 스프레이법과 브러싱법이 있다.
③ 본 세탁에서 쉽게 제거되는 오점의 처리 공정이다.
④ 브러싱할 때는 옷감의 털이 다소 일어나더라도 상관없다.

해설 소프 : 물 : 용제 = 1 : 1 : 8
본세탁에서 제거하기 어려운 오점을 쉽게 제거되도록 브러싱할 때 털이 일어나지 않도록 주의한다.

28 **드라이클리닝의 장점이 아닌 것은?**

① 기름얼룩 제거가 쉽다.
② 이염이 되지 않는다.
③ 용제가 저가이다.
④ 형태 변화가 적다.

해설 용제가 고가이며, 독성과 가연성이 단점이다.

29 **다음 중 웨트클리닝을 해야 하는 것이 아닌 것은?**

① 합성 피혁 제품
② 안료 염색된 의복
③ 고무를 입힌 의복
④ 슈트나 한복

해설 슈트, 한복, 모직양복, 실크 등은 드라이클리닝이 안전하다.

30 **론드리 공정 중 산욕의 주의사항이 아닌 것은?**

① 식물성 섬유는 산에 약하므로 산은 적당하게 사용한다.
② 온도는 상온에서 20~30분간 처리한다.
③ 산을 넣을 때 직접 천에 닿지 않도록 한다.

④ 온도를 올리면 산의 작용이 상승하므로 온도는 너무 올리지 않는다.

해설 산욕은 40℃ 이하에서 3~4분, 규불화산소다(pH 5~5.5).

31 드라이클리닝 기계에 대한 설명 중 옳은 것은?

① 합성 용제용 기계는 완전 방폭형 구조여야 한다.
② 용제를 청정, 회수, 재사용할 수 있어야 한다.
③ 석유계 용제용 기계는 용제의 누출을 적게 해야 한다.
④ 용제 회수율이 낮고 부식이 잘되는 재질이어야 한다.

32 드라이클리닝의 세정 공정 중 매회 세정 때마다 세정액을 교체하여 세탁하는 방법은?

① 차지시스템(Charge System)
② 배치시스템(Batch System)
③ 논차지시스템(Non-charge System)
④ 배치차지시스템(Batch Charge System)

해설 배치시스템(모음세탁) : 매회 세정액을 교체하여 씻는 방법

33 우리나라가 사용하는 경도 표시법은?

① 미국식　　② 영국식
③ 러시아식　　④ 독일식

해설 우리나라는 독일식 경도 표시법을 사용한다.

34 론드리의 세탁 순서로 옳은 것은?

① 애벌빨래 → 본빨래 → 표백 처리 → 헹굼 → 산욕 → 풀먹임 → 탈수 → 건조
② 애벌빨래 → 본빨래 → 헹굼 → 산욕 → 표백 처리 → 풀먹임 → 탈수 → 건조
③ 애벌빨래 → 헹굼 → 본빨래 → 산욕 → 표백 처리 → 풀먹임 → 탈수 → 건조
④ 애벌빨래 → 헹굼 → 본빨래 → 산욕 → 풀먹임 → 표백 처리 → 탈수 → 건조

해설 **애**벌빨래 → **본**빨래 → **표**백 처리 → **헹**굼 → **산**욕 → **풀**먹임 → **탈**수 → **건**조 → **마**무리

암기법 애본표헹산풀탈건마

35 론드리의 장점에 대한 설명 중 틀린 것은?

① 세탁 온도가 높아 세탁 효과가 좋다.
② 알칼리제를 사용하므로 오점이 잘 빠진다.
③ 표백이나 풀먹임이 효과적이며 용이하다.
④ 마무리 시간이 짧다.

해설 마무리에 상당한 시간과 기술이 필요한 것이 단점이다.

36 섬유를 불꽃에 넣었을 때 녹으면서 서서히 타며 약간 달콤한 냄새가 나는 섬유는?

① 면
② 마
③ 비스코스레이온
④ 폴리에스테르

해설 식물성 셀룰로스는 종이 타듯이 잘 타며 종이 타는 냄새가 난다.

37 **폴리우레탄계 섬유에 해당하는 것은?**

① 나일론 ② 스판덱스
③ 비닐론 ④ 사란

해설 스판덱스는 고무처럼 잘 늘어나는 성질이 있다.

38 **다음 중 양모 섬유만이 가지고 있는 성질은?**

① 흡습성 ② 축융성
③ 대전성 ④ 탄성

해설 양모의 비늘(스케일)이 축융성을 준다.

39 **가죽의 처리 공정을 순서대로 나열한 것은?**

① 물에 침지 → 산에 담그기 → 제육 → 석회침지 → 분할 → 때 빼기 → 탈회 및 효소분해 → 탈모 → 유성
② 물에 침지 → 제육 → 탈모 → 석회침지 → 분할 → 때 빼기 → 탈회 및 효소분해 → 산에 담그기 → 유성
③ 물에 침지 → 제육 → 석회침지 → 산에 담그기 → 분할 → 때 빼기 → 탈회 및 효소분해 → 탈모 → 유성
④ 물 → 탈모 → 탈회 및 효소분해 → 때 빼기 → 유성에 침지 → 산에 담그기 → 제육 → 석회침지 → 분할

해설 **원**피 → **물**에 침지 → **제**육 → **탈**모 → **석**회침지 → **분**할 → **때** 빼기 → **회**분 빼기

암기법 원 물 제 탈 회 분 때 회

40 **천연피혁에 대한 설명 중 틀린 것은?**

① 스킨(Skin)은 작은 동물의 원피이다.
② 하이드(Hide)는 큰 동물의 원피이다.
③ 진피는 동물 가죽의 맨 아랫부분으로 동물 몸체의 근육과 껍질을 연결해 주는 부분이다.
④ 표피는 피부표면을 보호해 준다.

해설
• 피하조직 : 근육과 껍질을 연결한다.
• 진피 : 원피 50% 이상 차지한다. 최종까지 남아 피혁이 되는 부분이다.

41 **견 섬유의 구조 및 화학적 조성에 대한 설명 중 틀린 것은?**

① 단면은 삼각형의 2개의 피브로인과 그 주위를 세리신이 감싸고 있다.
② 다른 섬유에 비하여 내일광성이 좋다.
③ 견사로 누에고치 6~7개에서 뽑아낸 실을 합한 것이다.
④ 물세탁 시 세제로는 중성 세제를 사용한다.

해설 일광에 다른 섬유보다 약하다.

42 **다음 중 인조 섬유가 아닌 것은?**

① 재생 섬유
② 합성 섬유
③ 무기 섬유
④ 셀룰로스 섬유

해설 식물성 섬유는 천연 섬유이다.

43 **원단을 사용하여 제조 또는 가공한 섬유 상품의 품질표시 사항이 아닌 것은?**

① 섬유의 혼용률
② 길이 또는 중량
③ 취급상의 주의
④ 번수 또는 데니어

44 합성 섬유에 대한 설명 중 틀린 것은?

① 해충, 곰팡이에 저항성이 강하다.
② 흡습성이 적다.
③ 정전기 발생이 많다.
④ 합성 섬유의 원료는 주로 목재펄프를 사용한다.

해설 합성 섬유는 석유에서 얻어지는 기초 화학물질을 고분자로 합성한 섬유

45 경사와 위사를 각각 3올 이상으로 교착시켜 완전 조직을 구성하여, 조직점이 빗금 방향으로 연속되어 나타나는 조직은?

① 평직　② 능직
③ 수자직　④ 여직

해설 사문직 : 날실이나 씨실이 3올 이상이며 대각선/능선으로 나타나는 직물

46 아세테이트 섬유의 염색에 가장 적합한 염료는?

① 직접 염료　② 황화 염료
③ 분산 염료　④ 반응성 염료

47 다음 기호의 설명으로 틀린 것은?

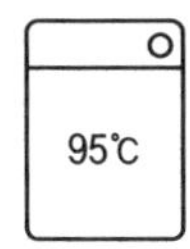

① 물의 온도 95℃를 표준으로 세탁할 수 있다.
② 세탁기로 세탁할 수 있다.
③ 손세탁이 가능하다.
④ 세제 종류에 제한을 받는다.

48 가죽처리 공정에서 석회 침지에 해당하는 것은?

① 가죽제품이 깨끗하고 염색이 잘되게 은면에 남아 있는 모근, 지방 또는 상피층의 분해물을 제거하는 것이다.
② 석회에 담그기가 끝난 제품은 알칼리가 높아 가죽 재료로 사용하기에 부적당하므로 산, 산성염 등으로 중화시키는 것이다.
③ 가죽의 촉감 향상을 위하여 털과 표피층, 불필요한 단백질, 지방과 기름 등을 제거하는 것이다.
④ 산을 가하여 산성화하여 가죽을 부드럽게 하는 것이다.

해설 ① 때 빼기, ② 회분 빼기, ④ 산에 담그기

49 견 섬유의 성질에 대한 설명으로 옳은 것은?

① 가늘고 길며 탄성이 약하고 단섬유이다.
② 레질리언스가 양모 섬유보다 우수하다.
③ 장시간 보존 시 습기 등으로 누렇게 변한다.
④ 아름다운 광택과 부드러움이 있으며 알칼리에 강하다.

50 다음 중 거품이 잘 생기지 않는 비누는?

① 라우르산 비누　② 미리스트산 비누
③ 올레산 비누　④ 스테아르산 비누

해설
- 라우르산 : 야자유, 팜유
- 미리스트산 : 팜
- 올레산 : 올리브유
- 스테아르산 : 우지

51 다음 중 피복 재료와 만들어진 제품의 사용 용도의 관계가 틀린 것은?

① 나일론 : 스타킹
② 아크릴 : 모포
③ 폴리프로필렌 : 속옷
④ 비스코스레이온 : 안감

해설 폴리프로필렌은 비닐론 계통이다. 비중은 0.91로 가장 가볍다.

52 다음 중 재생 단백질 섬유에 해당하는 것은?

① 비스코스레이온 ② 카제인
③ 아세테이트 ④ 폴리에스테르

해설 알긴산과 카제인은 재생 단백질 섬유이다.

53 피혁의 세탁 방법에 대한 설명으로 틀린 것은?

① 치수 변화를 최소화하기 위해서 가능한 물세탁을 한다.
② 염료가 용출되어 색상이 변할 수 있으므로 짧은 시간에 세탁을 마쳐야 한다.
③ 탈지성이 적은 석유계 용제를 사용하는 것이 좋다.
④ 세탁하면 원래의 품질보다 떨어지게 되므로 사용 중 청결을 유지하도록 관리하는 것이 좋다.

54 다음 중 평직의 특성으로 옳은 것은?

① 직물이 조밀하고 최소 3올 이상으로 만들어진다.
② 실용적인 옷감으로 사용되고 광목, 옥양목, 포플린 등이 있다.
③ 유연하여 겉 옷감으로 사용되고 데님, 개버딘, 서지 등이 있다.
④ 신축성이 좋고 구김이 생기지 않는다.

55 섬유 제품의 취급에 대한 표시 기호 중 "물세탁은 안 된다"에 해당하는 것은?

①
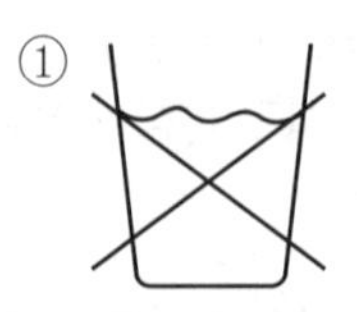
②
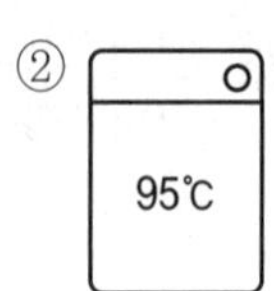

③
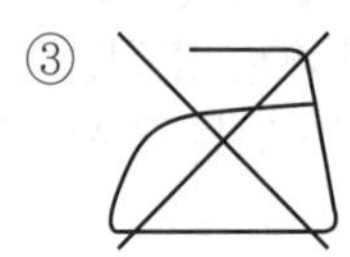
④
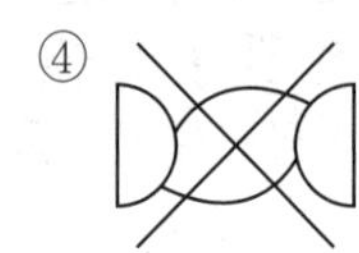

56 공중위생업자가 폐업신고를 하고자 할 때 영업폐업 신고서를 누구에게 제출하여야 하는가?

① 대통령
② 보건복지부령
③ 시 · 도지사
④ 시장, 군수, 구청장

해설 폐업신고도 시장, 군수, 구청장에게 한다.

57 공중위생감시원의 자격, 임명, 업무범위 기타 필요한 사항은 어느 령으로 정하는가?

① 시 · 도지사령 ② 보건복지부령
③ 국무총리령 ④ 대통령령

해설 임명권 → 시 · 도지사, 시장, 군수, 구청장
자격, 임명, 업무범위는 시행령(대통령령)에 따른다.

58 **세제를 사용하는 세탁용 기계의 안전관리를 위하여 밀폐형이거나 용제회수기가 부착된 세탁용기계를 사용하지 아니한 때 2차 위반 시 행정처분 기준은?**

① 개선명령
② 영업정지 5일
③ 영업정지 10일
④ 영업장 폐쇄명령

59 **공중위생영업자의 지위를 승계한 자가 보건복지부령이 정하는 바에 따라 시장, 군수 또는 구청장에게 신고하여야 할 기간은?**

① 1일 이내
② 7일 이내
③ 1월 이내
④ 3월 이내

60 **공중위생관리법이 규정하고 있는 세탁업의 정의로 옳은 것은?**

① 세제를 사용하여 의류를 깨끗이 세탁하는 영업
② 의류 기타 섬유제품이나 피혁제품 등을 세탁하는 영업
③ 용제를 사용하는 고객이 맡긴 의류를 청결하게 하는 영업
④ 피혁제품을 용제만을 사용하여 끝손질 작업하거나 세탁하는 영업

세탁기능사 답안(2014년 1회)

1	2	3	4	5	6	7	8	9	10
①	④	②	②	②	④	①	②	②	①
11	12	13	14	15	16	17	18	19	20
④	①	④	②	①	①	②	③	④	③
21	22	23	24	25	26	27	28	29	30
④	①	①	①	④	④	②	③	④	②
31	32	33	34	35	36	37	38	39	40
②	②	④	①	④	④	②	②	②	③
41	42	43	44	45	46	47	48	49	50
②	④	④	④	②	③	④	③	③	④
51	52	53	54	55	56	57	58	59	60
③	②	①	②	①	④	④	②	③	②

2014년도 기능사 제4회 필기시험

자격종목	품목코드	시험시간	형별	수험번호	성 명
세탁기능사					

01 재오염에 대한 설명 중 틀린 것은?

① 의류가 세정 과정에서 용제 중에 분산된 더러움이 의류에 다시 부착되는 것이다.
② 용제의 청정화가 불충분하므로 건조 후에도 섬유에 더러움이 붙어 있는 것이다.
③ 물에 젖은 섬유는 드라이클리닝 용제 속에서 부분적으로 얼룩이 생길 수 있다.
④ 재오염된 세탁물은 소프(Soap)를 사용하여도 복원할 수 없다.

해설 재오염된 세탁물은 소프를 사용해 복원할 수 있다.

02 세척력이 적어 세제로는 사용하지 아니하나 섬유의 유연제, 대전방지제, 발수제 등에 사용하는 계면활성제는?

① 음이온 계면활성제
② 양이온 계면활성제
③ 양성계 계면활성제
④ 비이온계 계면활성제

해설 유연제 대전방지제 발수제 → 양이온 계면활성제

03 계면활성제의 HLB가 13~15인 것의 용도로 가장 적합한 것은?

① 소포제
② 드라이클리닝용 세제
③ 세탁용 세제
④ 침윤제

해설 **소**포제(1~3), **드**라이(3~4), **유**화제(4~13), **세**탁용(13~15), **가**용화(15~18)

암기법 소드유세가

04 푸새가공에 대한 설명 중 틀린 것은?

① 세탁 후 옷에 풀을 먹이면 부착된 오점이 용이하게 떨어지지 않는다.
② 세탁 후 옷에 풀을 먹이면 옷감에 힘을 주어 팽팽하게 하고 내구성을 부여한다.
③ 세탁 후 옷에 풀을 먹이면 형태를 유지하게 되고, 세탁 시에는 더러움이 잘 빠지게 된다.
④ 풀감의 종류는 면, 마직물에는 녹말풀, 합성직물이나 기타 직물에는 CMC, PVA 풀감이 사용된다.

해설 부착된 오점이 잘 떨어진다.

05 세제 중에 표백제가 배합된 것이 있는데 여기에 사용되는 표백제는?

① 과탄산나트륨　② 과산화수소
③ 황산　④ 셀룰로스

해설 과탄산나트륨(옥시크린)이 배합되어 있다.

06 방오가공의 목적으로 옳은 것은?

① 땀이 옷에 스며들지 못하게 하는 가공이다.
② 바람을 막아주는 가공이다.
③ 오염을 방지하는 가공이다.
④ 세탁 시 수축을 방지하는 가공이다.

해설 방오가공은 불소계 수지를 입혀 더러움(때)을 방지하는 가공이다.

07 세탁용 보일러의 증기 압력과 온도로 옳은 것은?

① 증기압 2.0kg/㎠, 온도 99.1℃
② 증기압 3.0kg/㎠, 온도 119.6℃
③ 증기압 4.0kg/㎠, 온도 142.9℃
④ 증기압 6.0kg/㎠, 온도 151.1℃

해설 증기압 1 – 온도 99.1, 증기압 2 – 온도 119.6, 증기압 3 – 온도 132.9, 증기압 4 – 온도 142.9, 증기압 5 – 온도 151.1, 증기압 6 – 온도 158.1

08 드라이클리닝용 용제의 구비 조건이 아닌 것은?

① 부식성과 독성이 적을 것
② 인화점이 낮고 휘발성일 것
③ 건조가 쉽고 세탁 후 냄새가 없을 것
④ 증류나 흡착에 의한 정제가 쉽고 분해되지 않을 것

해설 인화점이 높고 불연성이어야 한다.

09 보일러의 고장 원인이 아닌 것은?

① 수면계에 수위가 나타나지 않는다.
② 본체에서 물이 샌다.
③ 증기에 물이 섞여 나오지 않는다.
④ 작동 중 불이 꺼진다.

해설 증기에 물이 섞여 나오지 않으면 고장이 아니다.

10 부착에 의한 재오염에 대한 설명 중 옳은 것은?

① 본래 용제가 더러우면 세정의 종료 시에도 용제의 청정화가 불충분하므로 건조하여 용제를 증발시켜도 그 더러움이 섬유에 부착되는 오염이다.
② 용제 중의 더러움이 정전기 등의 인력과 섬유 표면의 점착력 등에 의하여 섬유에 부착되는 오염이다.
③ 세정액 중에 잔존해 있는 염료가 섬유에 흡착하는 오염이다.
④ 섬유 표면의 가공제가 용제에 의하여 연화되어 표면이 점착성이 되어 여기에 접촉된 더러움의 입자가 섬유에 부착되는 오염이다.

해설 부착 : 더러움이 섬유에 부착되는 오염

11 재오염률이 양호한 기준은?

① 1% 이내　② 2% 이내
③ 3% 이내　④ 5% 이내

해설 3% 이내 양호, 5% 이상 불량

12 클리닝의 효과를 일반적인 효과와 기술적인 효과로 구분할 때 일반적인 효과가 아닌 것은?

① 오점 제거로 위생수준 유지
② 의류에 번질 우려가 있는 오점 제거
③ 세탁물의 내구성 유지
④ 고급 의류의 패션성 유지

해설 **일**반적인 효과 : **위**생성, **내**구성, **패**션성
암기법 일 위 내 패

13 재오염의 원인 형태가 아닌 것은?

① 열 ② 염착
③ 흡착 ④ 부착

해설 재오염 : 부착, 흡착(정전기, 점착, 물의 적심), 염착이 있다.

14 다음 중 산화표백제에 해당하는 것은?

① 아황산
② 아황산나트륨
③ 과산화수소
④ 하이드로 설파이트

해설 **산**화표백제는 **염**소계, **과**산화물계가 있고, 환원표배제는 **아**황산가스, **아**황산수소나트륨, **하**이드로 설파이트가 있다.
암기법 산 염 과 아 하

15 오점의 분류 중 혈액, 술, 우유 등이 해당하는 것은?

① 수용성 오점 ② 유용성 오점
③ 불용성 오점 ④ 고체 오점

해설 수용성 오점 : 땀, 오줌, 혈액, 간장, 술, 커피 등

16 계면활성제의 역할에 대한 설명 중 틀린 것은?

① 물에 용해되면 물의 표면장력을 증가시켜 준다.
② 친수기와 친유기를 함께 가지고 있다.
③ 직물에 묻은 오염물질을 유화 분산시킨다.
④ 기포성을 증가키고 세척 작용을 향상시킨다.

해설 물에 용해되면 물의 표면장력을 저하시킨다.

17 다음 중 오염이 가장 잘되는 섬유는?

① 면 ② 레이온
③ 아세테이트 ④ 양모

해설 **더**러움이 잘 타는 순서 : **레**이온 – **마** – **아**세테이트 – **면** – **비**닐론 – 비**단** – **나**일론 – **양**모
암기법 더 레 마 아 면 비 단 나 양

18 다음 중 흡착제이면서 탈산력이 뛰어난 청정제는?

① 활성탄소 ② 실리카겔
③ 활성백토 ④ 알루미나겔

해설 탈**산**/탈**취** = **알**루미나겔, **경**질토
암기법 산 취 = 알 경

19 용제 관리의 목적이 아닌 것은?

① 직물의 습윤 효과를 향상시킨다.
② 물품을 상하지 않게 한다.
③ 재오염을 방지한다.
④ 세정 효과를 높인다.

해설 용제 관리의 목적 : 물품이 상하지 않게 함, 재오염 방지, 세정 효과를 높임

20 **오점 제거 방법 중 클리닝으로 제거할 수 있는 가장 적합한 방법은?**

① 표백제로 제거
② 물세탁으로 제거
③ 털어서 제거
④ 세제로 제거

해설 클리닝 = 세탁 – 론드리(알칼리 세제로), 웨트(중성 세제로), 드라이(소프 = 비누)

21 **얼룩 빼기 방법 중 화학적 얼룩 빼기 방법이 아닌 것은?**

① 표백제법 ② 효소법
③ 분산법 ④ 산법

해설 물리적 얼룩 빼기 방법 : 기계적 방법, 분산법, 흡착법

22 **웨트클리닝에 대한 설명 중 틀린 것은?**

① 일반적으로 행해지는 세탁 방법으로 불가능한 의류는 웨트클리닝을 해야 한다.
② 대상품에 따라 기계 또는 손으로 작업을 한다.
③ 장시간 작업을 해야 세탁물에 손상을 주지 않는다.
④ 풍부한 경험과 기술을 필요로 하는 고급 세탁 방법이다.

해설 물에 적신 후 단시간 내에 끝내야만 세탁물에 손상을 주지 않는다.

23 **론드리 건조 시 주의점에 대한 설명으로 틀린 것은?**

① 배기구는 자주 청소하여야 건조효율을 높일 수 있다.
② 늘어나거나 수축될 우려가 있는 섬유는 자연건조시킨다.
③ 비닐론 제품은 젖은 채로 다림질하지 않도록 한다.
④ 화학 섬유는 90℃ 이상의 고온으로 건조시킨다.

해설 화학 섬유 제품은 수축, 황변되기 쉬우므로 60℃ 이하에서 건조시킨다.

24 **다음 중 세탁소의 활동에서 조도범위(KS A3011)가 다른 하나는?**

① 검량 ② 다림질
③ 세탁 ④ 분류

해설 검량, 다림질, 세탁의 밝기는 분류의 조도보다 밝아야 한다.

25 **기름얼룩을 제거하는 데 가장 적합하지 않는 것은?**

① 휘발유 ② 석유
③ 암모니아 ④ 벤젠

해설 탄화수소계는 석유, 휘발유, 벤젠, 신나 등이 있다.

26 **다음 중 드라이클리닝 마무리 기계가 아닌 것은?**

① 만능프레스기 ② 스팀박스
③ 몸통프레스기 ④ 팬츠토퍼

해설 만능(모직물), 옵셋(실크), 인체(상의), 팬츠토퍼(하의), 스팀박스(코트, 상의), 스팀터널(편성물)

27 **드라이클리닝 마무리 기계 중 인체프레스가 해당하는 형태는?**

① 폼모형 ② 프레스형
③ 스팀형 ④ 시어즈형

해설 폼모형 : 인체프레스(상의), 팬츠토퍼(하의)

28 **론드리에 대한 설명 중 틀린 것은?**

① 모직물이나 견직물로 된 백색 세탁물의 백도를 회복하기 위한 세탁이다.
② 워셔 내부드럼의 회전 속도는 세탁 효과에 크게 영향을 미친다.
③ 워셔는 원통형이므로 물품이 상하지 않는다.
④ 고온세탁의 세제는 비누가 적당하다.

해설 론드리 대상품은 살에 닿는 와이셔츠류, 작업복류, 견고한 백색 직물이다.

29 **개방형 드라이클리닝 기계에서 인화 방지를 위해 반드시 요구되는 것은?**

① 재생장치 ② 차입관
③ 버튼장치 ④ 방폭형 구조

해설 석유계는 인화점이 낮아서 방폭설비를 갖춰야 한다.

30 **다림질의 3대 요소가 아닌 것은?**

① 온도 ② 압력
③ 시간 ④ 수분

해설 다림질의 3대 요소 : 열(온도), 압력, 수분(스팀)

31 **드라이클리닝의 전처리 공정에 대한 설명 중 틀린 것은?**

① 브러싱액을 묻힌 브러쉬로 얼룩 있는 곳을 두드려 더러움을 분산시키는 법을 브러싱법이라 한다.
② 세정에서 제거하기 어려운 오점을 쉽게 제거되도록 세정 전에 처리하는 과정이다.
③ 더러운 곳에 처리액을 뿌려 오점을 풀리게 하거나 뜨게 한 후 기계에 넣어 오점을 제거하는 방법을 스프레이법이라 한다.
④ 수용성 오점은 전처리를 하지 않은 그대로 넣어도 오점 제거가 된다.

해설 드라이클리닝 시 수용성 오점은 잘 제거되지 않기 때문에 전처리가 필요하다.

32 **황변 발생의 주요 원인 요소가 아닌 것은?**

① 일광 ② 습기
③ 압력 ④ 온도

해설
- 황변 : 일광, 습기, 온도의 영향을 받는다.
- 황변의 내부적 요인 : 형광염료, 합성수지, 전분풀
- 황변의 외부적 요인 : 일광, 과즙, 땀, 음식물 등

33 **론드리의 장점으로 틀린 것은?**

① 세탁 온도가 낮아 세탁 효과가 좋다.
② 알칼리제를 사용하므로 오점이 잘 빠진다.
③ 표백이나 풀먹임이 효과적이며 용이하다.
④ 헹굼의 수량이 적어 절수가 된다.

해설 세탁 온도가 40~70℃로 높아서 세탁 효과가 좋다.

34 다음 중 다림질 온도가 가장 낮은 섬유는?

① 아세테이트 ② 양모
③ 면 ④ 마

해설 **아**세테이트 100℃, **견** 120℃, **레**이온 130℃, **모** 150℃, **면** 180℃, **마** 210℃
암기법 아 견 레 모 면 마

35 양모, 견, 아세테이트 등의 섬유에 알맞게 수용액을 중성이 되게 만든 세제는?

① 약알칼리성 세제 ② 저포성 세제
③ 경질 세제 ④ 농축 세제

해설 중성 세제 = 경질 세제(pH 7), 약알칼리 세제 = 중질 세제(pH 10~11)

36 아마 섬유의 성질 중 틀린 것은?

① 강직하며 열전도성이 좋고 촉감이 차다.
② 레질리언스가 좋지 못하여 구김이 잘 생긴다.
③ 짙은 알칼리 및 강한 표백에 의하여 섬유 속이 단섬유로 해리된다.
④ 염색성은 면 섬유와 같으나 염색 속도는 면 섬유보다 빠르다.

해설 마 섬유는 면에 비해 염료의 침투 및 친화력이 적다.

37 성인남자 긴 소매 드레스셔츠의 염색견뢰도 중 마찰견뢰도의 기준으로 옳은 것은?

① 건 – 3급 이상, 습 – 3급 이상
② 건 – 3급 이상, 습 – 4급 이상
③ 건 – 4급 이상, 습 – 3급 이상
④ 건 – 4급 이상, 습 – 4급 이상

해설 와이셔츠 마찰견뢰도 기준 : 건 – 4급 이상, 습 – 3급 이상

38 다음 중 분산 염료를 사용하여 염색하는 섬유는?

① 양모 ② 면
③ 나일론 ④ 폴리에스테르

해설 분산 염료 : 아세테이트와 폴리에스테르섬유를 염색하기 위해 개발되었다.

39 다음 중 경사와 위사가 직각으로 교차하여 이루어진 형태는?

① 경편성물 ② 위편성물
③ 직물 ④ 부직포

해설 직물 : 경사와 위사가 직각으로 교차되어 만들어지는 천

40 다음 중 공정수분율이 가장 높은 섬유는?

① 면 ② 양모
③ 아마 ④ 견

해설 공정수분율 : 면 8.5%, 양모 18.25%, 아마 12%, 견 12%

41 면 섬유의 온도별 열에 의한 변화가 틀린 것은?

① 100℃ 정도에서 수분을 잃는다
② 160℃에서 탈수 작용이 일어난다.
③ 250℃에서 분해하기 시작한다.
④ 320℃에서 연소하기 시작한다.

해설 100℃ – 수분 잃음, 140℃ – 강신도 저하, 160℃ – 탈수, 250℃ – 갈색, 320℃ – 연소 시작

42 **처리 시간이 짧고 부드럽게 원하는 색으로 염색할 수 있어 의복 재료로 가장 적합한 가죽을 다루는 방법은?**

① 탄닌법 ② 명반법
③ 기름법 ④ 크롬법

해설 함금속 매염제로 견뢰도를 높이는 것은 크롬 염색법이다.

43 **양모, 면, 마, 레이온 등과 혼방하여 강도, 내추성, 의복의 형체 안정성을 향상시키고, 흡습성, 보온성 등의 결점을 보완해 주는 가장 적합한 스테이플 섬유는?**

① 스판덱스 ② 아크릴
③ 폴리에스테르 ④ 나일론

해설 혼방성이 우수한 것은 폴리에스테르이다.

44 **다음 중 습윤 시 강도가 증가하는 섬유는?**

① 양모 ② 나일론
③ 견 ④ 면

해설 면은 흡습 시 강도, 신도가 증가한다.

45 **편성물의 장점이 아닌 것은?**

① 함기량이 많아 가볍고 따뜻하다.
② 필링이 생기기 쉽다.
③ 신축성이 좋고 구김이 생기지 않는다.
④ 유연하다.

해설 편성물의 단점 : 마찰 강도↓, 보풀(필링), 전선(코가 풀리는 현상), 컬업(끝자락 말림 현상)

46 **다음 중 실로 만들어진 피륙이 아닌 것은?**

① 직물 ② 편성물
③ 레이스 ④ 부직포

해설 펠트와 부직포는 실의 과정을 거치지 않고 섬유에서 직접 만든다.

47 **파스너의 취급에 대한 설명 중 틀린 것은?**

① 클리닝 및 프레스할 때는 파스너를 열어 놓은 상태에서 한다.
② 슬라이더의 손잡이를 정상으로 해놓고 프레스한다.
③ 슬라이더에 직접 다림질하지 않는다.
④ 프레스 온도는 130℃ 이하로 유지한다.

해설 클리닝, 다림질 시 파스너를 닫아 놓은 상태에서 해야 한다.

48 **물에 잘 녹으며 중성 또는 약산성에서 단백질 섬유에 잘 염착되고 아크릴 섬유에도 염착되는 염료는?**

① 염기성 염료 ② 직접 염료
③ 분산 염료 ④ 산화 염료

해설 염기성 = 케티온 = 양이온 → 동물성 섬유와 아크릴 섬유에 염색된다.

49 **다음 중 평직의 특징에 해당하는 것은?**

① 3올 이상의 날실과 씨실로 구성되어 있다.
② 사문직이라고도 한다.
③ 부드럽고 구김이 잘 가지 않는다.
④ 직물 조직 중에서 가장 간단한 조직이다.

해설 ①, ②, ③은 능직에 대한 설명이다. 평직은 제직이 간단하다.

50 **나일론에 대한 설명 중 틀린 것은?**

① 너무 유연하여 형체 유지 능력이 부족하다.
② 흡습성이 작아 빨래가 쉽게 마른다.
③ 일광에 대한 내구성이 면 섬유보다 좋다.
④ 150℃ 이상의 온도에서 장시간 방치하면 황색으로 변한다.

해설 나일론은 내일광성이 약하여 햇볕을 쬐면 강도가 급격히 떨어진다.

51 **견 섬유에 해당하는 단백질은?**

① 카제인　② 케라틴
③ 피브로인　④ 콜라겐

해설 견은 피브로인 75~80%, 세리신 20~25%로 구성되어 있다.

52 **모시 섬유가 여름 한복감으로 가장 적합한 이유에 해당하는 것은?**

① 구김이 생기지 않는다.
② 탄성이 좋다.
③ 열전도가 좋다.
④ 레질리언스가 좋다.

해설 모시 섬유는 열전도성이 좋은 양도체 섬유라서 여름에 시원한 촉감을 준다.

53 **다음 중 2% 신장 시 탄성회복률이 가장 우수한 섬유는?**

① 면　② 아마
③ 양모　④ 레이온

해설 양모는 천연 섬유 중에서 탄성회복률이 가장 우수하다.

54 **웨일 향의 신축성이 좋아서 아기들의 옷에 이용되는 위편성물 조직은?**

① 평편
② 고무편
③ 터크편
④ 펄(Purl)편

해설 웨일 : 세로 방향 신축성이 좋은 것은 펄편이다.

55 **인조피혁을 만들기 위해 주로 사용된 수지는?**

① 폴리우레탄수지
② 폴리아크릴수지
③ 포리에스테르수지
④ 아크릴수지

해설 인조피혁은 직물 위에 염화비닐수지나 폴리우레탄수지를 코팅한 것이다.

56 **공중위생감시원의 업무범위가 아닌 것은?**

① 영업자 준수사항 이행 여부의 확인
② 위생지도 및 개선명령 이행 여부 확인
③ 공중이용시설의 위생관리 상태의 확인, 검사
④ 세탁업표준약관 이행 여부의 확인

해설 표준약관 이행 여부는 공중위생감시원의 업무범위가 아니다.

57 **공중위생영업의 변경신고에서 보건복지부령이 정하는 중요 사항 중 틀린 것은?**

① 영업소의 소재지
② 영업소의 명칭 또는 상호

③ 법인의 경우 대표자 성명
④ 신고한 영업장 면적의 4분의 1 이상의 증감

해설 영업장 면적의 3분의 1 이상 증감 시

58 세탁업자가 처리용량의 합계가 30kg 이상의 세탁용 기계를 설치하는 경우에만 사용해야 하는 용제는?

① 퍼클로로에틸렌
② 석유계 용제
③ 불소계 용제
④ 트리클로로에탄

해설 석유계 용제 30kg 이상 → 회수건조기가 부착된 세탁용 기계를 사용하여야 한다.

59 세탁업자가 1차 위반 시 행정처분기준이 경고가 아닌 것은?

① 공중위생업자가 준수하여야 하는 위생관리기준 등을 위반한 때
② 시 · 도지사 또는 시장 · 군수 · 구청장의 개선명령을 이행하지 아니한 때
③ 관계공무원의 출입 · 검사를 거부 기피하거나 방해한 때
④ 위생교육을 받지 아니한 때

해설 공방(공무방해) 시 : 1차 정지 10일, 2차 20일, 3차 30일, 4차 폐쇄

60 위생교육 실시단체의 장은 위생교육 수료증 교부대장 등 교육에 대한 기록은 몇 년 이상 보관, 관리하여야 하는가?

① 1년 이상 ② 2년 이상
③ 3년 이상 ④ 4년 이상

해설 위생교육 실시 단체의 장은 2년 이상 보관 관리하여야 한다.

세탁기능사 답안(2014년 4회)

1	2	3	4	5	6	7	8	9	10
④	②	③	①	①	③	③	②	③	①
11	12	13	14	15	16	17	18	19	20
③	②	①	③	①	①	②	④	①	④
21	22	23	24	25	26	27	28	29	30
③	③	④	④	③	③	①	①	④	③
31	32	33	34	35	36	37	38	39	40
④	③	①	①	③	④	③	④	③	②
41	42	43	44	45	46	47	48	49	50
③	④	③	④	②	④	①	①	④	③
51	52	53	54	55	56	57	58	59	60
③	③	③	④	①	④	④	②	③	②

2015년도 기능사 제1회 필기시험

자격종목	품목코드	시험시간	형별	수험번호	성 명
세탁기능사			A형		

01 **세정액 청정장치의 종류 중 오염이 심한 용제의 청정에 가장 적합한 것은?**

① 증류식 ② 필터식
③ 청정통식 ④ 카트리지식

해설 오염이 심한 용제 청정 = 증류식(증오)

02 **다음 중 의복의 재가공 종류에 해당되지 않는 것은?**

① 방수가공 ② 방오가공
③ 대전방지가공 ④ 방사가공

해설 방사법은 실을 뽑아내는 방법이다.
건식 = 아세테이트, 습식 = 레이온, 용융 = 합성

03 **다음 중 수질 오염의 원인에 가장 큰 비중을 차지하는 것은?**

① 공장폐수 ② 식품폐수
③ 생활하수 ④ 농 · 축산폐수

해설 가장 큰 비중은 생활하수이다.

04 **워싱 서비스(Washing Service)의 가장 중요한 포인트에 해당하는 것은?**

① 오점 제거 ② 내구성 유지
③ 가치 보전 ④ 패션성 보전

해설 워싱 서비스 = 청결 = 가치 보전, 기능 회복

05 **다음의 표면반사율로 계산된 세척률은?**

- 원포의 표면반사율 : 80%
- 세탁 전 오염표의 표면반사율 : 30%
- 세탁 후 오염포의 표면반사율 : 60%

① 20% ② 50%
③ 60% ④ 167%

해설 세척률

$$= \frac{\text{세탁 후 오염포} - \text{세탁 전 오염포}}{\text{원포} - \text{세탁 전 오염포}}$$

06 **방충제의 종류 중 방향족 탄화수소 화합물로 살충력은 크지 않으나 벌레가 그 냄새를 기피하게 되어 방충 효과가 있는 것은?**

① 나프탈렌 ② 실리카겔
③ 파라핀 ④ 장뇌

해설 나프탈렌 = 냄새, 파라디 = 살충력↑

07 **다음 중 유용성 오점이 아닌 것은?**

① 땀 ② 니스
③ 인주 ④ 식용유

해설 땀 = 수용성이다.

08 **다음 중 산화표백제에 해당하는 것은?**

① 차아염소산나트륨
② 아황산가스
③ 하이드로설파이트
④ 암모니아

해설 산염과 아하, 차아염소산나트륨 = 산화

09 **무색이고 독특한 냄새가 나며, 키우리부탄을 값(KBV)이 90인 드라이클리닝 용제는?**

① 삼염화에탄 ② 염불화탄화수소
③ 퍼클로로에틸렌 ④ 사염화탄소

해설 퍼클로로에틸렌(염소)

10 **다음 중 친수성의 특성에 따라 구분된 계면활성제가 아닌 것은?**

① 음이온계 계면활성제
② 비음양계 계면활성제
③ 양이온계 계면활성제
④ 양성계 계면활성제

해설 비이온계 = 해리되지 않은 친수기

11 **석유계 용제의 장점이 아닌 것은?**

① 세정시간이 짧다.
② 기계 부식에 안전하다.
③ 독성이 약하고 값이 싸다.
④ 섬세한 의류에 적합하다.

해설 세정시간(20~30분)이 길다.

12 **합성 세제의 특성 중 틀린 것은?**

① 세탁 시 센물을 사용해도 무방하다.
② 산성 또는 알칼리성에도 사용이 가능하다.
③ 용해가 빠르고 헹구기가 쉽다.
④ 단열성이 높은 장치에 사용한다.

해설 센물, 산성, 알칼리 무방, 용해가 빠르고 헹굼이 쉽다. 거품이 잘생기고, 값이 싸다.

13 **클리닝에 있어서 재오염을 방지하기 위한 조치가 아닌 것은?**

① 세탁물을 진한 색과 연한 색으로 구별하여 세탁한다.
② 세정시간을 적절히 사용한다.
③ 용제의 순환을 좋게 하고 용제를 깨끗이 한다.
④ 재오염된 세탁물은 왁스를 사용하여 복원시킨다.

해설 재오염된 세탁물은 소프를 사용 복원

14 **클리닝의 정의로 옳은 것은?**

① 용제만으로 수용성 오점만을 제거하는 것이다.
② 얼룩만을 빼기 위한 특수한 기술이다.
③ 용제 또는 세제를 사용하여 의류, 기타 섬유제품과 피혁제품을 원형대로 세탁하는 것이다.
④ 세제를 이용하여 표백하는 것이다.

해설 용제, 세제 사용 의류, 섬유 제품, 피혁 제품을 원형대로 세탁하는 것

15 **드라이클리닝용 유기 용제의 세척력을 결정해 주는 것이 아닌 것은?**

① 표백력 ② 용해력
③ 표면장력 ④ 용제의 비중

해설 용제의 세척력 = 용해력, 표면장력, 용제의 비중

16 **드라이클리닝 용제의 조건으로 거리가 먼 것은?**

① 기계의 부식성이나 독성이 적을 것
② 인화점이 낮고 가연성일 것

③ 의류품을 상하게 하지 않을 것
④ 건조가 쉽고 냄새가 남지 않을 것

해설 인화점이 높거나 불연성(높불)

17 직물의 불순물을 알칼리로 제거한 다음 섬유에 남아 있는 천연 색소를 분해하여 직물을 보다 희게 만드는 공정은?

① 정련 ② 표백
③ 푸새 ④ 형광

해설 직물을 보다 희게 만드는 것 = 표백

18 셀룰로스 섬유의 표백에 가장 적합한 표백제는?

① 차아염소산나트륨
② 과산화수소
③ 과탄산나트륨
④ 과붕산나트륨

해설 식물성 섬유인 면, 마 = 차아염소산나트륨

19 원통보일러의 형식이 아닌 것은?

① 입식 ② 노통식
③ 연관식 ④ 관류식

해설 관류식 = 수관보일러

20 다음 중 클리닝의 일반적인 공정에서 가장 먼저 실시하는 것은?

① 접수점검 ② 마킹
③ 대분류 ④ 포켓 청소

해설 접마대 포세클 얼마최포

21 웨트클리닝에 대한 설명 중 틀린 것은?

① 일반적으로 행해지는 세탁 방법으로 불가능한 의류는 웨트클리닝을 해야 한다.
② 세탁 전에 색 빠짐, 형태 변형, 수축성 여부를 조사한다.
③ 장시간 세탁을 해야 세탁 효과가 좋다.
④ 풍부한 경험과 기술을 필요로 하는 고급 세탁 방법이다.

해설 웨트클리닝은 풍부한 경험과 기술로 단시간에 행하는 고급세탁이다.

22 곰팡이가 발육이 가능한 온도와 습도로 가장 적합한 것은?

① 온도 : 0~10℃, 습도 : 20% 이상
② 온도 : 15~40℃, 습도 : 20% 이상
③ 온도 : 30~50℃, 습도 : 50% 이상
④ 온도 : 50~70℃, 습도 : 50% 이상

해설 곰팡이는 고온다습(15~40℃, 20% 습도)

23 론드리 공정 중 풀먹임의 효과는?

① 천을 광택 있게, 팽팽하게 한다.
② 천의 황변을 방지하고 얼룩을 제거한다.
③ 천에 남아 있는 알칼리를 중화시킨다.
④ 의류를 희게 한다.

해설 천을 광택, 팽팽, 내구성↑, 오점이 잘 붙지 않도록, 잘 떨어지도록

24 우리나라가 사용하고 있는 경도의 표시 방식은?

① 미국식 ② 프랑스식
③ 영국식 ④ 독일식

해설 독일식(ppm)

25 드라이클리닝의 전처리에 대한 설명 중 틀린 것은?

① 워셔의 세정액은 소프가 충분하게 보충되어서 뜬 오점의 분산 상태가 좋게 한다.
② 세정공정에서 제거하기 어려운 오점을 쉽게 제거하도록 세정 전에 처리하는 과정이다.
③ 전처리액으로 인한 염료의 흐름이나 수축이 없음을 확인한 다음 석유계 용제를 사용해야 한다.
④ 브러싱법은 더러운 곳에 처리액을 뿌려 오점을 풀리게 하거나 또는 뜨게 한 후 워셔에 넣어 오점을 제거하는 방법이다.

해설 브러싱법은 솔로, ④ = 스프레이법 설명

26 드라이클리닝의 세정 공정 중 차지시스템에 대한 설명으로 옳은 것은?

① 용제 중에 소량의 물을 첨가하는 것이다.
② 여러 개의 용제탱크가 필요하다.
③ 지방산 등 용제에 의해 용해되는 간단한 오점만 제거된다.
④ 소프를 첨가하지 아니하고 용제만으로 세탁하는 방식이다.

해설 차지시스템 – 용제에 소프와 소량의 물

27 물의 특성에 대한 설명 중 틀린 것은?

① 용해성이 우수하다.
② 비열 · 증발열이 크다.
③ 인화성이 없다.
④ 섬유의 변형이 없다.

해설 물빨래는 섬유의 수축 변형이 생긴다.

28 다림질의 3대 요소가 아닌 것은?

① 온도 ② 수분
③ 압력 ④ 전기

해설 다림질 요소 = 온도, 압력, 수분, 진공

29 드라이클리닝의 세정 공정 중 매회 세정 때마다 세정액을 교체하여 새로이 씻는 방법은?

① 배치시스템 ② 차지시스템
③ 배치차지시스템 ④ 논차지시스템

해설 매회 세정액을 교체하여 씻는 방법은 배치시스템

30 초산셀룰로스를 잘 용해시키므로 아세테이트 섬유에는 절대로 사용해서는 안 되는 유기 용제는?

① 휘발유 ② 석유
③ 아세톤 ④ 벤젠

해설 아세톤은 초산셀룰로스 섬유 사용 불가

31 드라이클리닝 마무리 기계의 형식이 아닌 것은?

① 캐비넷형 ② 프레스형
③ 폼머형 ④ 스팀형

해설 프레스형, 폼모형, 스팀형이 있다.

32 론드리용 기계 중 워셔(Washer)의 용도로 가장 적합한 것은?

① 본빨래 ② 탈수
③ 건조 ④ 다림질

해설 워셔 = 본빨래용으로 가장 적합

33 **다음 중 드라이클리닝이 가능한 것은?**

① 고무를 입힌 제품
② 염료가 빠져 용제를 오염시킬 수 있는 제품
③ 소수성 합성 섬유 제품
④ 합성 수지 제품

해설 ①, ②, ④는 웨트클리닝, 합성 섬유는 드라이클리닝이 가능하다.

34 **세탁 효과도 좋고 노력이 적게 들어 청바지 등 두꺼운 옷과 기계세탁에서 상하기 쉬운 세탁물에 적합한 손빨래 방법은?**

① 두들겨 빨기 ② 흔들어 빨기
③ 솔로 빨리 ④ 눌러 빨기

해설 청바지 = 솔로 빨기

35 **스팟팅 머신(Spotting Machine)에 대한 설명 중 틀린 것은?**

① 공기의 압력과 스팀을 이용하여 오점을 불려 제거하는 기계이다.
② 색상에 대하여 안정성이 높다.
③ 오점 처리 시간을 단축시킨다.
④ 오점은 잘 제거되나 얼룩은 그대로 남는다.

해설 스팟팅머신 = 얼룩 빼기 기계

36 **다음 중 식물성 섬유가 아닌 것은?**

① 면 ② 모시
③ 아마 ④ 비스코스레이온

해설 레이온은 재생 식물성 섬유

37 **폴리아크릴 섬유와 양모 섬유가 혼방된 직물에 가장 많이 사용하는 염색 방법으로 옳은 것은?**

① 분산 염료로 염색 후 배트 염료로 염색한다.
② 분산 염료로 염색 후 황화 염료로 염색한다.
③ 염기성 염료로 염색 후 직접 염료로 염색한다.
④ 염기성 염료로 염색 후 산성 염료로 염색한다.

해설 아크릴 = 염기성 염료 염색 후 양모 = 산성

38 **아세테이트 섬유에 대한 설명으로 옳은 것은?**

① 세탁 처리 시 85℃ 이상에서 행하여야 한다.
② 물 세탁에 의해 손상되기 쉬우므로 드라이클리닝하는 것이 안전하다.
③ 일광에 장시간 노출시켜도 상해가 없다.
④ 산과 알칼리에 처리해도 상해가 없다.

해설 80℃ 이상에선 침해, 드라이가 안전

39 **편성물의 특성에 대한 설명 중 틀린 것은?**

① 신축성이 좋고 구김이 생기지 않는다.
② 함기량이 많아 가볍고 따뜻하다.
③ 필링이 생기기 쉽다.
④ 마찰에 의해 표면의 형태 변화가 없다.

해설 마찰 강도가 약해서 형태 변화가 있다.

40 다음 중 습윤하면 강도가 낮아지는 섬유는?

① 면 ② 폴리에스테르
③ 아마 ④ 비스코스 레이온

해설 습윤 시 강도 저하로 비틀어 짜면 안 됨

41 세탁 견뢰도의 판정 등급으로 옳은 것은?

① 1~3급 ② 1~5급
③ 1~8급 ④ 1~10급

해설 일광 = 1~8급, 세탁, 마찰 = 1~5급

42 어느 방향에 대해서도 신축성이 없고, 형이 변형되는 일이 적은 것이 특징이며 짜거나 뜨지 않고 섬유를 천 상태로 만든 것은?

① 펠트 ② 부직포
③ 레이스 ④ 편성물

해설 방향성 없이 끝이 풀리지 않는 것은 부직포

43 견의 특성에 대한 설명으로 옳은 것은?

① 광택과 촉감은 합성 섬유 다음으로 우수하다.
② 물세탁 시 물은 반드시 경수를 사용하여야 한다.
③ 다른 섬유에 비하여 일광에 강하다.
④ 석유계 드라이클리닝이 가장 안전하다.

해설 광택은 최고, 연수 사용, 일광취화가 심함

44 다음 중 인조 섬유에 해당되지 않는 것은?

① 재생 섬유 ② 합성 섬유
③ 무기 섬유 ④ 광물성 섬유

해설 광물성 섬유(석면)는 천연 섬유

45 품질표시에 표시하지 않아도 되는 것은?

① 조성 표시 ② 취급 표시
③ 가공 표시 ④ 염료 표시

해설 염료는 품질표시 사항이 아니다.

46 단백실 섬유의 염색에 가장 적합한 염료는?

① 산성 염료 ② 환원 염료
③ 황화 염료 ④ 분산 염료

해설 동물성 섬유(모, 견), 나일론 = 산성 염료

47 실을 용도에 따라 분류할 때 해당되지 않는 것은?

① 수편사 ② 자수사
③ 장식사 ④ 혼방사

해설 직사, 편사, 자수사, 레이스, 장식사

48 일광 견뢰도의 판정에서 가장 좋은 등급은?

① 1급 ② 3급
③ 5급 ④ 8급

해설 일광 = 8광(1~8급)

49 단추의 종류에 대한 설명 중 틀린 것은?

① 폴리에스테르 단추는 열과 드라이클리닝에 강하다.
② 나일론 단추는 다양한 색상과 형태로 만들 수 있다.
③ 나무 단추는 여러 종류의 나무로 만들며, 가볍고 열과 수분에 강하다.

④ 금속 단추는 놋쇠, 니켈, 알루미늄을 조각하거나 압형하여 만든다.

해설 나무 단추는 열과 수분에 약하다.

50 3대 합성 섬유에 해당되지 않는 것은?

① 나일론 ② 스판덱스
③ 아크릴 ④ 폴리에스테르

해설 3대 합성 섬유 = 나일론, 폴리에스테르, 아크릴

51 능직의 특성에 대한 설명 중 틀린 것은?

① 조직이 치밀하여 구김이 잘 생긴다.
② 표면결이 고운 직물을 만들 수 있다.
③ 평직보다 마찰에 약하나 광택은 좋다.
④ 대표적인 직물로는 데님(Denim), 개버딘(Gaberdine), 드릴(Drill), 서지(Serge) 등이 있다.

해설 구김이 잘 생기는 것은 평직이다.

52 모든 섬유에 공통으로 사용하는 공통식 번수는?

① 데니어 ② 면번수
③ 미터번수 ④ 텍스

해설 방적사 = 면번수(S), 필라멘트사 = 데니어(D), 텍스(TEX), 공통식 = 뉴턴미터(Nm)

53 염색에 대한 설명 중 틀린 것은?

① 의류 전체를 세탁할 필요가 없는 부분 얼룩이 있을 때에는 염색한다.
② 염색은 염색 용액 중의 염료가 섬유 표면에 흡착되고, 섬유 내부로 침투 · 확산되어 염착되는 것이다.
③ 염색은 전체를 동일한 색상으로 물들이는 침염이 있다.
④ 직물에 안료를 사용하여 부분적으로 여러 색상의 무늬, 모양을 나타낸 것이 날염이다.

해설 얼룩이 있을 경우는 얼룩 빼기를 해야 한다.

54 혼방직물이나 교직물을 염색할 때 섬유의 종류에 따른 염색성의 차를 이용하여 섬유의 종류에 따라 각각 다른 색으로 염색할 수 있는 염색 방법은?

① 크로스(Cross) 염색
② 서모솔(Thermosol) 염색
③ 원료 염색
④ 사염색

해설 염색 상의 차를 이용하는 크로스 염색법

55 섬유 제품 품질표시 중 성분 표시에 대한 설명으로 틀린 것은?

① 의류 제품에 사용된 섬유의 성분과 혼용률을 표기해야 한다.
② 의류 제품에 사용된 섬유 제조 국가명을 표기해야 한다.
③ 원단에 가공을 실시한 제품의 경우는 가공의 종류와 취급 시 주의사항을 표기해야 한다.
④ 두 종류 이상의 섬유가 혼방된 경우에는 혼용률이 큰 것부터 차례로 표기한다.

해설 섬유 제조 국가명은 표기할 필요 없다.

56 **다음 중 위생 교육을 실시할 수 있는 단체는?**

① 지방자치단체
② 위생전문단체
③ 세탁업자 지역단체
④ 공중위생 영업자단체

해설 공중위생영업자단체는 위생 교육을 실시할 수 있다.

57 **공중이용시설은 누구의 령으로 정하는가?**

① 시 · 도지사령
② 보건복지부장관령
③ 국무총리령
④ 대통령령

해설 세탁업, 숙박업, 목욕장업, 이/미용업, 위생관리용역업을 정하는 것은 대통령령이다.

58 **공중위생영업의 종류별 시설 및 설비 기준의 개별기준 중 세탁업에 해당하는 것으로 옳은 것은?**

① 탈의실, 욕실, 욕조 및 샤워기를 설치해야 한다.
② 소독기, 자외선살균기 등 이용기구를 소독하는 장비를 갖추어야 한다.
③ 세탁용 약품을 보관할 수 있는 견고한 보관함을 설치하여야 한다.
④ 진공청소기(집수 및 집진용)를 2대 이상 비치하여야 한다.

해설 보관함을 설치해야 한다(단, 창고 있는 경우 제외).

59 **공중위생관리법에 의한 명령에 위반하여 6월 이내의 기간을 정하여 영업정지 명령 또는 일부 시설의 사용중지명령을 받고도 그 기간 중에 영업을 하거나 그 시설을 사용한 자의 벌칙에 해당하는 것은?**

① 3년 이하의 징역 또는 1천만 원 이하의 벌금
② 1년 이하의 징역 또는 1천만 원 이하의 벌금
③ 200만 원 이하의 벌금
④ 100만 원 이하의 벌금

해설 정지기간 중 영업 시는 1년 이하 징역 또는 1천만 원 이하 벌금

60 **공중위생영업소의 일반적인 위생 서비스 수준의 평가 주기는?**

① 1년 ② 2년
③ 5년 ④ 10년

해설 위생 수준 평가 주기는 2년이다.

세탁기능사 답안(2015년 1회)

1	2	3	4	5	6	7	8	9	10
①	④	③	③	③	①	①	①	③	②
11	12	13	14	15	16	17	18	19	20
①	④	④	③	①	②	②	①	④	①
21	22	23	24	25	26	27	28	29	30
③	②	①	④	④	①	④	④	①	③
31	32	33	34	35	36	37	38	39	40
①	①	③	③	④	④	④	②	④	④
41	42	43	44	45	46	47	48	49	50
②	②	④	④	④	①	④	④	③	②
51	52	53	54	55	56	57	58	59	60
①	③	①	①	②	④	④	③	②	②

2015년도 기능사 제4회 필기시험

자격종목	품목코드	시험시간	형별	수험번호	성 명
세탁기능사			B형		

01 푸새가공의 효과에 해당하는 것은?

① 천에 남은 알칼리를 중화한다.
② 의류를 살균 소독하는 효과가 있다.
③ 천에 광택을 주고 황변을 방지한다.
④ 내구성을 부여하고 형태를 유지시킨다.

해설 팽팽, 강도, 내구성 증가, 형태 유지, 오점 잘 붙지 않게 함

02 세정액의 청정장치에 해당하지 않는 것은?

① 필터식 ② 청정통식
③ 증류식 ④ 여과분사식

해설 청정장치 = 필터, 카트리지식, 청정통식, 증류식

03 다음 중 세정률이 가장 높은 섬유는?

① 양모 ② 나일론
③ 비닐론 ④ 아세테이트

해설 제거 잘되는 순서(세정률이 좋은 순서) = 제양나비(닐론)아 면레마비(단)

04 원통보일러의 형식이 아닌 것은?

① 관류식 ② 연관식
③ 노통식 ④ 입식

해설 수관보일러 = 자연순환식, 강제순환식, 관류식

05 펌프 능력이 양호한 상태로 유지되려면 액심도 3까지 도달하는 펌프의 소요 시간은?

① 120초 이상 ② 60~120초
③ 45~60초 ④ 45초 이내

해설 45초 이내 양호, 45초~60초 한계, 60초 이상 불량

06 다음 중 흡착에 의한 재오염이 아닌 것은?

① 정전기 ② 점착
③ 물의 적심 ④ 인공피혁

해설 흡착재 오염 = 정전기, 점착, 물의 적심

07 다음 중 청정화 방법이 아닌 것은?

① 여과 방법 ② 흡착 방법
③ 착색 방법 ④ 증류 방법

해설 청정화 방법 = 여과, 흡착, 증류

08 일반적으로 오염이 잘 제거되는 섬유의 순서부터 제거되지 않는 섬유로 나열한 것은?

① 양모 → 나일론 → 아세테이트 → 면 → 비스코스 레이온 → 견
② 양모 → 면 → 나일론 → 아세테이트 → 비스코스 레이온 → 견

③ 견 → 아세테이트 → 비스코스 레이온 → 면 → 나일론 → 양모
④ 견 → 비스코스 레이온 → 면 → 아세테이트 → 나일론 → 양모

해설 잘 제거되는 순서 : 제양나비아면레마비

09 **다음 중 방오가공의 가공 약제로 사용하는 것은?**

① 탄소 수지 ② 불소 수지
③ 질소 수지 ④ 산소 수지

해설 방오가공 : 직물을 불소계 수지 처리하여 때가 직물 내부로 침투하는 것 방지

10 **직물의 불순물을 알칼리로 제거한 다음 섬유에 남아 있는 천연 색소를 분해하여 직물을 보다 희게 만드는 가공은?**

① 유연가공 ② 표백가공
③ 방수가공 ④ 형광가공

해설 표백가공 = 천연 색소를 분해하여 직물을 희게 만드는 가공

11 **워싱 서비스(Washing Service)의 가장 기본적인 서비스에 해당되는 것은?**

① 청결 서비스 ② 보전 서비스
③ 패션성 제공 ④ 기능성 부여

해설 워싱 서비스 = 청결 서비스, 기능 회복

12 **불소계 용제의 특성이 아닌 것은?**

① 불연성이다.
② 독성이 강하다.
③ 용해력이 약해 오염 제거가 불충분하다.
④ 비점이 낮아 저온건조가 되며 섬세한 의류에 적합하다.

해설 불소계 용제 특성 = 불연성, 용해력, 독성, 비중이 낮아 섬세한 의류 적합하나 오점 제거 불충분하다.

13 **세탁 시 경수를 사용하는 경우의 세탁 효과로 가장 옳은 것은?**

① 용수를 가열하면 철분이 무색으로 되어 세탁 효과를 좋게 한다.
② 표백에서 촉매 역할을 하여 표백 효과를 좋게 한다.
③ 섬유의 손상을 방지하며 세탁 효과를 상승시킨다.
④ 비누의 손실이 많아짐은 물론 세탁 효과도 저하시킨다.

해설 경수(센물) 사용하면 = 세탁, 표백 효과 저하, 비누 손실 많아진다.

14 **오점의 분류 중 불용성 오점에 해당하는 것은?**

① 유성 오점 ② 수용성 오점
③ 특수 오점 ④ 고체 오점

해설 불용성 오점 = 물과 기름에 녹지 않는 고체 오점(매연, 점토, 흙, 시멘트, 석고)

15 **다음 중 용제 관리의 목적이 아닌 것은?**

① 재오염을 방지한다.
② 세정 효과를 높인다.
③ 마찰을 감소하게 한다.
④ 물품을 상하지 않게 한다.

해설 용제 관리 목적 = 물품 상하지 않게, 재오염 방지, 세정 효과 상승을 위하여

16 **클리닝의 공정 중 기호나 성명 등을 종이에 기입하여 세탁물에 부착하는 것은?**

① 접수 점검 ② 대분류
③ 얼룩 빼기 ④ 마킹

해설 마킹 = 기호나, 성명 등을 종이나 천에 써서 세탁물에 부착하는 것

17 **재오염의 원인에 대한 설명으로 틀린 것은?**

① 흡착에 의한 재오염에는 정전기에 의한 것이 있다.
② 세정 과정에서 용제 중에 분산된 더러움은 의류에 다시 부착되지 않는다.
③ 용제의 수분이 과다함에 따라 재오염이 발생한다.
④ 물에 젖은 의류는 수분 과다로 수용성 더러움이 흡착된다.

해설 용제 중에 분산된 더러움이 의류에 부착되는 것 = 부착

18 **다음 중 오염 부착이 가장 빠른 섬유는?**

① 레이온 ② 견
③ 면 ④ 마

해설 더러움이 빨리 타는 섬유 = 더레마 아면 비단나양

19 **보일러의 절대압력이 6kg/cm²일 때 게이지 압력은?**

① 1kg/cm² ② 3kg/cm²
③ 5kg/cm² ④ 6kg/cm²

해설 절대압력 = 게이지 압력 + 1

20 **보일러의 절대압력이 2kg/cm²일 때 수증기의 온도는?**

① 85.5℃ ② 100℃
③ 119.6℃ ④ 151.1℃

해설 99℃ = 1kg/cm², 119.6℃ = 2kg/cm², 132.9℃ = 3kg/cm², 142.9℃ = 4kg/cm², 151.3℃ = 5kg/cm², 158.1℃ = 6kg/cm²

21 **세탁용수로 사용하는 물의 장점이 아닌 것은?**

① 표면장력이 크다.
② 풍부하고 값이 싸다.
③ 용해성이 우수하다.
④ 비열이 크다.

해설 표면장력이 크다 = 단점

22 **준밀폐형 세정기(콜드 머신)에 대한 설명으로 옳은 것은?**

① 개방형 세탁기이다.
② 세정만 가능하고 탈액은 되지 않는다.
③ 석유계 용제를 사용하는 자동기계이며 세정과 탈액이 가능하다.
④ 세정, 탈액, 건조까지 연속적으로 처리되는 기밀 구조로 되어 있다.

해설
- 석유계 용제 = 콜드머신 = 세정 + 탈액, 건조 별도 = 준밀폐형
- 불소계, 퍼크로, 트리클로로 = 밀폐형 = 세정 + 탈액 + 건조까지 일체형

23 **얼룩 빼기의 주의점이 아닌 것은?**

① 얼룩은 생긴 즉시 제거해야 한다.
② 얼룩이 주위로 번져 나가지 않도록 한다.
③ 얼룩 빼기 시 심한 기계적 힘을 가하지 말아야 한다.

④ 표백제를 사용할 시는 염색물의 탈색 여부를 사후에 시험해 보아야 한다.

해설 탈색 여부를 사전에 시험해 보아야 한다.

24 다음 중 안전 다림질 온도가 가장 낮은 섬유는?

① 아세테이트 ② 양모
③ 면 ④ 마

해설 다림질 온도 순서 = 아(합성)견레 모면마

25 다림질의 목적으로 틀린 것은?

① 살균과 소독의 효과를 얻는다.
② 의복에 남아 있는 얼룩을 뺀다.
③ 소재의 주름을 펴서 매끈하게 한다.
④ 디자인 실루엣의 기능을 복원시킨다.

해설 의복에 남아 있는 얼룩 제거 = 얼룩 빼기

26 화학적 얼룩 빼기 방법에 대한 설명이 아닌 것은?

① 과즙, 땀, 기타 산성 얼룩을 알칼리로 용해시켜 제거하는 방법이다.
② 물을 사용하여 얼룩을 용해하고 분리시킨 후 분산된 얼룩을 흡수하여 제거하는 방법이다.
③ 흰색 의류에 생긴 유색물질의 얼룩을 표백제로 제거하는 방법이다.
④ 단백질, 전분 등의 얼룩을 단백질 분해 효소들로서 제거하는 방법이다.

해설 ②는 물리적 방법 중 분산법이다.

27 밀폐형 세정기의 특징이 아닌 것은?

① 안전하고 높은 효율의 용제 회수 시스템이다.
② 세정만 가능하고 탈액은 원심탈수기를 사용한다.
③ 다양한 안전장치가 있다.
④ 운전 조작이 다양한 콘트롤 시스템이다.

해설 밀폐형 = 세정 + 탈액 + 건조까지 일체형

28 세탁 중에 세탁물이 엉키지 않고 세탁물의 손상이 비교적 적은 세탁기 방식은?

① 임펠러식 ② 교반봉식
③ 수평 드럼식 ④ 수직 드럼식

해설 교반식 = 세탁봉을 가운데에 세워 엉킴을 방지

29 일반적으로 가장 많이 사용하는 양모직물 양복의 세탁법은?

① 물세탁 ② 론더링
③ 드라이클리닝 ④ 웨트크리닝

해설 견, 모는 드라이클리닝이 안전

30 의복의 기능 중 실용적 기능에 해당하는 것은?

① 더위와 추위, 질병 등으로부터 몸을 보호하기 위한 성능이다.
② 사용하기 편리하고 빈부의 차별 없이 이용할 수 있는 성능이다.
③ 장식성, 감각성의 성능을 갖으며 외적으로 우아하고 품위 있는 느낌을 가지게 하고 내적으로는 부드럽고 경쾌한 느낌을 갖게 하는 성능이다.

④ 장시간 보관 시 형태를 흐트러뜨리지 않고 보관 중 좀이나 곰팡이가 발생하지 않게 하는 성능이다.

해설 실용적 기능 = 빈부의 차별 없이 내구성, 내열성, 내마모성(실내)

31 **다음 중 모터와 컴프레서에 가장 많이 사용되는 동력원은?**

① 휘발유 ② 전기
③ 석탄 ④ 가스

해설 모터와 컴프레서는 전기를 동력원으로 사용한다.

32 **론드리 공정 중 황변을 방지하면서 의류를 살균 소독하는 것은?**

① 애벌빨래 ② 표백
③ 풀먹임 ④ 산욕

해설 산욕 = 알칼리 중화, 황변 방지, 살균 소독

33 **론드리의 특징이 아닌 것은?**

① 세탁 온도가 높아 세탁 효과가 크다.
② 마무리에 상당한 시간과 기술을 필요로 한다.
③ 담가서 헹구는 방식이므로 헹굼의 수량이 많아 물의 소요량이 많다.
④ 워셔는 원통형이므로 의류가 상하지 않고 오점이 잘 빠진다.

해설 담가서 헹구기 때문에 절수

34 **드라이클리닝의 세정 공정 중 소프를 첨가하지 아니하고 용제만으로 세탁하는 방식으로 지방산 등 용제에 의해 용해되는 간단한 오점만 제거하는 것은?**

① 배치시스템(Batch System)
② 배치차지시스템(Batch Charge System)
③ 논차지시스템(None Charge System)
④ 차지시스템(Charge System)

해설 용제만으로 간단한 지방산 제거하는 방법 = 논차지시스템

35 **기계 마무리의 주의사항으로 틀린 것은?**

① 비닐론은 충분히 건조시켜서 마무리한다.
② 마무리할 때 증기를 가하면 수축과 늘어짐의 염려가 있다.
③ 고무벨트를 사용한 바지, 스커트는 다리미로 마무리해도 상관이 없다.
④ 플리츠 가공된 것은 스팀 터널이나 스팀박스에 넣으면 주름이 소실될 수도 있다.

해설 고무벨트를 사용한 바지나 스커트는 다림질 불가

36 **섬유로 된 엷은 피막인 웹(Web)을 접착제, 열융합 접착 및 기타 방염으로 섬유를 고착시킨 것은?**

① 브레이드 ② 펠트
③ 부직포 ④ 편성물

해설 부직포 = 섬유의 얇은 층 웹을 이용, 접착제나 열융합 접착으로 고착시킨 것

37 **섬유의 상품 중 실에 표시하는 품질표시 사항이 아닌 것은?**

① 실 가공 여부 ② 길이
③ 번수 ④ 섬유의 조성

해설 실 품질표시 사항 = 섬유의 조성, 길이, 실의 굵기(번수)

38 **파우더클리닝(Powder Cleaning)을 필요로 하는 섬유는?**

① 모피류 ② 비스코스 레이온
③ 아세테이트 ④ 융단

해설 모피는 특수세탁(파우더)을 한다.

39 **다음 중 수분을 흡수하면 강도가 증가하는 섬유는?**

① 면 ② 아세테이트
③ 비스코스레이온 ④ 나일론

해설 면은 수분을 흡수하면 10~20% 강도가 증가된다.

40 **편성물의 장점에 해당되지 않는 성질은?**

① 유연성 ② 방추성
③ 마찰 강도 ④ 함기율

해설 편성물은 마찰 강도가 약한 것이 단점

41 **드라이클리닝의 표시, 기호 중 용제의 종류를 퍼클로로에틸렌 또는 석유계를 사용함을 표시한 것은?**

①
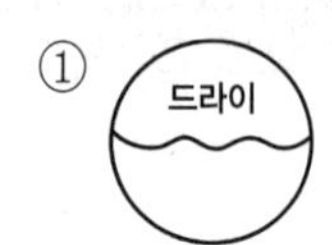

②
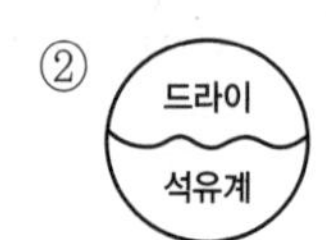

③
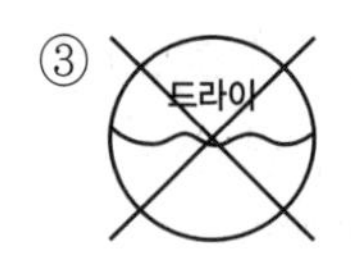

④
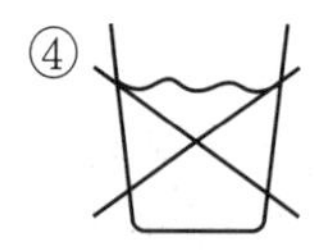

해설 ① 석유계, 퍼크로 용제에 상관없이 세정함을 뜻한다.

42 **반합성 섬유에 해당하는 것은?**

① 유기 화합물이 포함되지 않은 섬유
② 천연 고분자물을 용해시켜서 모양을 바꾸어 주고 주된 구성 성분 그대로 재생시킨 섬유
③ 섬유용 천연 고분자 화합물에 어떤 화학기를 결합시켜서 에스테르 또는 에테르형으로 만든 섬유
④ 석유를 증류하여 얻은 원료를 합성하여 중합 원료를 얻고 그 중합 원료를 중합하여 얻은 고분자를 용융방사한 섬유

해설 ③ 아세테이트에 대한 설명

43 **직접날염법의 설명으로 옳은 것은?**

① 무늬를 형성시킨 사포를 메운 틀을 직포 위에 놓고 그 위에서 날염호를 스퀴즈로 밀어서 무늬를 날인하는 방법이다.
② 균일하게 염색된 표면에 발염제와 같은 호료를 배합한 것을 날인하고 증기로 짜서 발염호가 부착된 부분으로 무늬를 나타내는 방법이다.
③ 염료, 조제 그리고 호료를 배합한 날염호로 직물의 표면에 무늬를 날인한 후 증기로 짜서 염료를 섬유의 내부까지 침투 · 염착시키는 방법이다.

④ 직물의 표면에 염료가 침투하지 못하는 방염제로 무늬를 날인한 후에 일반 침염법에 따라 염색하여 방염제가 부착되지 않는 부분만 염색하고 날인된 부분은 희게 남겨두는 방법이다.

해설 ③이 직접날염법

44 다음 중 평직물에 해당되는 것은?

① 공단 ② 광목
③ 벨벳 ④ 서지

해설 평직물 = 광목, 옥양목, 포플린(광, 옥, 포)

45 레이온 섬유 중 2% 신장 후 탄성회복률이 가장 낮은 것은?

① 고습강력레이온
② 구리암모늄레이온
③ 비스코스레이온
④ 폴리노직레이온

해설 탄성회복률이 가장 낮은 것 = 구리암모늄레이온

46 마 섬유의 특징에 대한 설명 중 틀린 것은?

① 내열성이 좋다.
② 열전도성이 좋다.
③ 일광에 양호하다.
④ 분자배향이 잘 되어 있다.

해설 일광(햇볕)에 마 섬유 특성이 저하된다.

47 다음 중 식물성 섬유의 주성분에 해당하는 것은?

① 세리신
② 케라틴
③ 셀룰로스
④ 프로테인

해설 식물성 섬유 주성분 = 셀룰로스 / 동물성 섬유 = 프로테인(단백질)

48 다음 중 실을 구성할 수 있는 섬유 중 스테이플(Staple) 섬유가 아닌 것은?

① 견 ② 마
③ 면 ④ 양모

해설 단섬유 = 스테이플 = 방적사 = 면, 마, 모사

49 가죽 처리 공정 중 가죽의 촉감 향상을 위하여 털과 표피층, 불필요한 단백질, 지방과 기름 등을 제거하는 것은?

① 분할 ② 유성
③ 제육 ④ 석회침지

해설 석회침지 = 석회의 알칼리성이 지방, 단백질을 제거

50 마 섬유의 종류 중 모시 섬유에 해당하는 것은?

① 아마 ② 대마
③ 저마 ④ 황마

해설 모시 = 저마

51 **섬유의 분류 중 인조 섬유에 해당되지 않는 것은?**

① 광물성 섬유　② 무기 섬유
③ 재생 섬유　④ 합성 섬유

해설 광물성 섬유 = 천연 섬유

52 **공통식 번수에 해당하는 번수 표시 기호는?**

① D　② Tex
③ Ne　④ Nm

해설 공통식 번수 = Nm(뉴턴미터)

53 **다음 중 탄성회복률이 가장 우수한 섬유는?**

① 면　② 아마
③ 견　④ 양모

해설 양모가 천연 섬유 중 탄성회복률이 가장 크다.

54 **다음과 같은 표시가 된 제품을 드라이클리닝하는 방법은?**

① 용제의 종류는 구별하지 않아도 된다.
② 석유를 섞은 물을 조금 넣어 세탁한다.
③ 용제의 종류는 석유계에 한하여 드라이클리닝할 수 있다.
④ 용제의 종류는 석유계를 제외하고 모두 사용할 수 있다.

해설 그림은 석유계에 한하여 드라이클리닝할 수 있다.

55 **여러 올의 실을 서로 매든가, 꼬든가 또는 엮거나 얽어서 무늬를 짠 공간이 많고 비쳐 보이는 피륙은?**

① 직물　② 편성물
③ 레이스　④ 부직포

해설 바늘, 보빈 등의 기구를 사용하여 실을 엮거나 얽어서 만든 무늬가 있는 천 = 레이스

56 **다음 중 세탁업과 관련한 위생교육에 대한 설명으로 틀린 것은?**

① 위생교육의 내용은 「공중위생관리법」 및 관련법규, 소양교육, 기술교육 그 밖에 공중위생에 관하여 필요한 내용으로 한다.
② 위생교육은 매년 3시간으로 한다.
③ 위생교육을 실시하는 단체는 보건복지부장관이 고시한다.
④ 위생교육을 받은 자가 위생교육을 받을 날부터 2년 이내에 위생교육을 받은 업종과 같은 업종의 영업을 할 경우에는 해당 영업에 대한 위생교육을 다시 받아야 한다.

해설 2년 이내에 같은 업종을 할 경우 위생교육을 받은 것으로 간주한다.

57 **과징금을 부과하는 위반행위의 종별 · 정도에 따른 과징금의 금액 등에 관하여 필요한 사항은 어느 령으로 정하는가?**

① 도지사령　② 보건복지부령
③ 국무총리령　④ 대통령령

해설 과징금은 대통령령(시행령)에 따른다.

58 **공중위생감시원을 임명할 수 없는 자는?**

① 구청장
② 시장
③ 특별시장
④ 보건복지부장관

해설 공중위생감시원 임명권자 = 시 · 도지사, 시, 군, 구청장이다.

59 **드라이클리닝용 세탁기의 유기용제 누출 및 세탁물에 사용된 세제 · 유기용제 또는 얼룩 제거 약제가 남거나, 좀이나 곰팡이 등이 생성된 때에 2차 위반 시 행정처분 기준은?**

① 개선명령 또는 경고
② 영업정지 5일
③ 영업정지 10일
④ 영업장 폐쇄명령

해설 1차 경고, 2차 정지 5일, 3차 정지 10일, 4차 폐쇄

60 **과징금 산정 기준에서 영업정지 1월에 해당하는 기준일은?**

① 25일 ② 28일
③ 30일 ④ 31일

해설 과징금 산정 기준 시 영업정지 1월 = 30일

세탁기능사 답안(2015년 4회)

1	2	3	4	5	6	7	8	9	10
④	④	①	①	④	④	③	①	②	②
11	12	13	14	15	16	17	18	19	20
①	②	④	④	③	④	②	①	③	③
21	22	23	24	25	26	27	28	29	30
①	③	④	①	②	②	②	②	③	②
31	32	33	34	35	36	37	38	39	40
②	④	③	③	③	③	①	①	①	③
41	42	43	44	45	46	47	48	49	50
①	③	③	②	②	③	③	①	④	③
51	52	53	54	55	56	57	58	59	60
①	④	④	③	③	④	④	④	②	③

2016년도 기능사 제1회 필기시험

자격종목	품목코드	시험시간	형별	수험번호	성 명
세탁기능사			B형		

01 **드럼식 세탁기에 가장 적합한 세제는?**

① 저포성 세제　② 합성 세제
③ 농축 세제　④ 약알칼리 세제

해설 드럼식은 거품이 덜나는 저포성 세제가 적합하다.

02 **오점의 분류 중 매연, 점토, 유기성 먼지 등이 해당하는 오점은?**

① 유용성 오점　② 고체 오점
③ 특수 오점　④ 수용성 오점

해설 고체 오점 : 매연, 점토, 흙, 시멘트

03 **다음 중 재오염의 원인이 아닌 것은?**

① 탈수　② 부착
③ 흡착　④ 염착

해설 재오염 : 부착, 흡착, 염착

04 **계면활성제의 종류 중 세척력이 적어 세제로는 사용되지 않으나 섬유의 유연제, 대전방지제, 발수제 등으로 사용하는 것은?**

① 양성계 계면활성제
② 비이온계 계면활성제
③ 음이온계 계면활성제
④ 양이온계 계면활성제

해설 양이온계 : 유연제, 대전방지제, 발수제

05 **세정액의 청정장치에 대한 분류의 설명으로 옳은 것은?**

① 카트리지식 – 쇠망에 여과제층을 부착시키는 장치이다.
② 청정통식 – 튜브 필터에 열을 통과시키는 장치이다.
③ 필터식 – 겉에는 주름여과지가 있고 속에는 흡착제가 채워져 있다.
④ 증류식 – 오염이 심한 용제 청정에 적합하다.

해설 카맒, 청오, 증오(오염이 심한)

06 **퍼클로로에틸렌 용제에 대한 설명 중 틀린 것은?**

① 용해력 비중이 크므로 세정시간이 짧다.
② 상압으로 증류할 수 있다.
③ 독성이 약하고 기계의 부식에 안전하다.
④ 불연성이므로 화재에 대한 위험은 없다.

해설 독성이 강하여 섬세한 의류는 상하기 쉽다.

07 **다음 중 용제의 구비 조건이 아닌 것은?**

① 증류나 흡착에 의한 정제가 쉽고 분해가 될 것
② 세탁 시 피복을 손상시키지 않을 것
③ 기계를 부식시키지 않고 인체에 독성이 없을 것
④ 건조가 쉽고 세탁 후 냄새가 없을 것

해설 정제가 쉽고 분해되지 않아야 한다.

08 **보일러의 부피를 일정하게 유지하고 증기의 온도를 상승시켰을 때 압력의 변화로 옳은 것은?**

① 일정하다. ② 감소한다.
③ 상승한다. ④ 압력과 관계없다.

해설 부피가 일정할 때 온도가 상승할 경우 압력이 상승한다.

09 **계면활성제의 기본적인 성질과 직접 관계하는 작용이 아닌 것은?**

① 습윤 작용 ② 균염 작용
③ 분산 작용 ④ 유화 작용

해설 직접 작용 : 침유분가기세

10 **패션케어 서비스의 설명으로 가장 옳은 것은?**

① 세탁영업에서 일반적으로 행하고 있는 클리닝이다.
② 의류나 섬유 제품의 소재를 청결하게만 하는 것이다.
③ 고급품이나 희귀품의 가치와 기능을 유지, 관리하는 서비스이다.
④ 의류를 중심으로 한 대상품의 가치 보전과 기능 회복이 중요한 포인트다.

해설 패션케어 서비스 : 특수 - 기능 유지

11 **비누의 특성 중 장점에 해당하는 것은?**

① 가수분해되어 유리지방산을 생성한다.
② 세탁 시 센물을 사용하면 반응하여 침전물이 없어진다.
③ 거품이 잘 생기고 헹굴 때에는 거품이 사라진다.
④ 산성 용액에서 사용할 수 있다.

해설 비누의 장점 : 촉감 양호, 거품이 잘 생기고, 합성 세제보다 환경 오염이 적다.

12 **오염의 부착 상태 중 오염의 제거가 곤란하여 반드시 표백제로 분해하여 제거하여야 하는 것은?**

① 정전기에 의한 부착
② 유지결합에 의한 부착
③ 화학결합에 의한 부착
④ 분자 간 인력에 의한 부착

해설 기름 성분이 산소와 화학결합하면 영구적 오점 – 표백제로 분해 제거

13 **계면활성제의 성질 중 틀린 것은?**

① 한 개의 분자 내에 친수기와 친유기를 가진다.
② 물과 공기 등에 흡착하여 계면장력을 향상시킨다.
③ 직물에 약제의 침투 효과를 증가시킨다.
④ 기포성을 증가시키고 세척 작용을 향상시킨다.

해설 물과 공기에 흡착되어 계면장력을 저하시킨다.

14 다음 중 방수가공제에 해당하는 것은?

① 실리카겔 ② 염화칼슘
③ 아크릴수지 ④ 과산화수소

해설 방수가공제 : 아크릴수지, 폴리우레탄, 염화비닐, 합성고무

15 다음 중 산화표백제가 아닌 것은?

① 아염소산나트륨
② 과탄산나트륨
③ 과산화수소
④ 하이드로설파이트

해설 산화 : 염소계, 과산화물계
환원 : 아황산, 하이드로

16 용제공급펌프의 성능을 측정하는 액심도는 외통 반경을 몇 등분 한 수치로 나타내는가?

① 3 ② 4
③ 8 ④ 10

해설 액심도를 10등분 해서 3까지 차오르는 시간을 수치로 나타낸다.

17 게이지 압력이 $6kg/cm^2$인 보일러의 압력을 절대압력(kg/cm^2)으로 계산하면 얼마인가?

① 6 ② 7
③ 16 ④ 60

해설 절대압력 : 게이지 압력 + 1

18 클리닝 서비스 중 일반적인 서비스에 해당하는 것은?

① 워싱 서비스 ② 패션케어 서비스
③ 보전 서비스 ④ 특수 서비스

해설 일반적인 서비스 : 워싱 서비스

19 청정제 중 흡착제이면서 탈산력이 뛰어난 것은?

① 규조토 ② 산성백토
③ 활성백토 ④ 경질토

해설 탈산탈취 : 알루미나겔, 경질토

20 이론상으로는 재생이 가능하나 회수노력과 회수경비가 많이 들어 비경제적인 섬유는?

① 면 ② 양모
③ 비스코스레이온 ④ 합성 섬유

해설 합성 섬유 : 석탄 + 물 + 공기로 만들어지기에 회수경비가 많이 들어간다.

21 모피류의 세탁에 사용하는 것으로 가장 적합한 것은?

① 물
② 퍼클로로에틸렌(Perchloroethylene)
③ 솔벤트(Solvent)
④ 파우더클리닝(Powder Cleaning)

해설 모피는 특수(파우더)세탁해야 한다.

22 웨트클리닝에서 주의해야 할 점이 아닌 것은?

① 세탁 전에 색 빠짐, 형태 변형, 수축성 여부를 조사한다.
② 수축되기 쉬운 것은 치수를 재어놓는다.
③ 색이 빠지기 쉬운 것은 한 점씩 세탁한다.
④ 핸드백은 용제나 물에 담가 처리한다.

해설 용제나 물에 담가 처리하면 수축, 경화된다.

23 세탁 방법에 대한 설명 중 틀린 것은?

① 세탁의 방법에 따라 건식 방법, 습식 방법으로 구분한다.
② 세탁물의 분류에 따라 혼합세탁, 분류세탁, 부분세탁으로 구분한다.
③ 적은 양을 세탁할 때는 손빨래보다 세탁기를 이용하면 경제적이다.
④ 부분세탁은 세탁물을 분류한 후에 극소 부분의 세탁을 할 필요가 있을 때 그 부분만을 세탁하는 방법이다.

해설 적은 양 세탁 시에는 손빨래가 경제적이다.

24 다음 중 웨트클리닝 대상품이 아닌 것은?

① 합성피혁제품
② 고무를 입힌 제품
③ 안료 염색된 제품
④ 슈트나 한복제품

해설 슈트나 한복 : 드라이클리닝 대상품

25 혈액이 의류에 묻었을 경우의 얼룩 빼는 방법으로 가장 옳은 것은?

① 드라이클리닝하여 물세탁한다.
② 묻은 즉시 찬물로 세탁을 해야 한다.
③ 표백 처리한다.
④ 알코올로 닦아내고 온수에서 세탁한다.

해설 혈액은 가열하면 응고되므로 찬물로 세탁한다.

26 다림질 방법에 대한 설명 중 틀린 것은?

① 풀먹인 직물을 너무 고온 처리하면 황변할 수 있다.
② 광택을 필요로 하는 옷은 딱딱한 다리미판을 사용한다.
③ 모직물은 위에 덧헝겊을 대고 물을 뿌려 다린다.
④ 혼방직물은 내열성이 높은 섬유를 기준으로 다린다.

해설 혼방은 내열성이 낮은 섬유 기준으로 다림질한다.

27 다림질 시 주의할 점이 아닌 것은?

① 진한 색상의 의복은 섬유 소재에 관계없이 천을 덮고 다린다.
② 표면 처리되지 않은 피혁 제품은 스팀을 주는 것을 절대 금지해야 한다.
③ 다림질은 섬유의 종류와 상관없이 150℃를 유지하는 전기다리미를 사용한다.
④ 다림질은 섬유의 적정 온도보다 높게 하면 의류를 손상시킬 수 있다.

해설 다림질 온도 : 아견레모면마 순서로 각각 다르다.

28 의복의 기능 중 위생상 성능에 해당되지 않는 성질은?

① 보온성 ② 내마모성
③ 통기성 ④ 흡습성

해설 실용적 기능 : 내구성, 내열성, 내마모성

29 세탁에 가장 적합한 pH농도는?

① pH 5　　② pH 7
③ pH 11　　④ pH 13

해설 세탁에 가장 적합한 세제 : 약알칼리 세제 – pH 10~11

30 론드리에 대한 설명 중 틀린 것은?

① 론드리란 알칼리제, 비누 등을 사용하여 온수에서 워셔로 세탁하는 방법이다.
② 론드리의 일반 공정으로 애벌빨레, 본빨래, 표백, 헹굼, 풀먹임, 탈수, 건조, 마무리 등이 있다.
③ 론드리의 표백제로는 차아염소산나트륨, 과붕산나트륨, 계면활성제를 사용한다.
④ 산욕 처리 과정에 있어 황변의 방지와 살균 처리를 하기 위하여 산욕제로는 규불화나트륨(규불화산소다)을 사용한다.

해설 계면활성제(음 · 양이온, 양성, 비이온)는 표백제가 아니다.

31 다음 중 세탁의 기본 원리에 해당하지 않는 것은?

① 침투 작용
② 흡착 작용
③ 이온결합 작용
④ 분산 작용

해설 세탁의 기본 원리 : 침투 – 흡착 – 분산 – 유화현탁

32 웨트클리닝의 탈수와 건조에 대한 설명 중 틀린 것은?

① 탈수 시 형의 망가짐에 유의하고 가볍게 원심 탈수한다.
② 늘어날 위험이 있는 것은 둥글게 말아서 말린다.
③ 색 빠짐의 우려가 있는 것은 타월에 싸서 가볍게 손으로 눌러 짠다.
④ 가급적 자연 건조한다.

해설 늘어날 위험이 있는 것은 평평한 곳에 뉘어서 말린다.

33 휘발유, 석유, 벤젠 등의 기름얼룩을 제거하는 데 가장 많이 사용하는 약제는?

① 유기 용제　　② 산
③ 알칼리　　④ 표백제

해설 유기 용제 : 휘발유, 석유, 벤젠 등

34 애벌빨래에 대한 설명으로 옳은 것은?

① 알칼리 세제로 오점을 제거한다.
② 전분풀로 가공된 제품을 애벌빨래하면 전분풀의 효과를 높일 수 있다.
③ 충분한 세제를 가하지 않아도 재오염될 가능성은 없다.
④ 화학 섬유 제품은 오염도가 심하므로 애벌빨래를 하는 것이 좋다.

해설 ② 전분풀은 떨어진다.
③ 세제가 충분하지 않으면 재오염된다.
④ 화학 섬유제품은 애벌빨래가 필요치 않다.

35 **다음 중 콜드머신(Cold Machine)을 필요로 하는 공정은?**

① 론드리 ② 웨트클리닝
③ 드라이클리닝 ④ 얼룩 빼기

해설 콜드머신(준밀폐형) : 세정 + 탈액, 건조별도 : 석유계 드라이

36 **나일론의 특성으로 옳은 것은?**

① 신도가 낮다.
② 흡습성이 천연 섬유에 비하여 높다.
③ 내일광성이 좋다.
④ 열가소성이 좋다.

해설 나일론은 강신도, 열가소성이 우수하나 내일광성, 흡습성은 낮다.

37 **양모섬유에 대한 설명 중 틀린 것은?**

① 탄성 회복률이 우수하다.
② 일광에 의해 황변되면서 강도가 줄어든다.
③ 열전도율이 적어서 보온성이 좋다.
④ 염색이 어려워 좋은 견뢰도를 얻을 수 없다.

해설 산성, 매염 염료로 견뢰도 우수

38 **염료분자와 섬유가 반응하여 공유결합을 형성하는 염료는?**

① 직접 염료 ② 염기성 염료
③ 산성 염료 ④ 반응성 염료

해설 직접 : 수소결합, 반응 : 공유
암기법 직수, 반공

39 **의류의 부자재 중 접착심지에 대한 설명으로 틀린 것은?**

① 다리미 또는 프레스 처리만으로 접착시킬 수 있다.
② 봉제 방법이 간단하다.
③ 겉감의 신축성을 감소시킬 수 있기 때문에 형태안정성이 증진된다.
④ 내세탁성이 약하다.

해설 내세탁성이 강하다.

40 **다음 중 재생 섬유에 해당하는 것은?**

① 비스코스레이온 ② 스판덱스
③ 아크릴 ④ 나일론

해설 재생 섬유 : 레이온, 아세테이트(반합성)

41 **광택이 좋고 초기탄성률이 작아서 좋은 드레이프성과 부드러운 촉감을 가지고 있으므로 여성들과 아동용 옷감으로 사용하고 있는 섬유는?**

① 아세테이트 ② 비스코스레이온
③ 아크릴 ④ 폴리에스터

해설 아세테이트 : 드레이프성이 좋아 드레스, 잠옷 등에 사용

42 **면 섬유의 특성에 대한 설명 중 틀린 것은?**

① 비중은 1.54로 비교적 무거운 섬유에 해당된다.
② 산에는 약하나 알칼리에는 강하다.
③ 현미경으로 보면 단면은 다각형이고 중공이 있다.
④ 다림질 온도는 비교적 높은 편이다.

해설 아마 : 다각형, 견 : 삼각형, 면 : 천연 꼬임, 중공

43 가볍고 촉감이 부드러우며 워시앤드웨어성이 좋고 따뜻하며 양모보다 가벼워서 양모가 사용되던 곳에 많이 사용하고 있는 섬유는?

① 나일론 ② 아크릴
③ 스판덱스 ④ 폴리에스터

해설 아크릴 : 벌키성이 우수하고 천연양모와 가장 흡사하여 많이 사용한다.

44 섬유의 분류 중 인조 섬유에 해당되지 않는 것은?

① 재생 섬유
② 합성 섬유
③ 무기 섬유
④ 광물성 섬유

해설 인조 섬유 : 재생, 합성, 무기, 광물성 : 천연 섬유

45 아마 섬유의 성질을 면 섬유와 비교한 설명으로 옳은 것은?

① 아마 섬유의 신도는 면 섬유보다는 적다.
② 아마 섬유의 길이는 면 섬유보다는 짧다.
③ 아마 섬유의 강도는 면 섬유보다는 약하다.
④ 아마 섬유의 탄성은 면 섬유보다는 크다.

해설 아마 : 강도는 면보다 크나 신도는 면보다 작다.

46 다음 중 공정수분율이 가장 낮은 섬유는?

① 면
② 비스코스레이온
③ 양모
④ 폴리에스터

해설 공정수분율이 낮다 = 소수성 섬유 = 폴리에스터(0.4%)

47 레이스의 특성에 대한 설명 중 틀린 것은?

① 통기성이 좋아 시원한 감을 준다.
② 커텐, 식탁보, 가방, 액세서리 등에 이용된다.
③ 겉모양이 우아하여 부인복에 이용된다.
④ 용융처럼 접착하여 실을 꼬아서 만들어 남성복에 이용된다.

해설 레이스는 부인복에 주로 이용된다.

48 천연모피에 대한 설명으로 옳은 것은?

① 강모는 동물의 수염이나 눈꺼풀 위에 있는 빳빳한 털이다.
② 조모는 면모 밑에 있는 짧고 부드러운 털이다.
③ 면모는 몸 전체에 있는 긴 털로서 광택이 있는 털이다.
④ 토끼털은 강하기 때문에 클리닝에서 파손될 위험이 적다.

해설 강모 : 빳빳한 털, 조모 : 긴 털(광택), 면모 : 조모 밑 짧고 부드러운 털

49 **섬유와 염료 간의 결합력이 작을 때 우선 섬유와 염료의 양자에 결합할 수 있는 약제로 섬유를 처리한 후 염색하는 방법은?**

① 환원염법 ② 현색염법
③ 매염염법 ④ 고착염법

해설 매염염색 : 섬유 + 염료 사이 결합력이 작을 때 → 매염제 추가

50 **다음 중 단백질 섬유가 아닌 것은?**

① 인피 섬유
② 양모 섬유
③ 헤어 섬유
④ 견 섬유

해설 단백질(동물) 섬유 : 양모, 견, 헤어
인피 섬유(마) : 식물성

51 **면 Y-셔츠나 블라우스를 희게 하고자 할 때 가정에서 사용할 수 있는 형광증백제의 사용에 대한 설명 중 틀린 것은?**

① 먼저 깨끗이 세탁을 한다.
② 산화표백제를 사용하여 표백을 하고 충분히 수세를 한다.
③ 형광증백제로 형광 처리를 한다.
④ 사용하는 형광제의 양을 많이 사용하면 할수록 백도는 증가한다.

해설 형광제는 미량(0.1%) 이하로도 증백 효과가 우수하다.

52 **피혁의 단면 구조에 해당하지 않는 것은?**

① 중공 ② 표피
③ 진피 ④ 피하조직

해설 피혁의 단면 구조 : 표피 - 진피 - 피하조직

53 **아세테이트 섬유의 염색에 가장 적합한 염료는?**

① 산성 염료 ② 직접 염료
③ 분산 염료 ④ 배트 염료

해설 아세테이트, 폴리에스터 : 분산 염료

54 **실의 품질을 표시하는 기준항목으로만 나열한 것은?**

① 섬유의 혼용률, 실의 번수
② 섬유의 가공 방법, 섬유의 지름
③ 섬유의 생산지, 섬유의 너비
④ 섬유의 혼용률, 치수 또는 호수

해설 실의 기준항목 : 실의 조성/혼용률, 굵기, 길이/중량

55 **세탁 견뢰도에 대한 설명 중 틀린 것은?**

① 염색된 옷이 세탁에 견디는 능력을 말한다.
② 세탁으로 인해 옷의 물감이 빠지지 않는다는 것이다.
③ 견뢰도 등급숫자가 높을수록 물감이 잘 빠지고, 숫자가 낮을수록 물감이 빠지지 않는다는 것이다.
④ 세탁 의약품 중에는 용해 견뢰도가 낮은 의복이 많으므로 주의하여야 한다.

해설 견뢰도 숫자가 낮을수록 변퇴색이 심하다.

56 **대통령이 정하는 바에 의하여 과태료를 부과 · 징수할 수 없는 자는?**

① 구청장 ② 군수
③ 시장 ④ 보건복지부장관

해설 과태료 : 시 · 군 · 구청장이 부과

57 **다음 중 위생지도 및 개선명령을 할 수 있는 자는?**

① 시장
② 행정자치부장관
③ 보건복지부장관
④ 국무총리

해설 시 · 도지사, 시 · 군 · 구청장은 영업자, 시설소유자에게 위생지도, 개선을 명할 수 있다.

58 **세탁업자가 위생교육을 받지 아니한 때의 1차 행정처분 기준은?**

① 경고
② 영업정지 5일
③ 영업정지 10일
④ 영업장 폐쇄명령

해설 위생교육(3시간) 받지 아니한 때 1차 : 경고

59 **드라이클리닝용 세탁기의 유기 용제 누출 및 세탁물에 사용된 세제, 유기 용제가 남아 있을 때의 행정처분 기준으로 옳은 것은?**

① 1차 위반 – 경고
② 2차 위반 – 영업정지 10일
③ 3차 위반 – 영업정지 30일
④ 4차 위반 – 영업정지 1년

해설 1차 : 경고, 2차 : 정지 5일, 3차 : 정지 10일, 4차 : 폐쇄

60 **명예공중위생감시원의 업무가 아닌 것은?**

① 공중위생관리 업무와 관련하여 시 · 도지사가 따로 정하여 부여하는 업무
② 위생지도 및 개선명령 이행 여부의 확인
③ 법령 위반행위에 대한 신고 및 자료 제공
④ 공중위생감시원이 행하는 검사대상물의 수거지원

해설 ②는 공중위생감시원 업무이다.

세탁기능사 답안(2016년 1회)

1	2	3	4	5	6	7	8	9	10
①	②	①	④	④	③	①	③	②	③
11	12	13	14	15	16	17	18	19	20
③	③	②	③	④	④	②	①	④	④
21	22	23	24	25	26	27	28	29	30
④	④	③	④	②	④	③	②	③	③
31	32	33	34	35	36	37	38	39	40
③	②	①	①	③	④	④	④	④	①
41	42	43	44	45	46	47	48	49	50
①	③	②	④	①	④	④	①	③	①
51	52	53	54	55	56	57	58	59	60
④	①	③	①	③	④	①	①	①	②

2016년도 기능사 제4회 필기시험

자격종목	품목코드	시험시간	형별	수험번호	성 명
세탁기능사			B형		

01 오점의 성분 중 충해의 원인이 되는 것은?

① 단백질 ② 무기물
③ 염류 ④ 요소

해설 충해의 원인은 단백질(탄소, 수소, 산소, 질소)이다.

02 비누의 특성 중 장점이 아닌 것은?

① 산성 용액에서도 사용할 수 있다.
② 세탁한 직물의 촉감이 양호하다.
③ 합성 세제보다 환경을 적게 오염시킨다.
④ 거품이 잘 생기고 헹굴 때에는 거품이 사라진다.

해설 산성에서 사용할 수 없다는 단점이 있다.

03 피복의 오염 부착 상태에 대한 설명 중 틀린 것은?

① 화학결합에 의한 부착 : 섬유 표면에 오염이 부착된 후 섬유와 오점 간에 결합이 화학결합하여 부착된 것이다.
② 정전기에 의한 부착 : 오염입자와 섬유가 서로 다른 대전성(+, −로 나타나는 정전기 성질)을 띄고 있을 때 오염입자가 섬유에 부착된 것이다.
③ 분자 간 인력에 의한 부착 : 오염물질의 분자와 섬유 분자 간의 인력에 의해서 부착된 것이며 강한 분자 간의 인력으로 인하여 쉽게 제거되지 아니한다.
④ 유지결합에 의한 부착 : 오염에 입자가 물의 엷은 막을 통해서 섬유에 부착된 것이다.

해설 유지결합은 기름의 엷은 막 → 유, 계, 알로 제거

04 다음 용제의 가장 적합한 세정시간을 옳게 나열한 것은?

① 석유계 용제 − 7초 이내, 퍼클로로에틸렌 20~30초
② 석유계 용제 − 20~30초, 퍼클로로에틸렌 7초 이내
③ 석유계 용제 − 7분 이내, 퍼클로로에틸렌 20~30분
④ 석유계 용제 − 20~30분, 퍼클로로에틸렌 7분 이내

해설 석유계 20~30분, 불소계 5분, 퍼크로 7분, 1:1:1 = 5분 이내

05 다음 중 염소계 표백제 사용에 가장 적합하지 않은 섬유는?

① 면 ② 양모
③ 레이온 ④ 폴리에스터

해설 염소계 표백제(락스)는 양모, 견에 적합하지 않다.

06 **다음 중 방충제에 해당하는 것은?**

① 글리세린 ② 나프탈렌
③ 불화암모늄 ④ 차아염소산나트륨

해설 • 가정용 : 장뇌, 나프탈렌, 파라디클로로벤젠(장나파)
• 가공용 : 아레스린, 가스나, 디엘드린, 오일란(아가디오)

07 **보일러의 종류 중 원통보일러의 형식이 아닌 것은?**

① 노통보일러 ② 수관보일러
③ 연관보일러 ④ 입식보일러

해설 원통보일러 : 입식, 노통, 연관, 노통연관

08 **섬유에 오염 부착이 잘 되는 섬유의 순서대로 나열한 것은?**

① 양모 → 나일론 → 레이온 → 아세테이트 → 마 → 견
② 양모 → 아세테이트 → 레이온 → 나일론 → 마 → 견
③ 레이온 → 마 → 아세테이트 → 견 → 나일론 → 양모
④ 레이온 → 견 → 아세테이트 → 마 → 나일론 → 양모

해설 빨리 더러워지는 순서 : 더레마 아면 비단나양

09 **용제 중에 용해된 더러움, 유지 등이 분해하여 발생하는 지방산 같은 유성 오염물을 제거하기 위하여 사용하는 청정제는?**

① 여과제 ② 탈산제
③ 활성백토 ④ 활성탄소

해설 지방산 → 탈산제

10 **세정액의 청정화 방법 중 오염이 심한 용제의 청정화에 가장 효과적인 것은?**

① 여과 방법 ② 증류 방법
③ 표백 방법 ④ 흡착 방법

해설 오염이 심한 용제의 청정화는 증류법을 사용한다.

11 **의류의 푸새가공에 사용하는 풀에 해당되지 않는 것은?**

① 전분 ② C.M.C
③ L.A.S ④ P.V.A

해설 L.A.S는 합성 세제이다.

12 **클리닝 서비스 중 특수 서비스에 해당되는 것은?**

① 모 제품만 세정하는 서비스
② 웨트클리닝 서비스
③ 워싱(Washing) 서비스
④ 패션 케어(Fashion care) 서비스

해설 패션 케어 서비스 : 특수-보전, 기능 유지

13 **게이지의 압력이 4kg/cm²인 보일러의 압력을 절대압력으로 계산하면?**

① $4kg/cm^2$ ② $5kg/cm^2$
③ $14kg/cm^2$ ④ $40kg/cm^2$

해설 절대압력 = 게이지 + 1(대기압)

14 **청정제 중 다수의 미세한 구멍이 있어 여과력은 좋으나 흡착력이 없는 것은?**

① 규조토 ② 실리카겔
③ 산성백토 ④ 활성탄소

해설 여과제 : 규조토

15 세정액의 청정장치 방식이 아닌 것은?

① 청정통식　② 카트리지식
③ 텀블러식　④ 필터식

해설 청정장치 : 필터식, 청정통식, 카트리지식, 증류식

16 다음 중 산화표백제가 아닌 것은?

① 과붕산나트륨　② 과산화수소
③ 아황산나트륨　④ 차아염소산나트륨

해설 산화표백제는 염소계와 과산화물계, 환원은 아하

17 아크릴수지, 폴리우레탄수지, 염화비닐수지 등의 가공제를 사용하는 가공은?

① 대전방지가공　② 방수가공
③ 방오가공　④ 방축가공

해설 방수가공제 : 염화비닐, 폴리우레탄, 고무, 아크릴수지

18 다음 중 계면활성제의 성질이 아닌 것은?

① 한 개의 분자 내에 친수기와 친유기를 가진다.
② 분자가 모여서 미셀(Micell)을 형성한다.
③ 직물의 습윤 효과를 향상시킨다.
④ 물과 공기 등에 흡착하여 계면장력을 향상시킨다.

해설 계면장력을 저하시킨다.

19 흡착에 의한 재오염의 원인이 아닌 것은?

① 정전기　② 점착
③ 물의 적심　④ 염착

해설 흡착 : 정전기, 점착, 물의 적심

20 계면활성제의 종류 중 비누, 알킬술폰산나트륨과 같이 세제로 사용하는 것은?

① 비음이온계 계면활성제
② 양성계 계면활성제
③ 양이온계 계면활성제
④ 음이온계 계면활성제

해설 음이온계 : 비누, 양이온계 : 피죤

21 론드리의 세탁공정 순서로 옳은 것은?

① 애벌빨래 → 본빨래 → 표백 → 헹굼 → 산욕 → 풀먹임 → 탈수 → 건조 → 다림질
② 애벌빨래 → 산욕 → 본빨래 → 건조 → 표백 → 풀먹임 → 탈수 → 헹굼 → 다림질
③ 애벌빨래 → 산욕 → 탈수 → 건조 → 헹굼 본빨래 → 표백 → 풀먹임 → 다림질
④ 애벌빨래 → 헹굼 → 산욕 → 표백 → 본빨래 → 탈수 → 풀먹임 → 건조 → 다림질

해설 애본표 헹산풀 탈건마

22 다음 중 섬유의 다림질 부주의로 나타나는 현상으로 틀린 것은?

① 아세테이트, 비닐론은 고온에서 습기를 주면 광택이 줄어들거나 경화된다.
② 나일론은 160℃ 이상의 높은 온도에서는 순간적으로 녹아 붙으며 용융할 수도 있다.
③ 면, 마의 다림질 적당온도는 120~150℃이나 그 이상으로 다림질하면 탄화한다.

④ 폴리프로필렌은 140℃ 이상에서는 갑자기 열 수축을 일으킬 수도 있으므로 주의해야 한다.

해설 아견레모면마

23 드라이클리닝 용제의 조건 중 틀린 것은?

① 표면장력이 작을 것
② 인화성이 없거나 적을 것
③ 비중이 낮을 것
④ 건조가 쉽고 나쁜 냄새가 남지 않을 것

해설 표면장력, 인화성↓, 비중↑, 건조가 쉽고 냄새가 없어야 한다.

24 손빨래 방법 중 세탁효과는 불량하나 옷감의 손상이 적은 것은?

① 흔들어 빨기 ② 눌러 빨기
③ 주물러 빨기 ④ 두들겨 빨기

해설 흔들어 빨기 : 모편성물

25 산욕 작용의 효과에 대한 설명 중 틀린 것은?

① 의류를 살균, 소독한다.
② 천에 남은 알칼리를 중화한다.
③ 천에 광택을 주고 황변을 방지한다.
④ 산가용성 얼룩을 철분으로 변화시켜 물속에 침전시킨다.

해설 산욕 : 산가용성의 얼룩을 제거한다.

26 론드리의 정의에 대한 설명으로 가장 옳은 것은?

① 물로 세탁하는 방법이다.
② 비누를 사용하여 손세탁하는 방법이다.
③ 알칼리제, 비누 등을 사용하여 온수에서 워셔로 세탁하는 가장 세정작용이 강한 방법이다.
④ 알칼리제, 비누 등을 사용하여 찬물에서 세탁하는 방법이다.

해설 알칼리제, 비누 사용 온수 + 워셔 = 세정 작용↑

27 웨트클리닝에 적용되는 피복이 아닌 것은?

① 합성피혁 제품
② 표면 처리된 피혁
③ 고무를 입힌 제품
④ 면, 마의 고급 제품

해설 면, 마 제품은 론드리 대상품이다.

28 드라이클리닝 마무리 기계 중 인체프레스(Body Press)의 설명이 아닌 것은?

① 하의에 적합하다.
② 아크릴 제품은 늘어나므로 적합하지 않다.
③ 냉풍을 불어 넣어 의복을 식혀 형태를 고정한다.
④ 의복을 기계에 입혀 증기를 안쪽에서부터 분출시켜 의복을 부드럽게 한다.

해설 상의 = 인체프레스, 하의 = 팬츠토퍼

29 의복의 기능 중 외관을 형성하는 것이므로 사람에 따라 성능의 요구에는 약간의 차이가 있으며 또 유행에 지배되기 쉬운 것은?

① 감각적 성능 ② 위생적 성능
③ 내구적 성능 ④ 관리적 성능

해설 감각적 기능 : 색, 광택, 촉감 – 유행에 민감

30 다음 중 유기 용제에 가장 약한 섬유는?

① 면 ② 견
③ 나일론 ④ 아세테이트

해설 아세테이트는 아세톤에 용해된다.

31 다음 중 다림질의 3대 요소가 아닌 것은?

① 시간 ② 수분
③ 압력 ④ 온도

해설 다림질 3대 조건(온도, 압력, 수분)

32 드라이클리닝 시 세탁물의 상해 예방이 아닌 것은?

① 손상되기 쉬운 세탁물은 반드시 망을 사용한다.
② 용제의 수분을 체크한다.
③ 탈수기 작동 시 덮개보를 사용한다.
④ 건조기의 온도는 가능한 높은 온도에서 사용한다.

해설 건조기 온도는 너무 높이지 않는다.

33 다음 중 화학적 얼룩 빼기 방법이 아닌 것은?

① 효소법 ② 흡착법
③ 알칼리법 ④ 표백제법

해설 화학적 : 산 · 알칼리 · 효소 · 표백제

34 드라이클리닝 세정 공정 중 소프를 첨가하지 아니하고 용제만으로 세탁하는 방식은?

① 배치차지시스템 ② 배치시스템
③ 차지시스템 ④ 논차지시스템

해설 차물. 배매, 논차지 = 용제만으로

35 다음 중 얼룩 빼기의 주의점으로 틀린 것은?

① 얼룩은 생긴 즉시 제거해야 한다.
② 섬유와 얼룩의 종류에 따른 적합한 얼룩 빼기 방법을 검토해야 한다.
③ 얼룩 빼기 시 심한 기계적 힘을 가하지 말아야 한다.
④ 얼룩 빼기 후 뒤처리는 안 해도 섬유에 손상은 없다.

해설 섬유 손상을 방지하기 위하여 뒷처리(중화)

36 다음 중 수분을 흡수할 때 강도 저하가 가장 심한 섬유는?

① 양모 ② 레이온
③ 나일론 ④ 아마

해설 수분 흡수 시 강도 저하가 심한 것 = 레이온

37 가죽처리 공정 중 부드러운 가죽이 되게 하기 위한 가장 적합한 pH범위는?

① pH 2.0~3.5 ② pH 5.0~6.5
③ pH 7.0~8.5 ④ pH 9.0~10.5

해설 가죽을 부드럽게 하기 위해 산에 담근다.

38 견뢰도 판정 중 세탁 견뢰도의 총 등급 수는?

① 3 ② 5
③ 8 ④ 10

해설 일광 1~5, 세탁 1~5, 마찰 1~5

39 **혼방직물이나 교직물을 염색할 때 섬유의 종류에 따른 염색성의 차이를 이용하여 섬유의 종류에 따라 각기 다른 색으로 염색하는 것은?**

① 톱(Top) 염색
② 사염색
③ 크로스(Cross) 염색
④ 서모졸(Thermosol) 염색

해설 염색상의 차이를 이용한 염색 : 크로스

40 **가죽 처리 공정 중 원피에 붙어 있는 기름 덩어리나 고기를 제거하는 것은?**

① 물에 침지 ② 분할
③ 석회침지 ④ 제육

해설 고기 제거 : 제육

41 **가죽의 처리 공정으로 옳은 것은?**

① 물에 침지 → 산에 담그기 → 제육 → 석회침지 → 분할 → 때 빼기 → 탈회 및 효소 분해 → 탈모 → 유성
② 물에 침지 → 산에 담그기 → 제육 → 석회침지 → 분할 → 탈모 → 탈회 및 효소 분해 → 때 빼기 → 유성
③ 물에 침지 → 제육 → 석회침지 → 산에 담그기 → 분할 → 때 빼기 → 탈회 및 효소 분해 → 탈모 → 유성
④ 물에 침지 → 제육 → 탈모 → 석회침지 → 분할 → 때 빼기 → 탈회 및 효소 분해 → 산에 담그기 → 유성

해설 암기법 원물제 탈회분 때회

42 **부직포의 특성 중 틀린 것은?**

① 강직하여 유연성이 부족하다.
② 매끄럽지 못하여 광택도 적고 거칠다.
③ 섬유의 방향성이 규칙하여 끝이 풀리지 않는다.
④ 함기율이 커서 가볍고 보온성이 좋다.

해설 부직포는 방향성이 없다.

43 **염색 견뢰도에 대한 설명 중 틀린 것은?**

① 견뢰도는 염료의 종류에 관계없이 모두 같다.
② 견뢰도 판정은 오염 판정 시 사용하는 표준색표와 비교한다.
③ 견뢰도의 종류에 따라 등급의 수는 다르다.
④ 염색된 옷이 세탁에 견디는 능력을 세탁견뢰도라 한다.

해설 염료의 종류에 따라 각각 다르다.

44 **다음 중 전기절연성이 가장 좋은 섬유는?**

① 양모 ② 면
③ 마 ④ 폴리에스터

해설 폴리에스테르는 수분율이 0.4%이며 전기절연성이 우수하다.

45 **실의 종류 중 재질에 따른 분류에 해당되지 않는 것은?**

① 혼방사 ② 교합사
③ 수편사 ④ 피복사

해설
- 용도에 따른 분류 : 직사, 편사, 자수사, 장식사
- 재질에 따른 분류 : 혼방사, 교합사, 피복사

46 **천연 섬유 중 유일한 필라멘트 섬유인 것은?**

① 면　　② 마
③ 양모　　④ 견

해설 방적사 : 단섬유(면, 마, 모)

47 **면이나 인조 섬유로 된 직물위에 염화비닐 수지나 폴리우레탄 수지를 코팅한 것은?**

① 인조피혁　　② 천연모피
③ 천연피혁　　④ 합성피혁

해설 인조피혁 : 직물 + 염화비닐수지, 폴리우레탄수지 코팅

48 **면 섬유의 특성 중 틀린 것은?**

① 현미경으로 보면 측면은 리본 모양이다.
② 수분을 흡수하면 강도가 증가한다.
③ 염색성은 양호하다.
④ 산에는 강하고 알칼리에는 약하다.

해설 식물성 섬유는 알칼리에 강하고 산에 약하다.

49 **다음 중 장식적인 부속품에 해당하는 것은?**

① 단추　　② 지퍼
③ 비즈　　④ 스냅

해설 실용적 : 단추, 스냅, 호크, 지퍼
장식적 : 비즈, 스팽글, 모조진주

50 **섬유의 물세탁 방법에 관한 표시기호에 대한 설명으로 틀린 것은?**

① 물의 온도는 30℃를 표준으로 한다.
② 약하게 손세탁할 수 있다.
③ 세탁기로 세탁할 수 있다.
④ 세제는 중성 세제를 사용한다.

해설 손세탁 : 세탁기 세탁 안 됨

51 **마 섬유 중 결정성과 분자의 배향이 가장 발달된 것은?**

① 대마　　② 아마
③ 저마　　④ 황마

해설 배향이 가장 발달된 것 : 저마

52 **다음 중 인조 섬유가 아닌 것은?**

① 비스코스레이온　　② 아세테이트
③ 나일론　　④ 석면

해설 석면은 천연 광물성 섬유이다.

53 **아세테이트 섬유의 염색에 가장 적합한 염료는?**

① 반응성 염료　　② 분산 염료
③ 직접 염료　　④ 황화 염료

해설 아세테이트, 폴리에스테르 : 분산 염료

54 **다음 기호의 설명으로 틀린 것은?**

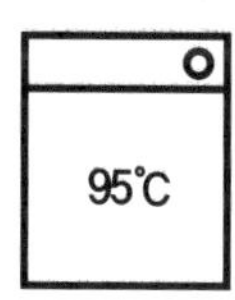

① 물의 온도 95℃를 표준으로 세탁할 수 있다.
② 세탁기로 세탁할 수 있다.
③ 손세탁이 가능하다.
④ 세제 종류에 제한을 받는다.

해설 세제 제한을 받지 않는다.

55 다음 중 합성 섬유로 만들어진 실이 아닌 것은?

① 나일론사 ② 레이온사
③ 아크릴사 ④ 폴리에스터사

해설 3대 합성 섬유 : 나폴아, 레이온은 재생 섬유

56 다음 중 공중위생영업의 종류별 시설 및 설비 기준을 규정한 공중위생관리법령은?

① 시행령 ② 시행규칙
③ 법률 ④ 훈령

해설 시설, 설비 기준을 규정 : 시행규칙(보건복지부령)

57 세탁업의 경우 신고를 하지 아니하고 영업소의 소재지를 변경한 때 1차 위반의 경우에 대한 행정처분 기준은?

① 개선명령 ② 영업정지 15일
③ 영업정지 2월 ④ 영업장 폐쇄명령

해설 신고하지 않고 소재지 변경 시 1차부터 폐쇄

58 세탁업을 하는 자가 국민건강에 유해한 물질이 발생되지 않는 세제의 종류와 기계 및 설비를 안전하게 관리하는 위생관리의무 규정에 위반하여 처하는 과태료의 기준은?

① 100만 원 이하 ② 200만 원 이하
③ 300만 원 이하 ④ 500만 원 이하

해설 위생관리의무를 지키지 않은 자 : 200만 원 이하의 과태료

59 다음 소속 공무원 중 공중위생감시원의 자격이 되지 않는 자는?

① 위생사 또는 환경기사 2급 이상의 자격증이 있는 자
② 3년 이상 공중위생 행정에 종사한 경력이 있는 자
③ 「고등교육법」에 의한 대학에서 환경공학 또는 위생학 분야를 전공하고 졸업한 자
④ 외국에서 공중위생업무에 종사한 경력이 있는 자

해설 외국에서 공중위생업무 종사 경력은 해당되지 않는다.

60 공중위생영업을 하고자 하는 자가 시장·군수·구청장에게 변경신고하지 않아도 되는 것은?

① 영업소의 명칭 또는 상호
② 영업소의 소재지
③ 신고한 영업장 면적의 3분의 1이상의 증감
④ 연평균 수입의 3분의 1이상의 증감

해설 연평균 수입은 중요사항에 해당되지 않는다.

세탁기능사 답안(2016년 4회)

1	2	3	4	5	6	7	8	9	10
①	①	④	④	②	②	②	③	②	②
11	12	13	14	15	16	17	18	19	20
③	④	②	①	③	③	②	④	④	④
21	22	23	24	25	26	27	28	29	30
①	③	③	①	④	③	④	①	①	④
31	32	33	34	35	36	37	38	39	40
①	④	②	④	④	②	①	②	③	④
41	42	43	44	45	46	47	48	49	50
④	③	①	④	③	④	①	④	③	③
51	52	53	54	55	56	57	58	59	60
③	④	②	①	②	②	④	②	④	④

Part 06
CBT 복원문제

2017~2018년도 기능사 제1회 필기시험

2017~2018년도 기능사 제2회 필기시험

2017~2018년도 기능사 제3회 필기시험

2019년도 기능사 제1회 필기시험

2017~2018년도 기능사 제1회 필기시험

자격종목	품목코드	시험시간	형별	수험번호	성 명
세탁기능사					

01 다림질 시 주의할 점이 아닌 것은?

① 진한 색상의 의복은 섬유소재에 관계없이 천을 덮고 다린다.
② 표면 처리되지 않은 피혁제품은 스팀 주는 것을 절대 금지해야 한다.
③ 다림질은 섬유의 종류와 상관없이 150℃를 유지하는 전기다리미를 사용한다.
④ 다림질은 섬유의 적정온도보다 높게 하면 의류를 손상시킬 수 있다.

02 다음 중 의복의 기능이 아닌 것은?

① 실용적인 성능　② 위생적인 성능
③ 감각적인 성능　④ 귀족적인 성능

03 드라이클리닝 공정의 순서가 옳은 것은?

① 헹굼→전처리→세척→탈액→건조
② 헹굼→세척→전처리→탈액→건조
③ 전처리→헹굼→세척→탈액→건조
④ 전처리→세척→헹굼→탈액→건조

04 한 올 또는 여러 올의 실을 구성할 수 없는 것은?

① 펠트　② 편성물
③ 레이스　④ 브레이드

05 다음 중 세탁견뢰도가 가장 우수한 등급은?

① 2급　② 3급
③ 4급　④ 5급

06 아마섬유의 성질이 아닌 것은?

① 신축성이 좋다.
② 열의 전도성이 좋다.
③ 흡습과 건조 속도가 면섬유보다 빠르다.
④ 구김이 잘 생긴다.

07 지퍼에 대한 설명으로 틀린 것은?

① 단추 다음으로 많이 사용되는 잠금 장치이다.
② 이빨 모양의 금속 또는 플라스틱으로 만들어져 있다.
③ 방모 등의 두꺼운 천에만 다는 흡입장치로 잡아 당겨야만 사용된다.
④ 스포츠용품에 사용되는 금속 지퍼는 폭이 넓고 단단하다.

08 면섬유의 구조에 대한 설명 중 틀린 것은?

① 셀룰로스를 주성분으로 하고, 분자 구조식은 $(C_6H_{10}O_5)n$이다.
② 섬유의 측면은 투명하고 긴 원통형을 이루고 있다.

③ 품질이 우수한 면일수록 천연꼬임의 숫자는 많아진다.
④ 단세포 구조로 현미경으로 보면 단면이 평편하고 중앙은 속이 비어 있는 모양이다.

09 평직의 특징이 아닌 것은?

① 제직이 간단하다.
② 경사와 위사가 한 올씩 상, 하 교대로 교차되어 있다.
③ 광목, 옥양목 등이 평질물의 대표적인 것이다.
④ 광택이 우수하다.

10 다음 중 공중위생관리법이 규정하고 있는 공중위생영업에 해당하지 않는 것은?

① 숙박업　　② 세탁업
③ 미용업　　④ 식품접객업

11 공중위생영업자가 받아야 할 연간 위생교육 시간은?

① 1시간　　② 2시간
③ 3시간　　④ 4시간

12 비누의 장점으로 틀린 것은?

① 산성 용액에서도 사용할 수 있다.
② 세탁효과가 우수하다.
③ 세탁한 직물의 촉감이 양호하다.
④ 거품이 잘 생기고 헹굴 때에는 거품이 사라진다.

13 흡착에 의한 재오염에 해당되지 않는 것은?

① 정전기　　② 점착
③ 물의 적심　　④ 염착

14 고객으로부터 세탁물을 접수 받을 때 점검할 사항이 아닌 것은?

① 고객으로부터 얼룩의 종류와 부착시기 등을 묻고 접수증에 기록한다.
② 의류의 형태 변화 및 탈색, 변색, 클리닝 대상 여부를 판별한다.
③ 기호나 성명 등을 마킹종이에 기입해서 일일이 세탁물에 부착하는 것은 시간 낭비이다.
④ 카운터에서 고객과 함께 한다.

15 직물에 유언처리하여 정전기를 방지하는 가공은?

① 발수가공　　② 방수가공
③ 방오가공　　④ 대전방지가공

16 다음 중 수용성 오점이 아닌 것은?

① 그리스　　② 커피
③ 겨자　　④ 간장

17 세탁물의 진단 중 주요 내용이 아닌 것은?

① 특수품의 진단
② 고객 주문의 타당성 진단
③ 요금의 진단
④ 광고의 진단

18 계면활성제의 종류 중 대전방지제로 가장 많이 사용하는 것은?

① 음이온계 계면활성제
② 양성계 계면활성제
③ 비온계 계면활성제
④ 양이온계 계면활성제

19 다음 중 얼룩빼기 용구가 아닌 것은?

① 주걱 ② 제트 소프트
③ 받침판 ④ 분무기

20 다림질의 3대 요소에 해당하지 않는 것은?

① 온도 ② 진공
③ 압력 ④ 수분

21 다음 중 실로 만들어진 피륙이 아닌 것은?

① 브레이드 ② 레이스
③ 부직포 ④ 편성물

22 편성물의 특성으로 틀린 것은?

① 신축성이 좋고 구김이 생기지 않는다.
② 함기량이 많아 가볍고 따뜻하다.
③ 세탁 후 다림질이 크게 필요 없다.
④ 조직이 튼튼하고 간단한 조직이다.

23 나일론 섬유의 특성으로 틀린 것은?

① 강도가 크고 마찰에 대한 저항도가 크다.
② 비중은 1.14로 양모섬유에 비해 가볍다.
③ 햇빛에 의한 황변이 일어나지 않는다.
④ 흡습성이 적어서 빨래가 쉽게 마른다.

24 섬유의 물세탁방법에 관한 표시기호에 대한 설명을 틀린 것은?

① 물의 온도는 30℃를 표준으로 한다.
② 약하게 손세탁할 수 있다.
③ 세탁기로 세탁할 수 있다.
④ 세제는 중성세제를 사용한다.

25 다음 중 산에 가장 약한 섬유는?

① 면 ② 양모
③ 옥양목 ④ 폴리에스테르

26 다음 중 평직물이 아닌 것은?

① 개버딘 ② 광목
③ 옥양목 ④ 포플린

27 석유계용제의 장점으로 옳은 것은?

① 인화점이 낮아 화재위험이 전혀 없다.
② 기계부식성이 있고 독성이 강하다.
③ 세정시간이 짧다.
④ 약하고 섬세한 의류의 클리닝에 적합하다.

28 다음 중 기술진단의 포인트가 아닌 것은?

① 마모 ② 형태의 변형
③ 얼룩 ④ 수량

29 보일러의 분류 중 수관보일러의 형식에 해당되는 것은?

① 관류식　② 입식
③ 노통식　④ 연관식

30 다음 중 수용성 오점에 해당되는 것은?

① 유지　② 인주
③ 간장　④ 페인트

31 오점의 종류 중 물에 녹지 않는 오점을 모두 나열한 것은?

① 수용성 오점
② 수용성 오점, 고체 오점
③ 유용성 오점
④ 유용성 오점, 고체 오점

32 다음 중 얼룩빼기 용구가 아닌 것은?

① 솔　② 받침판
③ 주걱　④ 다림질판

33 드라이클리닝에서 원인을 모르는 얼룩을 제거하려 할 때, 제일 먼저 처리할 수 있는 얼룩 빼기 약제는?

① 유기용제　② 수성세제
③ 산 또는 알칼리　④ 표백제

34 다음 중 단백질로 되어 있는 섬유는?

① 재생섬유　② 합성섬유
③ 식물성섬유　④ 동물성섬유

35 다음 그림에 해당되는 직물 조직은?

		*
	*	
*		

① 평직　② 능직
③ 수자직　④ 사직

36 다음 중 편성포의 특징에 해당되지 않는 것은?

① 함기량이 많고 구김이 생기지 않는다.
② 유연하고, 신축성이 크다.
③ 강도가 크고, 비교적 강직하다.
④ 습윤강도가 약하다.

37 다음 중 능직에 해당되는 직물은?

① 광목　② 목공단
③ 도스킨　④ 개버딘

38 다음 마크의 뜻으로 옳은 것은?

① 100% 견제품
② 100% 양모제품
③ 100% 면제품
④ 100% 나일론제품

39 세탁업주가 세탁업소의 위생관리 의무를 지키지 아니했을 때, 적용되는 과태료의 기준은?

① 30만 원 이하　② 50만 원 이하
③ 100만 원 이하　④ 200만 원 이하

40 **기술진단 중 사무진단이 아닌 것은?**

① 의류 물품의 종류, 수량, 색상
② 의류 부속품의 유무
③ 의류에 부착된 장식 단추
④ 의류의 변형에 관한 사항

41 **비누의 장점이 아닌 것은?**

① 세탁효과가 우수하다.
② 세탁한 직물의 촉감이 우수하다.
③ 가수분해되어 유리지방산을 생성한다.
④ 합성세제보다 환경오염이 적다.

42 **다음 중 보일러의 정상적인 작동을 위한 주의사항으로 틀린 것은?**

① 수위를 일정하게 유지한다.
② 압력을 일정하게 유지한다.
③ 연료를 불완전하게 연소한다.
④ 새는 것을 방지한다.

43 **다음 중 기술 진단에서 중요한 진단에 해당되지 않는 것은?**

① 특수품의 진단
② 오점제거 정도의 진단
③ 부속품의 유무 진단
④ 고객 주문의 타당성 진단

44 **얼룩빼기의 주의사항 중 틀린 것은?**

① 얼룩빼기 시 생기는 반점을 제거해야 한다.
② 얼룩빼기 시 기계적 힘을 심하게 가해야 한다.
③ 얼룩빼기 후에는 뒤처리를 반드시 행하여 섬유손상을 방지해야 한다.
④ 얼룩이 주위로 번져 나가지 않도록 해야 한다.

45 **우리나라에서 가장 많이 생산되는 나일론은?**

① 나일론 6 ② 나일론 66
③ 나일론 610 ④ 나일론 11

46 **편성물의 장점이 아닌 것은?**

① 함기량이 많아 가볍고 따뜻하다.
② 필링이 생기기 쉽다.
③ 신축성이 좋고 구김이 생기지 않는다.
④ 유연하다.

47 **직물의 3원 조직이 아닌 것은?**

① 능직 ② 수자직
③ 평직 ④ 리브직

48 **어느 방향에 대해서도 신축성이 없고, 형이 변형되는 일이 적은 것이 특징이며 짜거나 뜨지 않고 섬유를 천 상태로 만든 것은?**

① 펠트 ② 부직포
③ 레이스 ④ 편성물

49 **세탁업을 자가 세제를 사용함에 있어서 국민건강에 유해한 물질이 발생하지 아니 하도록 기계 및 설비를 안전하게 관리함을 위반하여 부과되는 과태료의 기준금액은?**

① 30만 원 ② 50만 원
③ 70만 원 ④ 100만 원

50 다음 중 오점 제거가 가장 어려운 섬유는?

① 견　　② 양모
③ 면　　④ 아세테이트

51 흡착에 의한 오염의 원인에 해당되지 않는 것은?

① 염착　　② 정전기
③ 점착　　④ 물의 적심

52 세탁물의 상해 예방을 위한 내용으로 틀린 것은?

① 건조기의 온도는 최대한 높게 한다.
② 용제 중의 수분을 적당히 한다.
③ 탈수기 작동 시 덮개보를 덮고 뚜껑을 덮는다.
④ 손상되기 쉬운 제품은 망에 넣어 처리한다.

53 다음 중 유용성 오점이 아닌 것은?

① 땀　　② 구두약
③ 화장품　　④ 그리스

54 기술진단의 포인트에 관한 내용이 아닌 것은?

① 형태의 변형 – 신축성이 심한 편성물과 모직물
② 보푸라기 – 필라멘트사를 사용한 합성직물
③ 부분 변퇴색 – 햇빛, 가스, 오점제거에 의한 변퇴색
④ 마모 – 가죽, 면, 마, 레이온, 피혁제품

55 용제 관리의 목적이 아닌 것은?

① 재오염 방지
② 용제 청정
③ 위생적인 클리닝
④ 기계 부식

56 섬유제품 표시의 진단 방법으로 가장 옳은 것은?

① 섬유제품에 부착되어 있는 표시는 그대로 믿어도 된다.
② 표시가 부착되어 있지 않은 것은 실험 없이 물세탁도 가능하다.
③ 등록상표 또는 승인번호 등 회사명이 기록된 표시가 부착되어 있더라도 일단 기초 실험 후 처리한다.
④ 유명회사 제품은 실험 없이 바로 세탁이 가능하다.

57 보일러의 부피를 일정하게 유지하고, 증기의 온도를 상승시켰을 때 압력의 변화는?

① 일정하다.　　② 감소한다.
③ 상승한다.　　④ 압력과 관계없다.

58 세정 시 정전기를 방지하고 동시에 살균 효과를 위하여 주로 사용하는 것은?

① 유연제
② 음이온 계면활성제
③ 형광증백제
④ 양이온 계면활성제

59 **세제에 가장 많이 사용하는 계면활성제는?**

① 음이온 계면활성제
② 양이온 계면활성제
③ 바이온 계면활성제
④ 양성 계면활성제

60 **론드리 건조 시 주의할 내용 중 틀린 것은?**

① 저온의 경우 회전통에 많은 양의 세탁물을 넣는다.
② 고온 텀블러를 사용할 경우 가열을 정지시킨 후라도 텀블러 안에 물품을 방치하면 안된다.
③ 화학섬유의 경우 수축, 황변되지 쉬우므로 60℃ 이하에서 건조시킨다,
④ 비닐론 제품은 고온 건조를 피하고 작업 종료 후 냉풍으로 5~10분간 회전한다.

2017~2018년도 기능사 제2회 필기시험

자격종목	품목코드	시험시간	형별	수험번호	성 명
세탁기능사					

01 비누의 특성 중 장점에 해당되는 것은?

① 가수분해되어 유리지방산을 생성한다.
② 센물에 반응하여 침전물을 만든다.
③ 거품이 잘 생기고 헹굴 때에는 거품이 사라진다.
④ 산성용액에서는 사용할 수 없다.

02 기술진단이 필요한 품목의 분류가 틀린 것은?

① 고액상품류 – 모피제품, 고급한복
② 파일 제품류 – 벨벳제품, 롱파일 제품
③ 론드리 대상품류 – 접착제품, 합성피혁
④ 염색특수품류 – 날염제품, 털 심은 제품

03 증류법에 대한 설명으로 틀린 것은?

① 최근 핫머신에는 증류장치가 붙어 있어 자동적으로 증류가 되도록 되어 있다.
② 석유계 용제에는 대기압 하에서 증류가 가능하며 온도가 140℃ 이상에서 행해진다.
③ 여과나 침전법에 의한 청정방법의 한계를 증류법으로 개선할 수 있다.
④ 퍼클로로에틸렌은 끓는 점이 121.5℃로 대기압에서 쉽게 증류된다.

04 드라이클리닝에서 용제의 상대습도로 가장 알맞은 것은?

① 30~35%　② 50~55%
③ 70~75%　④ 80~85%

05 석유계 용제용 드라이클리닝에 사용되는 세탁기에 가장 중요한 장치에 해당되는 것은?

① 방폭장치　② 세척장치
③ 정제장치　④ 가열장치

06 얼룩빼기 방법 중 물리적 방법이 아닌 것은?

① 알칼리를 사용하는 방법
② 기계적 힘을 이용하는 방법
③ 분산법
④ 흡착법

07 웨트클리닝의 탈수와 건조에 대한 설명으로 틀린 것은?

① 형의 망가짐에 상관없이 강하게 원심탈수한다.
② 늘어날 위험이 있는 것은 평평한 곳에 뉘어서 말린다.
③ 건조는 될 수 있는 대로 자연 건조를 한다.
④ 색빠짐에 우려가 있는 것은 타월에 싸서 가볍게 손으로 눌러 짠다.

08 **론드리 본빨래 설명으로 틀린 것은?**

① 본빨래는 1회보다 2~3회에 걸쳐서 하는 것이 좋다.
② 비누 농도는 1회 때 0.3%, 2회 때 0.2%, 3회 때 0.1%와 같은 비율로 점차 감소한다.
③ 본빨래의 욕비는 1:4로 한다.
④ 70℃ 이상의 고온세탁을 해야 세탁효과가 높다.

09 **다음 그림은 섬유의 건조 방법 중 어떠한 방법인가?**

① 옷걸이에 걸어서 일광에 건조시킬 것
② 옷걸이에 걸어서 그늘에서 건조시킬 것
③ 일광에 뉘어서 건조시킬 것
④ 그늘에서 뉘어서 건조시킬 것

10 **직물의 조직 중 밀도는 가장 높게 할 수 있으나 마찰에 약한 조직은?**

① 평직　② 능직
③ 주자직　④ 사직

11 **다음 중 합성섬유의 일반적인 성질이 아닌 것은?**

① 흡습성이 낮다.
② 필링성이 작다.
③ 열에 약하다.
④ 비중이 낮다.

12 **다음 중 공정수분율이 가장 높은 섬유는?**

① 나일론　② 비스코스 레이온
③ 아크릴　④ 폴리에스테르

13 **다음 중 견섬유의 주성분에 해당되는 것은?**

① 셀룰로스　② 케라틴
③ 피브로인　④ 세리신

14 **실의 품질을 표시하는 기준 항목으로만 되어 있는 것은?**

① 섬유의 혼용률, 실의 번수
② 섬유의 가공방법, 섬유의 지름
③ 섬유의 생산지, 섬유의 너비
④ 섬유의 혼용률, 치수 또는 호수

15 **피혁의 세탁방법에 대한 설명으로 틀린 것은?**

① 치수변화를 최소화하기 위해서 가능한 물세탁을 한다.
② 염료가 용출되어 색상이 변할 수 있으므로 짧은 시간에 세탁을 마쳐야 한다.
③ 탈지성이 적은 석유계 용제를 사용하는 것이 좋다.
④ 세탁하면 원래의 품질보다 떨어지게 되므로 사용 중 청결을 유지하도록 관리하는 것이 좋다.

16 **평직물에 관한 설명 중 틀린 것은?**

① 조직이 간단하다.
② 마찰에 강하나, 광택이 적다.
③ 유연해서 주름이 잘 생기지 않는다.
④ 실용적인 옷감으로 사용되고, 광목, 옥양목, 포플린 등이 있다.

17 **다음 중 저마 섬유에 대한 설명으로 옳은 것은?**

① 현미경으로 관찰하면 측면은 리본모양으로 되어 있고 꼬임이 있다.
② 열 전도성이 적어서 보온성이 좋다.
③ 삼베라고도 하며 섬유의 단면은 삼각형이고 측면에는 마디와 선이 있다.
④ 모시라고도 하며 오래전부터 여름 한 복감으로 사용되었다.

18 **다음 평직의 특성으로 옳은 것은?**

① 최소 3올 이상으로 구성된다.
② 직물의 광택이 우수하다.
③ 앞뒤의 구별이 있다.
④ 조직점이 많아서 얇으면서 강직하다.

19 **나일론 섬유의 특성으로 틀린 것은?**

① 나일론 6과 나일론 66이 있는데 국내에서는 주로 나일론6이 생산되고 있다.
② 염소계 표백제에는 비교적 안정하므로 표백제로 사용한다.
③ 용도는 강신도가 커서 양말, 스타킹, 기타 의류에 사용한다.
④ 내일광성이 불량하여 직사광선을 쬐면 급속히 강도가 저하한다.

20 **다음 중 세탁업에 대한 설명으로 옳은 것은?**

① 세탁업의 영업소는 신고 없이 이전할 수 있다.
② 세탁업의 영업소를 이전하는 경우에는 시장, 군수, 구청장에게 변경신고를 하여야 한다.
③ 세탁업의 변경신고를 하려는 자는 필요한 서류없이 신고할 수 있다.
④ 세탁업소의 세탁기를 교체한 경우에도 신고하여야 한다.

21 **대통령령이 정하는 바에 의거하여 관계 전문기관 등에 그 업무의 일부를 위탁할 수 있는 자는?**

① 구청장
② 군수
③ 시장
④ 보건복지가족부장관

22 **대통령령이 정하는 바에 의하여 과태료를 부과, 징수하는 권한이 없는 자는?**

① 구청장　② 군수
③ 시장　④ 도지사

23 **보일러의 부피를 일정하게 유지하고 증기의 온도 상승시켰을 때 압력의 변화는?**

① 일정하다　② 감소한다
③ 상승한다　④ 압력과 관계없다

24 **다음 중 청정제 중 탈색, 탈취효과가 가장 좋은 것은?**

① 실리카겔　② 산성백토
③ 활성탄소　④ 규조토

25 **용제의 세척력을 결정해 주는 요소가 아닌 것은?**

① 용해력　② 표면장력
③ 용제의 비중　④ 분산력

26 **다음 중 전문적인 진단이 필요한 특수 가공이 아닌 것은?**

① 날염제품 ② 합성피혁
③ 접착제품 ④ 라메제품

27 **오점의 분류 중 토사, 매연 등의 무기질과 단백질을 비롯한 신진대사 탈락물, 섬유를 비롯한 고분자 화합물 등의 오점은?**

① 수용성오점 ② 유용성오점
③ 불용성오점 ④ 친수성오점

28 **약알칼리성 세제에 대한 설명으로 틀린 것은?**

① 세탁효과를 높인다.
② 센물에도 세탁이 잘 된다.
③ 경질 세제라고 한다.
④ 면, 마, 합성섬유 등에 적합하다.

29 **다음 중 기술진단의 포인트가 아닌 것은?**

① 마모 ② 변형
③ 얼룩 ④ 수량

30 **세정액의 청정장치에 관한 설명 중 틀린 것은?**

① 종류로는 필터식, 청정통식, 카트리지식, 증류식 등이 있다.
② 스프링 필터의 용제는 튜브의 외부로부터 펌프 압력으로 필터 안으로 들어갈 때 청정화한다.
③ 리프 필터의 모양은 8~10매씩 나란히 세운 것이 1세트이다.
④ 튜브 필터의 구조는 가는 철사망으로 짠 원통형이다.

31 **다음 기술진단의 중요한 진단이 아닌 것은?**

① 특수품의 진단
② 납기의 진단
③ 고객주문의 타당성 진단
④ 오염제거 정도의 진단

32 **다음 중 재오염의 원인이 아닌 것은?**

① 부착 ② 흡착
③염착 ④ 용해

33 **환원 표백제의 얼룩빼기에 사용할 수 있는 약제는?**

① 차아염소산 나트륨
② 과망간산칼륨
③ 하이드로설파이드
④ 티오황산나트륨

34 **피혁제품의 세탁에 대한 설명 중 틀린 것은?**

① 파우더클리닝을 하는 것이 효과적이다.
② 물품에 따라 처리 시간을 조절한다.
③ 탈지성이 적은 용제를 사용하는 것이 좋다.
④ 세탁을 하면 원래 품질보다 떨어지게 된다.

35 **드라이크리닝을 할 때 탈액을 강하게 할 경우 나타나는 효과가 아닌 것은?**

① 건조 및 용제의 회수 효과가 좋아진다.
② 주름이 강하게 남는다.
③ 의류의 형태나 손상이 일어날 가능성이 있다.
④ 용제 중에 오점과 세제 등이 옷에 남게 된다.

36 **론드리 세탁방법의 설명 중 틀린 것은?**

① 마직물로 된 백색 세탁물의 백도를 회복시키기 위한 고온 세탁방법이다.
② 수지 가공 면직물이나 면 폴리에스터 혼방 물, 염색물의 중온 세탁방법이다.
③ 용수가 절약되고 세탁물의 손상이 비교적 적다.
④ 표면 처리된 피혁제품의 세탁방법이다.

37 **다음 얼룩빼기의 약제가 아닌 것은?**

① 휘발유
② 아세트산
③ 차아염소산 나트륨
④ 녹말풀

38 **다음 중 모터와 컴프레서에 가장 많이 사용되는 동력원인은?**

① 휘발유 ② 석탄
③ 가스 ④ 전기

39 **의복의 기능에 해당되지 않는 것은?**

① 위생상 성능 ② 관리적 성능
③ 실용적인 성능 ④ 감수성의 성능

40 **핫머신이라고 하며 합성용제를 사용하여 세척, 탈액, 건조까지 연속으로 처리되는 세탁기계는?**

① 준밀폐형 세탁기
② 밀폐형 세탁기
③ 자동 론드리 세탁기
④ 개방형 세탁기

41 **다음 중 론드리용 기계가 아닌 것은?**

① 프레스기 ② 건조기
③ 탈수기 ④ 절단기

42 **단백질 전분 등의 얼룩을 단백질 분해효소로서 제거하는 화학적 얼룩빼기 방법은?**

① 표백제법 ② 알칼리법
③ 산법 ④ 효소법

43 **론드리에서 백색 의류에 형광염료가 떨어졌다면 이것이 원인이 되는 공정은?**

① 본 세탁 ② 산욕
③ 건조 ④ 헹굼

44 **웨트크리닝 처리법 중 탈수와 건조의 설명으로 틀린 것은?**

① 탈수 시 형의 망가짐에 유의하고 가볍게 원심 탈수한다.
② 늘어날 위험이 있는 것은 둥글게 말아서 말린다.
③ 색빠짐에 우려가 있는 것은 타올에 싸서 가볍게 손으로 눌러 짠다.
④ 가급적 자연 건조한다.

45 **기계마무리의 주의점으로 틀린 것은?**

① 비닐론은 충분이 건조시켜서 마무리한다.
② 마무리할 때 증기를 쏘이면 수축과 늘어남의 우려가 있다.
③ 플리츠 가공된 것은 스팀터널이나 스팀박스에 넣으면 주름이 소실될 수 있다.
④ 고무벨트를 이용한 바지, 스커트는 다리미로 마무리해도 관계없다.

46 **나일론 섬유의 성질로서 틀린 것은?**

① 강도가 크다.
② 신도가 크다.
③ 열가소성이 좋다.
④ 내일광성이 크다.

47 **섬유의 분류에서 인피섬유에 해당되지 않는 것은?**

① 면 ② 대마
③ 아마 ④ 모시

48 **다음 중 강도가 가장 큰 섬유는?**

① 면 ② 견
③ 아크릴 ④ 나일론

49 **반합성 섬유의 설명으로 옳은 것은?**

① 유기화합물이 포함되지 않은 섬유
② 섬유용 고분자 화합물에 어떤 화학기를 결합시켜서 에스테르 또는 에테르형으로 한 섬유
③ 천연 고분자 화합물을 용해시켜서 모양을 바꿔주고 주된 구성성분 그대로 재생시킨 섬유
④ 섬유를 증류하여 얻은 원료를 합성하여 종합 원료를 얻고 그 종합원료를 종합하여 얻은 고분자를 요융 방사한 섬유

50 **다음 그림과 같은 세탁 관련 기호의 취급방법에 대한 설명으로 옳은 것은?**

① 탄화수소계 용제로 약하게
② 탄화수소계 용제로 세탁
③ 용제의 종류에 상관없이 약하게
④ 용제의 종류에 상관없이 세탁

51 **면섬유와 아마섬유의 특징으로 틀린 것은?**

① 강도가 크다 ② 탄성이 나쁘다
③ 내열성이 좋다 ④ 흡습성이 낮다

52 **클리닝 대상품을 분류한 것 중 틀린 것은?**

① 모포 – 모포류
② 사무복 – 작업복류
③ 오버 – 코트류
④ 방석카바 – 시트류

53 **성인남자 긴소매드레스 셔츠의 염색견뢰도 중 마찰견뢰도의 기준으로 옳은 것은?**

① 건 – 3급 이상, 습 – 3급 이상
② 건 – 3급 이상, 습 – 4급 이상
③ 건 – 4급 이상, 습 – 3급 이상
④ 건 – 4급 이상, 습 – 4급 이상

54 **다음 중 재생 셀룰로스 섬유가 아닌 것은?**

① 비스코스 레이온 ② 폴리노직 레이온
③ 아세테이트 ④ 카제인 섬유

55 **파스너의 취급설명 중 틀린 것은?**

① 클리닝 및 프레스 할 때에는 파스너를 열어 놓은 상태에서 한다.
② 슬라이더의 손잡이를 정상으로 해놓고 프레스 한다.
③ 슬라이더에 직접 다림질하지 않는다.
④ 프레스 온도는 130도 이하로 유지한다.

56 **피혁의 결점에 대한 설명으로 틀린 것은?**

① 열에 약하므로 온도 55도 이상에서는 굳어지고 수축된다.
② 염색견뢰도가 나빠서 일광, 클리닝에 의해 퇴색되기 쉽다.
③ 곰팡이가 생기기 쉽다.
④ 인장굴곡, 마찰에 약하고 보온성이 나쁘다.

57 **다음 중 아세테이트 섬유를 녹일 수 있는 약제는?**

① 알콜 ② 벤젠
③ 에테르 ④ 아세톤

58 **면섬유의 온도별 열에 의한 변화가 틀린 것은?**

① 100도 정도에서 수분을 잃게 된다.
② 160도에서 탈수작용이 일어난다.
③ 250도에서 분해하기 시작한다.
④ 320도에서 연소하기 시작한다.

59 **탄성회복이 나빠져 구김이 가장 잘 생기는 섬유는?**

① 양모 ② 견
③ 아마 ④ 나이론

60 **공중위생영업자가 영업소 폐쇄명령을 받고도 계속하여 영업을 하는 때에 관계공무원으로 하여금 조치를 할 수 있는 것이 아닌 것은?**

① 당해 영업소의 간판 기타 영업표지물의 제거
② 당해 영업소가 위법한 업소임을 알리는 게시물 등의 부착
③ 영업을 위하여 필수불가결한 기구 또는 시설물을 사용할 수 없게 하는 봉인
④ 영업소에 고객이 출입할 수 없도록 출입문 폐쇄

2017~2018년도 기능사 제3회 필기시험

자격종목	품목코드	시험시간	형별	수험번호	성 명
세탁기능사					

01 **석유계용제의 장점으로 옳은 것은?**

① 인화점이 낮아 화재위험이 전혀 없다.
② 기계부식성이 있고 독성이 강하다.
③ 세정시간이 짧다.
④ 약하고 섬세한 의류의 클리닝에 적합하다.

02 **와류식 세탁기에서 세탁효율이 최대가 되는 세제의 농도는?**

① 0.05% ② 0.1%
③ 0.2% ④ 0.3%

03 **퍼클로로에틸렌 용제에 대한 설명으로 틀린 것은?**

① 용제가 무거워 세정 중에 두들기는 힘이 강하다.
② 세정시간은 20~30분이 적합하다.
③ 세정액 온도는 35℃ 이하로 유지한다.
④ 의류는 텀블러로 처리하므로 고온 용제의 작용을 받는다.

04 **음이온계면활성제의 설명 중 옳은 것은?**

① 세척력이 적어 세제로는 사용되지 않으나 섬유의 유연제, 대전방지제, 발수제 등으로 사용된다.
② 세제로 사용되는 계면활성제는 대부분 음이온 계면활성제이다.
③ 물에 용해되었을 때 해리되어 양이온과 음이온으로 계면활성을 나타내는 것이다.
④ 수산기, 에스티르기와 같은 해리되지 않은 친수기를 가진 계면활성제이다.

05 **피복의 오점부착상태가 아닌 것은?**

① 기계적 부착
② 정전기에 의한 부착
③ 흡착에 의한 부착
④ 유지결합에 의한 부착

06 **더러움이 심한 용제 청정화방법을 용제별 적정 온도로 회수하는 방법은?**

① 여과법 ② 흡착법
③ 흡수법 ④ 증류법

07 **100℉를 섭씨온도로 변환하면 몇 ℃가 되는가?**

① 26.4℃ ② 45.7℃
③ 37.8℃ ④ 17.5℃

08 산화표백제 설명으로 틀린 것은?

① 산화표백제는 상대를 환원하고 자신은 산화작용을 한다.
② 산화표백제는 상대에게 산소를 주고 상대로부터 수소를 빼앗는다.
③ 산화표백제는 과탄산나트륨, 과붕산나트륨이있나.
④ 산화표백제는 염소계와 과산화물계가 있다.

09 직물의 가공 중 롤러 사이로 직물을 통과시키면서 무늬를 나타내는 가공은?

① 모소(신징)가공
② 피치스킨가공
③ 퍼머넌트 프레스 가공
④ 캘린더 가공

10 작업장 고려사항이 아닌 것은?

① 아파트
② 오피스텔
③ 학교
④ 아파트단체(부녀회)

11 세정액을 교체하여 세탁하는 방법은?

① 차지시스템 ② 배치시스템
③ 논차지시스템 ④ 차지배치시스템

12 비스코스 원액을 일정온도에서 일정시간 방치하여 점도저하시키는 것은?

① 정제 ② 노성
③ 숙성 ④ 침지

13 성매매알선 등 행위의 처벌에 관한 법률의 위반으로 폐쇄명령이 있은 후 몇 개월이 경과하지 아니한 때 폐쇄명령이 이루어진 영업장소에서 같은 종류의 영업을 할 수 없는가?

① 1개월 ② 3개월
③ 6개월 ④ 12개월

14 다음 중 옷감으로 가장 많이 사용되고 있는 합성섬유는?

① 아크릴 ② 나일론
③ 스판텍스 ④ 폴리에스테르

15 다음 중 5% 용액에서 5분 안에 양모섬유를 완전히 용해시키는 것은?

① 수산화나트륨 ② 암모니아
③ 규산나트륨 ④ 초산

16 적정 세탁량으로 맞는 것은?

① 세탁기용량의 20%
② 세탁기용량의 50%
③ 세탁기용량의 80%
④ 세탁기용량의 100%

17 견섬유에 대한 설명 중 틀린 것은?

① 단백질 섬유이다.
② 다른 섬유에 비하여 내일광성이 우수하다.
③ 알칼리에 약해서 강한 알칼리에 의하여 쉽게 손상된다.
④ 곰팡이 등의 미생물에 대해서는 비교적 안정하다.

18 **공중위생관리법의 시행령 기준 과징금 산정기준 중 영업정지 1월의 기준일로 옳은 것은?**

① 28일 ② 29일
③ 30일 ④ 31일

19 **섬유가 구비해야 할 조건과 가장 거리가 먼 것은?**

① 섬유 상호간에 포합성이 있어야 한다.
② 굵기가 굵고 균일하여야 한다.
③ 부드러운 성질이 있어야 한다.
④ 탄성과 광택이 우수하여야 한다.

20 **론드리의 세탁순서가 가장 바르게 된 것은?**

① 본빨래 → 표백 → 헹굼 → 산욕 → 푸세 → 탈수
② 본빨래 → 헹굼 → 표백 → 산욕 → 푸세 → 탈수
③ 본빨래 → 표백 → 산욕 → 푸세 → 헹굼 → 탈수
④ 표백 → 본빨래 → 헹굼 → 산욕 → 탈수 → 푸세

21 **웨트클리닝의 탈수와 건조에 대한 설명 중 틀린 것은?**

① 형의 망가짐에 상관없이 강하게 원심탈수한다.
② 늘어날 위험이 있는 것은 평편한 그늘에 뉘어서 말린다.
③ 건조는 될 수 있는 대로 자연건조를 한다.
④ 색 빠짐에 우려가 있는 것은 타월에 싸서 가볍게 손으로 눌러 짠다.

22 **다림질의 3대 요소가 아닌 것은?**

① 온도 ② 수분
③ 압력 ④ 전기

23 **화학적 얼룩빼기 방법에 관한 설명으로 틀린 것은?**

① 과즙, 땀, 기타 산성 얼룩을 알칼리로 용해시켜 제거하는 방법이다.
② 물을 사용하여 얼룩을 용해하고 분리시킨 후 분산된 얼룩을 흡수하여 제거하는 방법이다.
③ 흰색 의류에 생긴 유색물질의 얼룩을 표백제로 제거하는 방법이다.
④ 단백질, 전분 등의 얼룩을 단백질 분해효소들로서 제거하는 방법이다.

24 **우리나라에서 가장 많이 생산되는 나일론은?**

① 나일론 6 ② 나일론 66
③ 나일론 610 ④ 나일론 11

25 **의복의 성능을 향상시키기 위한 재가공에 관한 설명 중 틀린 것은?**

① 직물에 유연제 처리를 하여 정전기를 방지한다.
② 대전방지제로는 음이온 계면활성제를 사용한다.
③ 직물의 표면을 기모하여 복숭아 껍질의 촉감과 유사하게 한 것이 피치스킨 가공이다.
④ 축용방지 가공은 양모의 스케일을 수지로 엎어씌운다.

26 직물의 3원 조직이 아닌 것은?

① 능직 ② 수자직
③ 평직 ④ 리브직

27 단백질 섬유를 구성하는 성분이 아닌 것은?

① 탄소 ② 인
③ 수소 ④ 질소

28 다음 중 습윤하면 강도가 가장 많이 증가하는 섬유는?

① 면 ② 양모
③ 견 ④ 나일론

29 가죽처리 공정 중 가죽제품이 깨끗하고 염색이 잘 되게 은면에 남아있는 모근, 지방 또는 상피층의 분해물을 제거하는 것은?

① 물에 침지 ② 산에 침지
③ 때빼기 ④ 효소분해

30 다음 섬유 중 PET 섬유에 해당하는 것은?

① 나일론 ② 폴리프로필렌
③ 폴리에틸렌 ④ 폴레에스테르

31 세탁용제의 재오염 측정 시 원포반사율이 40, 세정 후 반사율이 38일 때, 재오염률(%)는?

① 2% ② 3%
③ 4% ④ 5%

32 다음 중 유용성 오점이 아닌 것은?

① 땀 ② 구두약
③ 화장품 ④ 그리스

33 보일러의 분류 중 원통보일러에 해당하는 형식은?

① 자연순환식 ② 입식
③ 강제순환식 ④ 관류식

34 세정 시 정전기를 방지하고 동시에 살균 효과를 위하여 주로 사용하는 것은?

① 유연제
② 음이온 계면활성제
③ 형광증백제
④ 양이온 계면활성제

35 세제에 가장 많이 사용하는 계면활성제는?

① 음이온 계면활성제
② 양이온 계면활성제
③ 바이온 계면활성제
④ 양성 계면활성제

36 섬유가 녹으면서 탈 때, 약간 달콤한 냄새가 나는 것은?

① 면
② 폴리에스테르
③ 아세테이트
④ 마

37 평직물에 관한 설명 중 틀린 것은?

① 조직이 간단하다.
② 마찰에 강하나, 광택이 적다.
③ 유연해서 주름이 잘 생기지 않는다.
④ 실용적인 옷감으로 사용되고, 광목, 옥양목, 포플린 등이 있다.

38 오점의 분류상 유용성 오점에 대한 설명으로 옳은 것은?

① 기름을 주성분으로 이루어진 것으로 광물류나 동식물유의 오점이 있다.
② 유기용제나 물에도 잘 녹으나 불용요인 오점이 간혹 있다.
③ 유용성 오점 생성의 가장 큰 원인은 오토바이의 배기가스이다.
④ 유용성 오점의 종류에는 구두약, 식용유, 겨자, 니스, 계란, 술, 화장품, 케찹 등이 있다.

39 다음 중 드라이클리닝 용제의 구비조건으로 틀린 것은?

① 증류나 흡착에 의한 정제가 용이하고 분해가 쉬워야 한다.
② 건조가 쉽고 세탁 후 냄새가 없어야 한다.
③ 인화점이 높거나 불연성이어야 한다.
④ 기계를 부식시키지 않고 인체에 독성이 없어야 한다.

40 오염의 부착 상태 중 오염의 제거가 곤란하여 반드시 표백제로 분해하여 제거해야 하는 것은?

① 기계적 부착
② 정전기에 의한 부착
③ 화학결합에 의한 부착
④ 유지결합에 의한 부착

41 염착에 의한 재오염에 대한 설명으로 옳은 것은?

① 본래 용제가 더러우면 세정의 종료시에도 용제의 청정화가 불충분하므로 건조하여 용제를 증발시켜도 그 더러움이 섬유에 부착하는 오염
② 용제 중의 더러움은 정전기 등의 인력과 섬유 표면의 점착력 등에 의하여 섬유에 부착하는 오염
③ 세정에 의하여 용탈한 세정액 중의 염료는 섬유의 종류에 따라 염료가 섬유에 부착하는 오염
④ 섬유표면의 가공제가 용제에 의하여 연화되어 표면이 점착성이 되어 여기에 접촉된 더러움의 입자가 섬유에 부착하는 오염

42 용제 공급펌프의 성능을 측정하는 액심도는 외통 반경을 몇 등분한 수치로 나타내는가?

① 3　② 4
③ 8　④ 10

43 다음 중 방수가공 약제가 아닌 것은?

① 아크릴 수지 ② 폴리우레탄수지
③ 염화비닐수지 ④ 불소계수지

44 압력을 나타내는 관계식 중 옳은 것은?

① 절대압력=게이지압력−대기압
② 게이지압력=절대압력−대기압
③ 진공압력=게이지압력+대기압
④ 대기압=게이지압력+진공압력

45 세탁물을 접수할 때 기술적인 진단과 관계없는 것은?

① 물품의 수량 ② 부분 변퇴색
③ 형태의 변형 ④ 잔털의 누른 자국

46 세척력이 적어 세제로는 사용되지 않지만, 섬유의 유연제, 발수제 등을 사용되는 계면활성제는?

① 음이온 계면활성제
② 양이온 계면활성제
③ 양성 계면활성제
④ 비이온 계면활성제

47 흡착제와 용제의 접촉이 길어 청정능력이 높아 가장 많이 사용되고 있는 청정장치 형식은?

① 증류식 ② 필터식
③ 청정통식 ④ 카트리지식

48 다음 중 더러움이 가장 빨리 타는 섬유는?

① 비스코스레이온 ② 면
③ 나일론 ④ 양모

49 의복을 침식하는 해충류로서 셀룰로스 섬유를 해치는 해충은?

① 털좀나방 ② 애수시렁이
③ 알수시렁이 ④ 의어

50 다음 중 얼룩빼기 용구에 해당되지 않는 것은?

① 브러시 ② 유기용제
③ 인두 ④ 분무기

51 웨트클리닝에 대한 설명으로 옳은 것은?

① 회전이 빠른 대형 기계로 장시간 처리한다.
② 색빠짐의 우려가 있는 것은 타월에 싸서 가볍게 손으로 눌러 짠다.
③ 바지의 경우 건조는 햇볕에 말린다.
④ 스웨터의 경우, 60℃의 온도에서 눌러 빠는 요령으로 2~3회 헹군다.

52 합성피혁 제품에 가장 알맞은 세탁방법은?

① 웨트클리닝 ② 드라이클리닝
③ 론드리 ④ 푸세

53 화학적 얼룩빼기 방법이 아닌 것은?

① 과즙, 땀, 기타 산성얼룩을 알칼리로 용해시켜 제거하는 방법이다.
② 물을 사용하여 얼룩을 용해하고 분리시킨 후 분산된 얼룩을 흡수하여 제거하는 방법이다.
③ 백색의류에 생긴 유색물질의 얼룩을 표백제로 제거하는 방법이다.
④ 단백질, 전분 등의 얼룩을 단백질 분해 효소들로서 제거하는 방법이다.

54 **드라이클리닝 마무리 기계 중 프레스형에 해당되는 것은?**

① 인체프레스 ② 만능프레스
③ 스팀터널 ④ 스팀박스

55 **론드리에 대한 설명 중 틀린 것은?**

① 고온세탁과 중온세탁으로 나누어진다.
② 워셔의 용량은 1회에 세탁할 수 있는 세탁물의 건조중량(kg)으로 표시하고 있다.
③ 론드리에 사용되는 세탁기를 와셔(washer)라 한다.
④ 세척효과를 높임과 동시에 위생적인 처리가 필요하므로 낮은 온도에서 표백제를 사용하는 것이 필수적이다.

56 **세탁업 표준약관에서 세탁업자의 의무사항으로 틀린 것은?**

① 세탁물을 인수할 때 세탁물의 하자 여부를 확인하고 인수증을 교부한다.
② 세탁 완성 예정일까지 세탁을 완료하지 않거나 해태하여 발생한 피해는 과태료를 지불하여야 한다.
③ 세탁물의 완성 예정일까지 완료할 수 없을 때는 고객에게 그 사유를 고지하여 동의를 받아야 한다.
④ 인수받은 세탁물의 보관, 유지에 대하여 선량한 관리자의 의무를 다한다.

57 **다음 중 세탁업 영업신고를 할 경우 신고서에 첨부해야 하는 서류는?**

① 사업자등록증
② 영업시설 및 설비개요서
③ 세탁기능사 국가기술자격증
④ 건축물대장등본

58 **세탁영업자가 매년 위생교육을 받지 않을 때의 과태료로 옳은 것은?**

① 100만 원 이하 ② 200만 원 이하
③ 500만 원 이하 ④ 1천만 원 이하

59 **영업소에서 영업정지처분을 받고 그 기간 중 영업을 한 때의 행정처분기준으로 옳은 것은?**

① 개선명령
② 영업 정지 2개월
③ 영업장 폐쇄명령
④ 벌금부과

60 **세탁업자가 영업정지명령을 받고도 기간 중에 영업을 한 자의 벌칙 중 옳은 것은?**

① 1년 이하의 징역 또는 1천만 원 이하의 벌금
② 2년 이하의 징역 또는 2천만 원 이하의 벌금
③ 3년 이하의 징역 또는 1천만 원 이하의 벌금
④ 200만 원 이하의 벌금

2019년도 기능사 제1회 필기시험

자격종목	품목코드	시험시간	형별	수험번호	성 명
세탁기능사					

01 **워싱서비스(Washing Service)의 가장 중요한 기본적인 서비스에 해당하는 것은?**

① 청결서비스 ② 보전서비스
③ 패션성제공 ④ 기능성부여

02 **합성세제의 특성 중 틀린 것은?**

① 세탁 시 센물을 사용해도 무방하다.
② 산성 또는 알칼리성에도 사용이 가능하다.
③ 용해가 빠르고 헹구기가 쉽다.
④ 단열성이 높은 장치에 사용한다.

03 **클리닝의 정의로 옳은 것은?**

① 용제만으로 수용성 오점만을 제거하는 것이다.
② 얼룩만을 빼기 위한 특수한 기술이다.
③ 용제 또는 세제를 사용하여 의류, 기타 섬유제품과 피혁제품을 원형대로 세탁하는 것이다.
④ 세제를 이용하여 표백하는 것이다.

04 **셀룰로스 섬유의 표백에 가장 적합한 표백제는?**

① 차아염소산나트륨
② 과산화수소
③ 과탄산나트륨
④ 과붕산나트륨

05 **드라이클리닝의 전처리에 대한 설명 중 틀린 것은?**

① 워셔의 세정액은 소프가 충분하게 보충되어서 뜬 오점을 잘 분산되는 상태로 한다.
② 세정공정에서 제거하기 어려운 오점을 쉽게 제거하도록 세정 전에 처리하는 과정이다.
③ 전처리액으로 인한 염료의 흐름이나 수축이 없음을 확인한 다음 석유계 용제를 사용해야 한다.
④ 브러싱법은 더러운 곳에 처리액을 뿌려 오점을 풀리게 하거나 또는 뜨게 한 후 워셔에 넣어 오점을 제거하는 방법이다.

06 **물의 특성에 대한 설명 중 틀린 것은?**

① 용해성이 우수하다.
② 비열·증발열이 크다.
③ 인화성이 없다.
④ 섬유의 변형이 없다.

07 드라이클리닝 마무리 기계의 형식이 아닌 것은?

① 캐비넷형 ② 프레스
③ 폼머형 ④ 스팀형

08 론드리용 기계 중 워셔(Washer)의 용도로 가장 적합한 것은?

① 본빨래 ② 탈수
③ 건조 ④ 다림질

09 편성물의 특성에 대한 설명 중 틀린 것은?

① 신축성이 좋고 구김이 생기지 않는다.
② 함기량이 많이 가볍고 따뜻하다.
③ 필링이 생기기 쉽다.
④ 마찰에 의해 표면의 형태 변화가 없다.

10 다음 중 습윤하면 강도가 낮아지는 섬유는?

① 면
② 폴리에스테르
③ 아마
④ 비스코스레이온

11 견섬유의 구조 및 화학적 조성에 대한 설명 중 틀린 것은?

① 단면은 삼각형인 2개의 피브로인과 그 주위를 세리신이 감싸고 있다.
② 다른 섬유에 비하여 내일광성이 좋다.
③ 견사로 누에고치 6~7개에서 뽑아낸 실을 합한 것이다.
④ 물세탁 시 세제로는 중성 세제를 사용한다.

12 단백질 섬유의 염색에 가장 적합한 염료는?

① 산성염료 ② 환원염료
③ 황화염료 ④ 분산염료

13 능직의 특성에 대한 설명 중 틀린 것은?

① 조직이 치밀하여 구김이 잘 생긴다.
② 표면결이 고운 직물을 만들 수 있다.
③ 평직보다 마찰에 약하나 광택은 좋다.
④ 대표적인 직물로는 데님(Denim), (Gaberdine), 드릴(Drill), 서지(Serge) 등이 있다.

14 염색에 대한 설명 중 틀린 것은?

① 의류 전체를 세탁할 필요가 없는 부분의 얼룩이 있을 때에는 염색한다.
② 염색이 되려면 염색 용액 중의 염료가 섬유표면에 흡착되고, 섬유 내부로 침투 · 확산되어 염착이 되는 것이다.
③ 염색은 전체를 동일한 색상으로 물들이는 침염이 있다.
④ 직물에 안료를 사용하여 부분적으로 여러 색상의 무늬, 모양을 나타낸 것이 날염이다.

15 혼방직물이나 교직물을 염색할 때 섬유의 종류에 따른 염색성의 차를 이용하여 섬유의 종류에 따라 각각 다른 색으로 염색할 수 있는 염색 방법은?

① 크로스(Cross)염색
② 서모설(Thermosol)염색
③ 원료염색
④ 사염색

16 **공중위생영업소의 일반적인 위생서비스 수준의 평가 주기는?**

① 1년　② 2년
③ 5년　④ 10년

17 **오점의 분류 중 매연, 점토, 유기성 먼지 등이 해당하는 오점은?**

① 유용성오점　② 고체오점
③ 특수오점　④ 수용성오점

18 **계면활성제의 기본적인 성질과 직접 관계하는 작용이 아닌 것은?**

① 습윤작용　② 균염작용
③ 분산작용　④ 유화작용

19 **오염의 부착상태 중 오염의 제거가 곤란하여 반드시 표백제로 분해하여 제거하여야 하는 것은?**

① 정전기에 의한 부착
② 유지결합에 의한 부착
③ 화학결합에 의한 부착
④ 분자간 인력에 의한 부착

20 **마섬유 재킷을 다림질할 때 가장 좋은 것은?**

① 스팀다리미
② 캐미닛형프레스기
③ 전기다리미
④ 시트롤러

21 **나일론의 특성으로 옳은 것은?**

① 신도가 낮다.
② 흡습성이 천연섬유에 비하여 높다.
③ 내일광성이 좋다.
④ 열가소성이 좋다.

22 **다음 중 재생섬유에 해당하는 것은?**

① 비스코스레이온
② 스판덱스
③ 아크릴
④ 나일론

23 **가볍고 촉감이 부드러우며 워시앤드웨어성이 좋고 따뜻하며 양모보다 가벼워서 양모가 사용되던 곳에 많이 사용하고 있는 섬유는?**

① 나일론　② 아크릴
③ 스판덱스　④ 폴리에스터

24 **다음 중 공정수분율이 가장 낮은 섬유는?**

① 면　② 비스코스레이온
③ 양모　④ 폴리에스터

25 **다음 중 단백질 섬유가 아닌 것은?**

① 인피섬유　② 양모섬유
③ 헤어섬유　④ 견섬유

26 **비스코스에이온의 용도로서 가장 적당한 것은?**

① 숙녀복　② 책상보
③ 운동복　④ 안감

27 **흡착제이면서 탈산력이 뛰어난 청정제는?**

① 실리카겔 ② 활성백토
③ 경질토 ④ 산성백토

28 **양모섬유로 만든 코트를 드라이클리닝 할 때의 설명으로 옳은 것은?**

① 용제에 수분이 과잉 공급되면 수축과 손상을 받는다.
② 물로 이벌빨래 후 건식세탁을 한다.
③ 직사광선에 바짝 건조하여야 좋다.
④ 광택, 촉감을 위해 문질러 빤다.

29 **용제의 청정제 중 흡착제가 아닌 것은?**

① 알루미나겔 ② 실리카겔
③ 산성백토 ④규조토

30 **론드리의 세탁순서가 가장 바르게 된 것은?**

① 본빨래 → 표백 → 헹굼 → 산욕 → 푸새 → 탈수
② 본빨래 → 헹굼 → 표백 → 산욕 → 푸새 → 탈수
③ 본빨래 → 표백 → 산욕 → 푸새 → 헹굼 → 탈수
④ 표백 → 본빨래 → 헹굼 → 산욕 → 탈수 → 산욕

31 **다음 중 물리적 얼룩빼기 방법에 해당하는 것은?**

① 알칼리법 ② 표백제법
③ 분산법 ④ 효소법

32 **염색방법에 관한 설명으로 옳은 것은?**

① 침염법은 실이나 직물을 염료용액에 담구어서 열을 가하고 전체를 동일한 색상으로 염색하는 것이다.
② 이색염색법은 두 가지 섬유를 동일한 색상으로 염색하는 것이다.
③ 날염법은 한 가지 섬유에 한 가지 색만 염색하는 것이다.
④ 방염법은 무늬 부분만 표백하여 표현하는 것이다.

33 **다음 중 습윤하면 강도가 가장 많이 증가하는 섬유는?**

① 면 ② 양모
③ 견 ④ 나일론

34 **다음 중 나일론 섬유에 가장 많이 사용하는 염료는?**

① 직접염료 ② 산성염료
③ 분산염료 ④ 배트염료

35 **어느 방향에 대해서도 신축성이 없고, 형이 변형되는 일이 적은 것이 특징이며 짜거나 뜨지 않고 섬유를 천 상태로 만든 것은?**

① 펠트 ② 부직포
③ 레이스 ④ 편성물

36 **공중위생감시원이 자격으로 옳은 것은?**

① 1년 이상 공중위생행정에 종사한 경력이 있는 자
② 위생사 또는 환경기능사 이상의 자격증이 있는 자

③ 「고등교육법」에 의한 대학에서 화학 · 화공학 · 환경공학 또는 위생한 분야를 전공하고 졸업한 자
④ 대통령이 지정하는 공중위생감시원의 양성시설에서 소정의 과정을 이수한 자

37 황변 발생의 주요 원인 요소가 아닌 것은?

① 일광 ② 습기
③ 압력 ④ 온도

38 폴리에스테르섬유의 염색에 가장 많이 사용되고 있는 염료는?

① 직접염료 ② 염기성염료
③ 산성염료 ④ 분산염료

39 다음 중 안전다림질 온도가 가장 높은 섬유는?

① 양모 ② 아마
③ 폴리에스테르 ④ 견

40 다음 중 오염의 제거가 가장 어려운 섬유는?

① 양모 ② 아세테이트
③ 견 ④ 면

41 얼룩빼기방법 중 물리적인 방법이 아닌 것은?

① 기계적인 힘을 이용하는 방법
② 분산법
③ 효소를 사용하는 방법
④ 흡착법

42 아마섬유를 면섬유와 비교하였을 때의 성질로서 틀린 것은?

① 강도가 크다.
② 흡습속도가 빠르다.
③ 열전도성이 크다
④ 탄성이 크다.

43 오염이 잘 제거되는 섬유의 순서로 옳은 것은?

① 견 〉 면 〉 아세테이트 〉 양모
② 양모 〉 아세테이스 〉 면 〉 견
③ 아세테이트 〉 양모 〉 견 〉 면
④ 면 〉 견 〉 양모 〉 아세테이트

44 능직물에 해당되지 않는 것은?

① 옥양목 ② 개버딘
③ 진 ④ 서 지

45 면섬유의 주성분은 어느 것인가?

① 셀룰로스 ② 피브로인
③ 케라틴 ④ 세리신

46 불소계용제(F-113)의 장점이 아닌 것은?

① 불연성이므로 화재의 위협이 없다.
② 섬세한 의류에 적합하다.
③ 독성이 약하다.
④ 단열성이 높은 기계장치가 필요없다.

47 드라이클리닝 마무리 기계 중 폼모형에 해당되는 것은?

① 만능프레스 ② 인체프레스
③ 스팀보드 ④ 스팀박스

48 **드라이클리닝용 유기용제가 갖추어야 할 조건이 아닌 것은?**

① 독성이 없거나 적을 것
② 표면장력이 작을 것
③ 인화성이 없거나 적을 것
④ 비중이 작을 것

49 **용제의 구비조건이 아닌 것은?**

① 기계를 부식시키지 않고 인체에 독성이 없을 것
② 건조가 쉽고 세탁 후 냄새가 없을 것
③ 값이 싸고 공급이 안정할 것
④ 인화점이 낮을 것

50 **다음 청정제 중 탈색, 탈취효과가 가장 좋은 것은?**

① 실리카겔　② 산성백토
③ 활성탄소　④ 규조토

51 **다음 중 스프링 필터식 청정장치의 스프링에 부착되어 있는 것은?**

① 규조토　② 분말세제
③ 비닐수지　④ 폴리우레탄

52 **클리닝 순서가 옳은 것은?**

① 접수점검 → 마킹 → 대분류 → 포켓청소 → 세정
② 접수점검 → 포켓청소 → 대분류 → 세정 → 마킹
③ 접수점검 → 세정 → 마킹 → 대분류 → 세정
④ 접수점검 → 대분류 → 마킹 → 세정 → 포켓청소

53 **섬유에 오염이 빨리 되는 순서로 맞는 것은?**

① 레이온, 마, 아세테이트, 면, 비닐론, 견, 나일론, 양모
② 레이온, 아세테이트, 면, 마, 비닐론, 견, 나일론, 양모
③ 레이온, 마, 면, 견, 아세테이트, 비닐론, 나일론, 양모
④ 레이온, 마, 아세테이트, 면, 견, 비닐론, 나일론, 양모

54 **계면활성제 중 세제로 가장 많이 사용하는 것은?**

① 음이온계계면활성제
② 양이온계계면활성제
③ 비이온계계면활성제
④ 양성이온계계면활성제

55 **증류법에 대한 설명으로 틀린 것은?**

① 최근 핫머신에는 증류장치가 붙어 있어 자동적으로 증류가 되도록 되어 있다.
② 석유계 용제는 대기압 하에서 증류가 가능하여 온도가 140℃ 이상에서 행해진다.
③ 여과나 침전법에 의한 청정방법의 한계를 증류법으로 개선할 수 있다.
④ 퍼클로로에틸렌은 끓는점이 121.5℃로 대기압에서 쉽게 증류된다.

56 기술진단이 필요한 품목의 분류가 틀린 것은?

① 고액상품류 – 모피제품, 고급한복
② 파일제품류 – 벨벳제품, 롱 파일제품
③ 론드리 대상품류 – 접착제품, 합성피혁
④ 염색 특수품류 – 날염제품, 털 심은 제품

57 다음 중 론드리에 대한 설명으로 틀린 것은?

① 알칼리제 비누 등을 사용하여 온수에서 워셔로 세탁하는 가장 세정작용이 강한 방법이다.
② 론드리 대상품은 직접 살에 닿는 와이셔츠류, 더러움이 비교적 잘 타는 작업복류, 견고한 백색직물 등이다.
③ 세탁온도가 높아 세탁효과가 좋다.
④ 수질 오염장치 등 배수시설이 필요없어 경제적이다.

58 론드리의 세탁공정 순서로 옳은 것은?

① 애벌빨래 → 본빨래 → 표백 → 헹굼 → 산욕 → 풀먹임 → 탈수 → 건조 → 다림질
② 애벌빨래 → 산욕 → 본빨래 → 건조 → 표백 → 풀먹임 → 탈수 → 헹굼 → 다림질
③ 애벌빨래 → 산욕 → 탈수 → 건조 → 헹굼 → 본빨래 → 표백 → 풀먹임 → 다림질
④ 애벌빨래 → 헹굼 → 산욕 → 표백 → 본빨래 → 탈수 → 풀먹임 → 건조 → 다림질

59 다음 중 행정처분권자가 위반사항에 대한 처분기준을 경감할 수 없는 경우는?

① 위반사항의 내용으로 보아 그 위반정도가 미비한 경우
② 해당 위반사항에 관하여 검사로부터 기소유예의 처분을 받은 경우
③ 해당 위반사항에 관하여 법원으로부터 선고유예의 판결을 받은 경우
④ 해당 위반사항에 관하여 법원으로부터 집행유예의 판결을 받은 경우

60 세탁업을 하는 자는 세제를 사용함에 있어서 국민건강에 유해한 물질이 발생되지 아니하도록 기계 및 설비를 안전하여 관리하여야 한다. 이와 같은 위생관리의무를 지키지 아니한 자에 대한 과태료 처분으로 옳은 것은?

① 개선명령 또는 70만 원 이하의 과태료
② 100만 원 이하의 과태료
③ 200만 원 이하의 과태료
④ 300만 원 이하의 과태료

MEMO

Part 07

CBT 복원문제 정답 및 해설

2017~2018년도 기능사 제1회 필기시험

2017~2018년도 기능사 제2회 필기시험

2017~2018년도 기능사 제3회 필기시험

2019년도 기능사 제1회 필기시험

2017~2018년도 기능사 제1회 필기시험 정답 및 해설

1	2	3	4	5	6	7	8	9	10
③	④	④	①	④	①	③	②	④	④
11	12	13	14	15	16	17	18	19	20
③	①	④	③	④	①	④	④	②	②
21	22	23	24	25	26	27	28	29	30
③	④	③	③	①	①	④	④	①	③
31	32	33	34	35	36	37	38	39	40
④	④	①	④	②	③	④	②	④	④
41	42	43	44	45	46	47	48	49	50
③	③	③	②	①	②	④	②	①	①
51	52	53	54	55	56	57	58	59	60
①	①	①	④	④	③	③	④	①	①

01 섬유별 적정온도 : 아견레모면마

02 의복의기능 : 위실감관

03 전처리-세척-헹굼-탈액-건조(탈취)

04 실의 과정을 거치지 않은 것 : 펠트, 부직포

05 세탁견뢰도 1~5, 마찰 1~5, 일광 1~8

06 신축성이 낮아 구김이 잘 생긴다.

07 플라스틱 지퍼는 가볍고 섬세한 옷에, 금속지퍼는 스포츠, 레저용품에 사용된다.

08 투명하고 긴 원통형은 아마 섬유에 대한 설명이다.

09 평직은 광택이 낮다.

10 숙박업, 목욕장업, 이미용업, 세탁업, 건물위생관리업

11 3시간이다.

12 산성에서 사용할 수 없다.

13 흡착에 의한 재오염에는 정전, 점착, 물의 적심(정점물)이 있다.

14 기호, 성명 등을 마킹종이에 기입해야 분실우려가 없다.

15 대전방지가공은 섬유나 섬유 제품의 정전기 방지하는 가공이다.

16 그리스는 유용성 오점이다.

17 광고는 주요진단사항이 아니다.

18 대전방지제, 유연제, 살균제는 양이온계 계면활성제이다.

19 얼룩빼기 기계는 제트스포트이다.

20 다림질의 3대 요소 : 온도, 압력, 수분

21 펠트, 부직포는 섬유에서 직접 만든다.

22 마찰강도가 약하다.

23 나일론은 일광에 황변이 일어난다.

24 세탁기를 사용할 수 없다.

25 식물성 섬유는 알칼리에 강하고 산에 약하다.

26 평직물에는 광목, 옥양목, 포플린이 있다.

27 석유계용제는 화재위험이 있고, 부식성이 없고, 세정시간이 20~30분으로 길다.

28 종부장(종류, 수량, 색상, 부속품, 장식단추)는 사무진단이다.

29 순관 : 자연순환, 강제순환, 관류식

30 유지, 인주, 페인트는 유용성 오점이다.

31 고체 오점은 불용성으로 물이나 기름에 용해되지 않는다.

32 다림질판은 다림질기구이다.

32 기름막을 먼저 제거하기 위해 유기용제를 사용한다.

34 단백질(탄수산질)로 되어 있는 것은 동물성 섬유이다.

35 대각선/빗금방향으로 되어 있는 것은 능직이다.

36 편성물은 강도가 약하다.

37 능직=데개서(데님, 개버딘, 서지)

38 100% 양모품질표시이다.

39 위생관리의무 위반은 일반기준 200만 원 이하, 개별기준 30만 원 이하이다.

40 암기법 사무진단 = 종부장

41 지방산 생성은 단점이다.

42 연료도 일정하게 유지해야 한다.

43 부속품=사무진단

44 기계적 힘을 심하게 가하지 말아야 한다.

45 우리나라에서는 나일론 6이 가장 많이 생산된다.

46 보푸라기(필링)이 생기기 쉬운 것은 단점이다.

47 3원 조직 : 평직, 능직, 수자직

48 방향성이 없는 것은 부직포이다.

49 위생관리의무위반 개별기준은 30만 원이다.

50 제양나비아면레마비(비단 = 견)

51 암기법 흡착 = 정점물

52 온도는 너무 높히지 않는다.

53 땀은 수용성이다.

54 마모 – 소매, 깃

55 용제를 깨끗하게 유지하면 기계 부식이 되지 않는다.

56 일단 기초실험 후 처리가 원칙이다.

57 온도가 상승하면 압력도 상승한다.

58 양이온 계면활성제(피죤)는 정전기 방지, 살균을 위해 사용한다.

59 음이온계면활성제는 세척력이 우수하여 많이 사용한다.

60 저온의 경우 회전통에 적는 양의 세탁물을 넣어야 한다.

2017~2018년도 기능사 제2회 필기시험 정답 및 해설

1	2	3	4	5	6	7	8	9	10
③	③	②	③	①	①	①	④	②	③
11	12	13	14	15	16	17	18	19	20
②	②	③	①	①	③	④	④	②	②
21	22	23	24	25	26	27	28	29	30
④	④	③	③	④	①	③	③	④	②
31	32	33	34	35	36	37	38	39	40
②	④	③	①	④	④	④	④	④	②
41	42	43	44	45	46	47	48	49	50
④	④	①	②	④	④	①	④	②	④
51	52	53	54	55	56	57	58	59	60
④	④	③	④	①	④	④	③	③	④

01 ①, ②, ④는 단점이다.

02 론드리대상품은 와이셔츠, 시트류 등이다.

03 대기압(상압)증류가 가능한 것은 퍼클로로에틸렌이다.

04 가장 알맞는 상대습도는 70~75%이다.

05 석유계는 가연성(화재위험)이 있으므로 방폭설비가 필요하다.

06 암기법 물기분흡
알칼리법은 화학적 방법이다.

07 약하게 원심탈수해야 한다.

08 70℃ 이하로 본빨래해야 한다.

09 옷걸이에 걸어서 그늘에 건조해야 한다.

10 주자직이 5올로 밀도가 가장 높다.

11 흡습성이 낮을수록 필링성이 크다.

12 레이온은 11%로 합성섬유보다 수분율이 높다.

13 피브로인이 75%이다.

14 암기법 실번
혼용률과 번수

15 피혁은 웨트클리닝을 해야 한다.

16 평직물은 구김이 잘 생긴다.

17 저마 섬유는 모시라고도 하며 열전도성이 우수하다.

18 평직은 조직점이 많고 강하다.

19 나일론은 염소계표백제(락스)에 약하다.

20 이전 시 시, 군, 구청장에게 변경신고를 해야 한다.

21 보건복지부장관이 위탁할 수 있다.

22 시, 군, 구청장이 과태료를 부과할 수 있다.

23 온도상승 시 압력이 상승한다.

24 활성탄소(숯)이 탈취효과가 좋다.

25 용제의 세척력=비용표(비중, 용해력, 표면장력)

26 **암기법** 특수가공 = 피예접라

27 고체오점은 불용성오점으로 흙, 매연, 점토 등이 있다.

28 약알칼리성세제는 중질세제이다.

29 **암기법** 수량은 사무진단 = 종부장

30 ②는 리프필터를 설명한 내용이다.

31 납기의 진단은 기술진단이 아니다.

32 재오염의 원인으로는 부착, 흡착, 염착이 있다.

33 **암기법** 산 염 과 아 하

34 피혁은 웨트클리닝, 모피는 파우더클리닝을 해야 한다.

35 ④는 약하게 할 경우 나타나는 현상이다.

36 론드리 대상품은 와이셔츠, 침대시트류이다.

37 녹말풀은 푸세가공이다.

38 모터, 컴프레서의 동력원은 전기이다.

39 **암기법** 의복기능 = 위실감관
감수성 → 감각적

40 밀폐형에 대한 설명이다.

41 론드리기계에는 워셔, 탈수기, 건조기, 프레스기가 있다.

42 효소법은 단백질분해효소로 얼룩을 제거하는 방법이다.

43 고온본세탁 시 형광염료가 분리된다.

44 늘어날 위험이 있는 것은 뉘여서 말린다.

45 고무는 다리미로 마무리하면 안 된다.

46 나일론은 일광에 의해 황변된다.

47 면과 케이폭은 종자섬유이다.

48 강도는 나〉폴〉아의 순서이다.

49 아세톤에스테르는 반합성섬유이다.

50 용제종류에 상관없이 세탁할 수 있다.

51 식물성섬유는 흡습성이 크다.

52 방석카바는 커버류에 속한다.

53 **암기법** 건 4 습 3

54 카제인은 재생단백질이다.

55 파스너를 닫은 상태에서 해야 한다.

56 굴곡, 마찰에 강하다.

57 아세테이트는 아세톤에 녹는다.

58 250도에서 갈색이 된다.

59 아마는 구김이 잘 간다.

60 출입문 폐쇄는 조치사항이 아니다.

2017~2018년도 기능사 제3회 필기시험 정답 및 해설

1	2	3	4	5	6	7	8	9	10
④	③	②	②	③	④	③	①	④	④
11	12	13	14	15	16	17	18	19	20
②	③	③	④	①	③	②	③	②	①
21	22	23	24	25	26	27	28	29	30
①	④	②	①	②	④	②	①	③	④
31	32	33	34	35	36	37	38	39	40
④	①	②	④	①	②	③	①	①	③
41	42	43	44	45	46	47	48	49	50
③	④	④	②	①	②	④	①	④	②
51	52	53	54	55	56	57	58	59	60
②	①	②	②	④	②	②	②	③	①

01 석유계는 비중이 약해서 섬세한 의류에 적합하다.

02 와류식은 0.2%가 최대이다.

03 퍼크로로에틸렌 용제의 세정시간은 7분이 적합하다.

04 음이온계면활성제는 세척력이 우수하다.

05 암기법 오점부착상태 = 기정화유분

06 암기법 증오
더러움이 심한 것 → 증류법

07 화씨100°F를 섭씨로 변환하면 37.8℃이다.

08 산화표백제는 상대를 산화하고 자신은 환원작용을 한다.

09 롤러 사이로 무늬를 나타내는 가공은 엠보싱(캘린더)가공이다.

10 아파트부녀회는 고려사항이 아니다.

11 매회 세정액 교체하는 방법은 배치시스템이다.

12 숙성에 대한 설명이다.

13 폐쇄 후 6개월 이내에는 영업을 재개할 수 없다.

14 폴리에테르가 60% 사용되고 있다.

15 동물성섬유는 알칼리에 약해서 용해된다(수산화나트륨=강알칼리).

16 80%가 적당하다.

17 단백질섬유는 일광에 황변된다.

18 영업정지 1월은 30일을 말한다.

19 가늘고 균일해야 한다.

20 암기법 애본표 헹산풀 탈건마

21 약하게 원심탈수한다.

22 다림질의 3대 요소 : 온도, 압력, 수분

23 분산법은 기계적 방법이다.

24 우리나라에서 가장 많이 생산되는 것은 나일론 6이다.

25 대전방지제로는 양이온 계면활성제를 사용한다.

26 직물의 3원 조직 ; 평직, 능직, 수자직

27 단백질 : 탄수산질

28 면은 습윤 시 강도가 증가한다.

29 상피층의 분해물을 제거하는 것을 때빼기라고 한다.

30 폴리에스테르(poliester)이다.

32 땀은 수용성이다.

33 원통보일러 : 입식, 노통, 연관, 노통연관

34 양이온계면활성제는 정전기방지 및 살균효과를 위해 사용한다.

35 음이온계면활성제는 세척력이 우수하여 세제에 많이 사용된다.

36 폴리에스테르는 탈 때 달콤한 냄새가 난다.

37 평직물은 구김이 잘 생긴다.

38 유용성 오점은 기름이 주성분이다.

39 분해가 잘 안 되어야 한다.

40 화학결합에 의해 부착된 오점은 제거가 곤란하여 표백제로 분해해야 한다.

41 염착은 염료가 섬유에 부착된 상태를 말한다.

42 액심도는 외통 반경을 10등분한 것이다.

43 방수가공 약제 : 아크릴, 폴리우레탄, 염화비닐

44 절대압력=게이지압력+1(대기압)

45 수량은 사무진단이다.

46 양이온계는 대전방지제, 살균제, 유연제로 사용된다.

47 암기법 청오, 카많, 증오

48 암기법 더레마아면비단나양

49 식물성섬유 해치는 해충 : 의바귀

50 유기용제는 얼룩빼기 약제이다.

51 색빠짐의 우려가 있을 경우 타월에 싸서 가볍게 손으로 눌러 짠다.

52 웨트클리닝 대상품 : 비피고안

53 분산법은 물리적 방법이다.

54 드라이기계(프폼스), 프레스=만능, 옵셋

55 론드리표백온도는 60~70도이다.

56 ② 해태 이유로는 과태료를 지불하지 않는다.

57 시설 및 설비를 갖추고 시, 군, 구청장에게 신고해야 한다.

58 위생교육 받지 않았을 때 일반기준은 200만 원 이하이다.

59 정지기간 중 영업 시 행정처분 : 영업장 폐쇄명령

60 정지기간 중 영업 시 벌칙 : 1년 이하 징역 또는 1천만 원 이하 벌금의

2019년도 기능사 제1회 필기시험 정답 및 해설

1	2	3	4	5	6	7	8	9	10
①	④	③	①	④	④	①	①	④	④
11	12	13	14	15	16	17	18	19	20
②	①	①	①	①	②	②	②	③	③
21	22	23	24	25	26	27	28	29	30
④	①	②	④	①	④	③	①	④	①
31	32	33	34	35	36	37	38	39	40
③	①	①	②	②	②	③	④	②	③
41	42	43	44	45	46	47	48	49	50
③	④	②	①	①	④	②	④	④	③
51	52	53	54	55	56	57	58	59	60
①	①	①	①	②	③	④	①	④	③

01 워싱서비스의 가장 중요한 기본적인 서비스는 청결과 회복이다.

02 단열성이 높은 장치에는 합성용제를 사용한다.

03 클리닝은 용제, 세제를 사용하여 의류, 섬유제품, 피혁제품을 원형대로 세탁하는 것을 말한다.

04 셀룰로스 섬유는 식물성 섬유(면)로 염소계(락스)가 효과적이다.

05 브러싱(솔)법 두드려서 오점을 제거하는 방법이고 스프레이(분무기) 뿌려서 오점을 제거하는 방법이다.

06 물빨래는 섬유변형이 심하다.

07 암기법 드라이크리닝 마무리기계 = 프폼스론드리 마무리기계 = 캐비넷, 시어즈형

08 워셔는 대형 론드리기계이다.

09 편성물은 마찰강도가 약하다.

10 레이온은 습윤강도가 약하다.

11 단백질섬유(모, 견)는 일광에 황변된다.

12 동물성섬유는 산성염료(동산)가 적합하다.

13 구김이 생기는 것은 평직이다.

14 부분얼룩은 얼룩빼기를 해야 한다.

15 염색상의 차이를 이용하는 방법은 크로스염색이다.

16 평가주기는 2년이다.

17 고체오점은 불용성 오점(흙)이다.

18 암기법 직접작용 = 습침유분가기세

19 화학결합은 오염제거 곤란하여 표백제로 분해 제거해야 한다.

20 마섬유를 다림질할 때는 전기다리미가 적합하다.

21 합성섬유는 흡습성이 없어 정전기 발생이 심하고, 열에 약하여 열가소성은 우수하다.

22 재생식물성 섬유는 레이온, 아세테이트이다.

23 양모 대용으로 개발된 것이 아크릴이다.

24 면 8.5%, 레이온 11%, 양모 18.25%, 폴리에스테르 0.4%

25 인피섬유는 저마, 대마, 아마를 말하여 식물성 섬유이다.

26 레이온은 흡습성이 좋아 안감으로 사용된다.

27 산취 = 알경

28 양모는 수분 과잉공급되면 수축이나 손상이 일어날 수 있다.

29 규조토는 여과제이다.

30 암기법 애본표헹산풀탈건마

31 암기법 분산법 = 물기분흡

32 침염법은 전체를 한 가지 색으로 염색하는 방법이다.

33 습윤 시 강도가 증가하는 것은 면섬유이다.

34 나일론에는 주로 산성염료를 사용한다.

35 부직포는 방향성이 없다.

36 1. 3년 이상 공중위생 행정에 종사한 경력이 있는 자

2. 위생사 또는 환경기사 이상의 자격증이 있는 자

37 황변 발생의 주요 원인은 일광, 습기, 온도 등이다.

38 폴리에스테르, 아세테이트에 사용되는 염료는 분산염료이다.

39 아〉견〉레〉모〉면〉마

40 제〉양〉나〉비〉아〉면〉레〉마〉비

41 효소법은 화학적 방법이다.

42 아마섬유는 탄성력이 부족해 구김이 잘 생긴다.

43 제〉양〉나〉비〉아〉면〉레〉마〉비

44 암기법 평직 = 광옥포

45 면은 식물성 섬유이며, 셀룰로스는 식물성 섬유의 주성분이다.

46 불소계의 단점은 단열성이 높은 장치가 필요하다는 것이다.

47 • 폼모형 인체프레스 : 상의, 코트
• 폼모형 팬츠토퍼 : 하의

48 비중이 커야 용해력이 크다.

49 인화점이 높거나 불연성이어야 한다.

50 활성탄소(숯)은 냄새제거(탈취)효과가 탁월하다.

51 여과제가 부착되는 것은 규조토이다.

52 암기법 접마대포세클얼마최포

53 암기법 더레마아면비단나양

54 음이온(비누)은 세척력이 높아 세제로 많이 사용한다.

55 대기압(상압)에서 증류되는 것은 퍼크로에틸렌이다.

56 론드리 대상품류는 면(와이셔츠), 시트(침대)이다.

57 배수시설이 필요해 원가가 높다.

58 암기법 애본표헹산풀탈건마

59 집행유예는 경감사유가 되지 않는다.

60 위생관리 위반은 200만 원 이하의 과태료가 부과된다.

세탁기능사
필기실기 한번에 합격하기

발 행 일 2020년 3월 5일 개정4판 1쇄 인쇄
2020년 3월 10일 개정4판 1쇄 발행

저 자 금성원

발 행 처 

발 행 인 이상원
신고번호 제 300-2007-143호
주 소 서울시 종로구 율곡로13길 21
대표전화 02) 745-0311~3
팩 스 02) 743-2688
홈페이지 www.crownbook.com
I S B N 978-89-406-4117-0 / 13580

특별판매정가 18,000원

이 도서의 문의를 편집부(02-6430-7012)로 연락주시면
친절하게 응답해 드립니다.